绿色混凝土技术

李秋义 高 嵩 薛 山 著

中国建材工业出版社

图书在版编目（CIP）数据

绿色混凝土技术／李秋义，高嵩，薛山著．—北京：
中国建材工业出版社，2014.9
（混凝土新技术丛书）
ISBN 978-7-5160-0918-5

Ⅰ.①绿… Ⅱ.①李… ②高… ③薛… Ⅲ.①混凝土
—无污染技术 Ⅳ.①TU528

中国版本图书馆 CIP 数据核字（2014）第 167256 号

绿色混凝土技术

李秋义 高 嵩 薛 山 著

出版发行：中国建材工业出版社

地　　址：北京市西城区车公庄大街 6 号

邮　　编：100044

经　　销：全国各地新华书店

印　　刷：北京鑫正大印刷有限公司

开　　本：710mm×1000mm　1/16

印　　张：15.5

字　　数：300 千字

版　　次：2014 年 9 月第 1 版

印　　次：2014 年 9 月第 1 次

定　　价：**65.00 元**

本社网址：**www. jccbs. com. cn**　　公众微信号：**zgjcgycbs**
本书如出现印装质量问题，由我社发行部负责调换。联系电话：**(010) 88386906**

前　　言

随着全球人口快速增长和经济的高速发展，地球承受的负担剧增，资源枯竭和环境严重破坏威胁着人类社会的可持续发展。混凝土作为用量最大的人工合成材料，每年不仅消耗大量的矿产资源和能源，同时还排放大量的二氧化碳。混凝土能否长期作为最重要的建筑结构材料，关键在于能否成为低资源消耗、环境友好、高耐久性和可循环利用的绿色材料。我国目前每年生产水泥已超过 24 亿吨，消耗原材料超过 30 亿吨，排放的二氧化碳约 16 亿吨，可用于生产混凝土 80 亿立方米，需要消耗砂石骨料约 140 亿吨。可见混凝土的绿色化对于社会、经济的可持续发展和环境保护具有重要意义。

本书所述绿色混凝土是指生产时资源和能源消耗低，使用时环境相容性好、高性能和长寿命，解体后可再生利用的一系列混凝土的统称。本书的主要内容包括：大掺量矿物掺合料混凝土、海洋环境混凝土、高性能自密实混凝土、再生混凝土、透水生态混凝土以及环境修复型海工生态混凝土等。

本书有关内容获得国家"十一五"科技支撑计划课题"建筑垃圾再生产品的研制开发"（2006BAJ02B05）、国家"十五"科技攻关项目子课题"再生集料及其配制新混凝土的研究"（2004BA809B0305）、国家自然科学基金"再生骨料品质控制及再生混凝土配合比设计理论研究"（51378270）、海洋公益性科研专项基金资助项目（201005007）、国家"十二五"科技支撑计划课题"固体废弃物本地化再生建材利用成套技术"（2011BAJ04B05）、山东省高校优秀科研创新团队计划、山东省"蓝色经济区工程建设与安全协同创新中心"项目以及校企合作项目等的资助。书中的部分相关内容源于本人指导的研究生的学位论文，他们是王坤、刘建敏、岳公冰、朱亚光、李云霞、张健、秦原和汲博生等，对他们付出的辛苦劳动表示衷心地感谢！

李秋义

2014 年 7 月 10 日于青岛

中国建材工业出版社
China Building Materials Press

我们提供

图书出版、图书广告宣传、企业/个人定向出版、设计业务、企业内刊等外包、
代选代购图书、团体用书、会议、培训，其他深度合作等优质高效服务。

编辑部 | 010-68365565
宣传推广 | 010-68361706
出版咨询 | 010-68343948
图书销售 | 010-88386906
设计业务 | 010-68343948

邮箱：jccbs-zbs@163.com　　　网址：www.jccbs.com.cn

发展出版传媒　　服务经济建设

传播科技进步　　满足社会需求

目　　录

第1章 绪 论

人类社会面临资源短缺和环境恶化的危害。臭氧层破坏、温室效应、酸雨等全球性环境问题日益加剧。随着我国城市化和房地产业的高速发展，环境保护、资源利用、能源供应方面的压力也日益增大。全社会的环保意识不断增强，营造绿色建筑、健康住宅已成为越来越多的开发商、建筑师追求的目标。人们不但注重单体建筑的质量，也关注小区的环境；不但注重结构安全，也关注室内空气的质量；不但注重材料的坚固耐久和价格低廉，也关注材料消耗对环境和能源的影响。每年城乡新建房屋建筑面积超过 20 亿平方米，绝大多数为高耗能建筑。在建筑领域落实可持续发展观，建筑"绿色化"之路，是我国建筑行业必然的发展趋势。狭义的"绿色"是指能把太阳能转化为生物能、把无机物转化为有机物的植物的颜色。广义的"绿色"是指人类对已有的文明与技术重新审视，以不耗竭资源、保持生态平衡的方式求得发展。

《中国住宅产业技术》中提到 5 个方面、24 项与绿色建材相关的关键技术，主要包括：居住环境保障技术、住宅结构体系与住宅节能技术、智能型住宅技术、室内空气与光环境保障技术以及保温、隔热、防水技术等。这些建筑技术的发展必然以材料为基础。建筑材料中的大宗产品如钢材、水泥、砖、墙地砖、木材、玻璃、铝合金、塑料等其生产过程大多包含高温工序，都是高消耗能源的材料。材料工业消耗的矿产资源、土地资源、能源和森林资源的数量是惊人的。这些矿产资源是有限的，只有把开发利用的强度限制在其再生速率的限度内，才能维护地球的生命支撑体系，保持资源利用的可持续性。建筑材料在生产、使用过程中消耗大量的能源，产生大量的粉尘和有害气体，污染大气和环境。建筑材料是建筑的基础，建筑物的功能通过建筑材料来实现。要实现建筑绿色化，必须积极研究和应用绿色建筑材料。

1.1 绿色建材的定义及其评价方法

1.1.1 定义与特征

目前对绿色建材较为全面的定义是：采用清洁生产技术，不用或少用天然资源和能源，大量使用工农业或城市固态废弃物生产的无毒害、无污染、无放射

1

性，达到使用周期后可回收利用，有利于环境保护和人体健康的建筑材料。绿色建材围绕原料采用、产品制造、使用和废弃物处理 4 个环节，并实现对地球环境负荷最小和有利于人类健康两大目标，达到"健康、环保、安全及质量优良" 4 个目的。

绿色建材区别于传统建材的基本特征主要包括：

（1）以相对最低的资源和能源消耗、环境污染为代价生产的高性能传统建筑材料，如用现代先进工艺和技术生产的高质量水泥；

（2）能大幅度地降低建筑能耗（包括生产和使用过程中的能耗）的建材制品，如具有轻质、高强、防水、保温、隔热、隔声等功能的新型墙体材料；

（3）具有更高的使用效率和优异的材料性能，从而能降低材料的消耗，如高性能水泥混凝土、轻质高强混凝土；

（4）具有改善居室生态环境和保健功能的建筑材料，如抗菌、除臭、调温、调湿、屏蔽有害射线的多功能玻璃、陶瓷、涂料等；

（5）能大量利用工业废弃物的建筑材料，如净化污水、固化有毒有害工业废渣的水泥材料，或经资源化和高性能化后的矿渣、粉煤灰、硅灰、沸石等水泥组分材料。

1.1.2　绿色建材的评价方法

广义上讲，绿色建材不是单独的建材品种，而是对建材"健康、环保、安全"属性的评价，包括对生产原料、生产过程、施工过程、使用过程和废弃物处置五大环节的分项评价和综合评价。绿色建材的基本功能除作为建筑材料的基本实用性外，就在于维护人体健康、保护环境。随着可持续发展战略的提出以及对人居环境质量要求的日益提高，建筑与建材绿色化得到了重视，目前普遍以绿色度表示建筑和建材与环境的关系。

绿色建材的评价是指通过确定和量化相关的资源、能源消耗、废弃物排放来评价某种建筑材料的环境负荷，评价过程涵盖该建筑材料的寿命周期全过程，即原料采集、产品生产、运输、使用、再生利用整个生命循环过程。目前我国有关绿色建材的评估标准大致根据以下 3 个方面确定。

1.1.2.1　ISO14000 体系认证

ISO14000 系列标准是由国际化组织（ISO）第 207 技术委员会组织制定的环境管理体系标准，由环境管理体系（EMS）、环境行为体系（EPE）、生命周期评价（LCA）、环境管理（EM）、产品标准中环境因素（SAPS）等部分组成，共包括 100 个标准号，统称为 ISO14000 系列标准。ISO14000 适用于任何性质和规模的组织，用于证明其产品或服务能达到相关方和环保法规的要求，为环境管理提供一个系统化的管理思想和方法。

1.1.2.2 环境标志产品认证

环境标志产品技术要求规定，获得环境标志的产品必须是质量优、环境行为优的双优产品，二者相辅相成，共同决定了环境标志产品双优特性这一基本特征。该认证具有权威性，但只是产品性能标准和环境标准简单结合，难以在通过认证的产品中定量评价哪种性能指标和安全性更好。

1.1.2.3 国家相关安全标准体系

国家质检总局委托相关单位起草制定了《室内装饰装修材料有害物质限量》等 10 项国家标准，这些标准部分现已强制实施。

上述 3 种评价体系在评价建材的过程中，内容上各有侧重，很难以一种体系对绿色建材进行全面综合评价。国际上公认用 ISO14000 标准中全生命周期理论评价材料的环境负荷性能是最好的，能够定量化地研究能量和资源利用及由此造成的废弃物的环境排放来对产品进行综合、整体、全面的评价。

我国现阶段绿色建材评价使用十个指标对材料进行评价：（1）执行标准。（2）资源消耗。（3）能源消耗。（4）废弃物排放。（5）工艺技术。（6）本地化。（7）材料特性。（8）洁净施工。（9）安全使用性。（10）再生利用性。

1.2 绿色混凝土的定义及其分类

1992 年，联合国环境与发展大会在巴西召开，人类社会从此进入了以"保护自然，崇尚自然，促进持续发展"为核心的绿色时代。混凝土作为目前应用最广的人工合成材料，随着社会经济以及生产力的提高，经历了从普通混凝土发展到高强混凝土，进而发展到绿色高性能混凝土的过程。混凝土能否长期作为最重要的建筑结构材料，关键在于其能否成为高耐久性的、环境友好型的绿色材料。我国目前仍处在大规模基础建设时期，每年需要消耗大量的混凝土材料，开采大量自然资源。由于混凝土地材质量、生产工艺控制难度较大，混凝土质量难以控制，目前我国混凝土生产企业普遍提高水泥用量，严格控制粉煤灰、矿渣等的掺量。生产中并没有大规模地将绿色混凝土推广应用。

1.2.1 绿色混凝土的定义

一般认为，绿色混凝土是混凝土绿色化的发展趋势，绿色混凝土一般具有比传统混凝土更高的强度和耐久性，可以实现非再生性资源的可循环利用和有害物质的低排放，既能减少环境污染，又能与自然生态系统协调共生。"绿色"的涵义可理解为：节约资源、能源；不破坏环境，更有利于环境；可持续发展，既满足当代人的需求，又不危害子孙后代。

因此，绿色混凝土是指既能减少对地球环境的负荷，又能与自然生态系统协调共生，为人类构造舒适环境的混凝土材料。减少对地球环境的负荷，是指最大限度地综合利用自然资源和能源，在尽可能高的生产效率下降低能耗和各项物耗，消除或最低限度地产生"三废"（废渣、废气和废水）。与自然生态系统协调共生，是指竭力保护自然环境，维护生态平衡，消除或尽量减少环境污染，组织无废生产，或使"三废"再资源化。

目前，我国混凝土的绿色化主要包括以下几个方面：

（1）大量地利用工业废料（粉煤灰、矿粉等），降低混凝土中水泥使用量；

（2）要有比传统混凝土更好的力学与耐久性能；

（3）建筑废弃物的再生利用，再生混凝土的使用和研究；

（4）具有与自然环境的协调性，功能性的混凝土；

（5）机敏混凝土、智能化混凝土（自感知、自调节、自修复混凝土）。

1.2.2 混凝土绿色度的评价指标

绿色高性能混凝土应该具有比传统混凝土更高的强度和更好的耐久性，可以实现工业废弃物、建筑废弃物的合理再生利用，以及非再生性资源的循环使用和有害物质的低排放。目前，绿色高性能混凝土的研究主要是集中在如下的两方面的研究：一是如何较大程度地实现混凝土的绿色化；二是建立切实可行的绿色混凝土的评价体系。

1.2.2.1 绿色度的概念

国内对于混凝土绿色度还没有一个系统的评价标准。一般认为，若一种产品对资源和能源的消耗最少，利用率最高，对环境的危害最小或无危害，则该产品被称为"绿色产品"。产品在其整个生命周期中对资源和能源的消耗及利用率、对环境危害程度大小（即产品对环境的友好程度）的综合评价指标，称为产品的"绿色度"。

混凝土绿色度的综合评价指标一般包括以下几个方面：

（1）单方混凝土不可再生能源的消耗（包括水泥生产时消耗的能量）EDP（energy depletion potential）；

（2）单方混凝土不可再生原料的消耗 ADP（abiotic depletion potential）；

（3）单方混凝土的环境污染综合指数 EII（environment impact comprehensive index）

在保证混凝土的强度和工作性条件下，减少能源和原材料的消耗，特别是水泥的消耗，同时尽可能多的掺入各种工业废渣或固体废弃物，可以有效提高混凝土的绿色度。

1.2.2.2 绿色混凝土评价体系

绿色混凝土是与环境相适应性的混凝土材料。如何综合评价其与环境的相容性和协调性，是避免传统方法所造成的因系统中某一过程环境负荷改善而造成另一过程环境负荷加重的污染转嫁的关键。目前，借鉴环境材料的寿命周期评价法（LCA）是较为常用的研究方法。1990 年国际标准化组织（ISO）对其进行了规范。在此基础上，还有材料的环境协调性评价（MLCA），对典型材料进行 MLCA 可以减少评价的重复。

1.2.3　绿色混凝土分类

从对自然环境影响的效果来看，绿色混凝土可分为两大类，即减轻环境负荷型混凝土和生态环境友好型混凝土。减轻环境负荷型混凝土的组成与传统混凝土的最大区别在于：采取响应的技术措施，掺入大量的固体废弃物和以工业废液为原料的外加剂，实现了各类废弃物的再资源化，起到利废、减少环境污染的双重作用。包括绿色高性能混凝土、节能型混凝土、再生混凝土、自密实混凝土等；生态环境友好型混凝土是为满足人类生产、生活的需要，又不破坏生态平衡而开发的一种新型绿色混凝土。根据使用功能的不同，生态环境友好型混凝土可以分为植被混凝土、透水性混凝土以及生态修复混凝土等。

1.2.3.1　绿色高性能混凝土

1997 年 3 月的"高强与高性能混凝土"会议上，吴中伟院士首次提出"绿色高性能混凝土"的概念，将高性能混凝土与环境保护、生态保护和可持续发展结合起来考虑，则成为绿色高性能混凝土（GHPC）。绿色高性能混凝土所使用的水泥必须为绿色水泥。绿色水泥可以循环利用生产和生活中的废渣和废料，提高资源利用率和二次能源回收率，达到节能、节约资源的目的。此外，普通混凝土的使用寿命相对较低，在水工、港口及桥梁建筑中，许多混凝土结构在建成后不久即出现材质劣化，导致混凝土开裂，承载力降低，甚至倒塌破坏，这与长期只强调强度而忽视耐久性有关。优质的绿色高性能混凝土可保证重要建筑物在不利环境中维持较好的耐久性，提高服役期限。

1.2.3.2　节能型混凝土

采用无熟料水泥或免烧水泥配制混凝土，能显著降低能耗，达到节能的目的。利用碱矿渣水泥配制的混凝土是一种典型的节能型混凝土。碱矿渣水泥生产工艺相对简单，将硅酸盐水泥的"两磨一烧"工艺简化为"一磨"，是低能耗、低成本的水泥。由于其耐热性好，碱矿渣水泥混凝土还可作为耐热混凝土用于 800℃以下的环境。

1.2.3.3　节材型混凝土

利用再生骨料配制再生混凝土已被看作是发展绿色混凝土的主要措施之一，也称再生骨料混凝土，可节省建筑原材料的消耗，保护生态环境，有利于混凝土工业的可持续发展。另外，利用工业固体废弃物如锅炉煤渣、煤矿的煤矸石、钢铁厂的矿渣等工业废料作为骨料，采取一定技术措施制备的轻质混凝土，密度较小、相对强度高、保温、抗冻性能好，还降低了混凝土的生产成本，是另一种形式的节材型混凝土。在混凝土中添加以工业废液如黑色纸浆废液为主要原料改性制造的各种外加剂，采用磨细矿渣、优质粉煤灰、硅灰和稻壳灰等作为活性掺合料等方法也可配制混凝土，可以进一步提高混凝土的绿色度。综合利用工业废料生产绿色混凝土的途径是多种多样的，它较好地解决了建筑垃圾和其他废弃物的出路问题，既变废为宝，节约了资源，又减少了对环境的污染，产生了良好的生态效应。

1.2.3.4 绿色自密实混凝土

自密实混凝土不需机械振捣，而是依靠自重使混凝土密实。由于这种混凝土要有足够的粘聚性，以保证其浇筑过程中不致离析，故粉体用量较大；若全用水泥易导致开裂，因此粉煤灰、矿渣或石灰石粉的掺量通常较高。高性能自密实混凝土通常也是绿色度较高的混凝土。自密实混凝土的优点是在施工现场无振动噪声，不扰民，可进行夜间施工；钢筋布置较密或构件体形复杂时也易于浇筑，混凝土质量均匀、耐久；施工速度快，现场劳动量小。

1.2.3.5 植被混凝土（生态混凝土）

植被混凝土利用特殊配合比的混凝土形成植物根系可生长的空间，并采用化学和植物生长技术，创造出能使植物生长的条件。植被混凝土一般由植物、泥土、多孔渗水混凝土、肥料和保水材料组成，可用于堤防迎水面植被护坡、植被型路面砖、植被型墙体、植被型屋顶压载材料、绿色停车场等。植被混凝土可以增加城市的绿色空间，吸收噪声和粉尘，对城市气候的生态平衡起积极作用。生态混凝土的开发和应用在我国还刚刚起步，随着人们对生活质量要求的提高和对生态环境的重视，混凝土结构的美化、绿化，人造景观与自然景观的协调成为混凝土学科的又一个重要课题，植被混凝土必将成为混凝土发展的一个重要方向。

1.2.3.6 透水混凝土

与传统混凝土相比，透水性混凝土最大的特点是具有15%～30%的连通孔隙，具有透气性和透水性。用于铺筑道路、广场、人行道等，能扩大城市的透水、透气面积，增加行人、行车的舒适性和安全性，减少交通噪声，对调节城市空气的温度和湿度、维持地下土壤的水位和生态平衡具有重要作用。

1.2.4 绿色混凝土研究发展动向

从混凝土的发展过程以及从环境意识角度出发，绿色混凝土研究的动向如下：

（1）开展混凝土的高强、高耐久性研究，利用矿物掺合料多元复合技术制备高性能混凝土是实现混凝土绿色化的一个重要研究方向。

（2）再生骨料混凝土的研究和推广应用，将显著改变我国混凝土应用现状，较大程度地实现混凝土的绿色化。

（3）环保型混凝土的研究与开发，是混凝土多功能化、绿色化的一个重要研究方向，例如目前进行的低碱性混凝土、透水性混凝土、光催化混凝土等极大增强了传统混凝土材料与环境的相容性与相协调性。

（4）机敏混凝土的研究，例如性能自感知混凝土、性能自调节混凝土、损伤自修复混凝土的研究与开发，是结构混凝土智能化、绿色化的一个重要发展趋势。

1.3 本书的主要内容

本书的内容除 1.2 节所述几个种类之外，还针对沿海环境的特点，对海洋环境混凝土的制备和性能进行了介绍。此外，还包括符合国家节能减排要求的加气混凝土和蒸压混凝土制品为代表的绿色硅酸盐混凝土等内容。

主要内容包括以下几个方面：

大掺量矿物掺合料混凝土；

海洋环境混凝土；

自密实混凝土；

再生混凝土；

透水生态混凝土；

海洋环境修复型生态混凝土。

1.3.1 大掺量矿物掺合料混凝土

理论上混凝土的强度越高其结构越致密，抵抗外部环境作用的能力越强，耐久性越好，但事实上要实现高强就必须加大水泥用量、提高水泥强度等级，从而引起水化反应剧烈，水化放热多而快，混凝土的自收缩、干燥收缩、温度收缩作用强烈，由此产生的拉应力足以导致混凝土开裂。混凝土结构一旦出现裂缝，就会严重影响其耐久性。在混凝土中掺加大量的矿物掺合料，不仅仅可以节约自然资源，利于环保。矿物掺合料有改善混凝土的拌合物的和易性，减少泌水和离析的作用；可以提高混凝土的后期强度，降低水化热，提高混凝土的耐久性和体积稳定性；提高了混凝土抗硫酸盐侵蚀能力，防止碱－骨料反应等，可以明显改善混凝土的耐久性能。所以现在的大规模工程建设离不开粉煤灰和矿粉等各种矿物掺合料。

本书第 3 章研究了不同矿物掺合料在较大掺量下对不同强度等级混凝土性能的影响。特别针对较受关注的耐久性能（抗碳化、抗裂等）进行了系统全面的试验研究。

1.3.2　海洋环境混凝土

我国海岸线漫长，沿海地区人口密度大、沿海地区经济发展迅速、工业化程度高、基建投资大、经济较为发达、工程建设较为完善。由于普通混凝土抗拉强度低、脆性大、易收缩等原因，导致钢筋混凝土结构保护层易开裂，进而造成钢筋腐蚀。在近海、海洋环境或除冰盐、盐碱的条件下，混凝土腐蚀、钢筋锈蚀造成结构劣化、使用寿命缩短、甚至安全可靠度大幅度降低。沿海地区及近海区域的绝大多数建筑物或多或少会遭受氯盐及硫酸盐的双重侵蚀，削弱了建筑物的性能。尤其东部近海、海洋环境混凝土结构承受着在国内最苛刻的环境条件对耐久性的影响。既有北部沿海地区盐冻对混凝土结构的威胁，也有南部地区盐雾对海洋大气区钢筋混凝土结构的损害。因此，海洋环境混凝土的研制开发是关系到国计民生的问题，也是世界范围内面临的科学技术难题。

本书第4章通过分析海洋环境对混凝土的损伤作用，划分海洋作用环境和确定海工混凝土制备原则，重点研究了抗硫酸盐混凝土和海工混凝土的制备技术，并对海洋环境混凝土的一些具体工程应用进行了分析，对今后沿海地区混凝土工程设计提供参考。

1.3.3　自密实混凝土

混凝土的工作性及施工振捣质量对混凝土工程的质量起到决定性的作用，提高混凝土工作性和施工质量尤为重要，施工性能上能达到自密实、可调凝的新型混凝土对现在建筑工程意义重大。近年来，随着对水泥和混凝土微观研究的不断深入，以及高效减水剂的出现使配制自密实高性能混凝土成为可能。由于使用自密实混凝土可以满足薄壁结构、密集配筋或钢管混凝土等无法振捣的施工需要，同时可以改善混凝土施工性能，降低劳动成本，有利于环境保护，因此人们越来越重视该项技术的开发和利用，自密实高性能混凝土已成为混凝土技术的一个最新发展方向之一。

为了保证自密实混凝土的各项性能，特别是满足施工要求的工作性，通常使用硅灰等矿物掺合料制备高性能自密实混凝土。由于硅灰价格较高，资源有限，所以本书第5章研究了利用粉煤灰、S95级矿粉与功能组分和聚羧酸高效减水剂的多元复合技术制备绿色自密实混凝土。重点研究了胶凝材料用量和掺合料掺量对绿色自密实混凝土的工作性能、力学性能以及耐久性能的影响。

1.3.4　再生混凝土

随着城镇化进程的不断推进，建筑垃圾排放量以较高速度增长，而建筑垃圾中的无机材料组分比例也不断提高，已达到建筑垃圾的 60%～100%。绝大多数建筑垃圾未经任何处理，便被运往郊外或乡村，甚至城市周边，简单填埋或露天堆存，浪费土地和资源，污染了环境。以建筑垃圾为主要原材料制备再生骨料、再生骨料混凝土、蒸压制品、混凝土砌块等建筑垃圾再生产品，不仅可以使工业废弃物和建筑垃圾减量化和资源化，而且还具有就地取材、就地消化、废物变宝、节约土地、保护环境的作用，是建筑业、国民经济、社会环境和资源协调发展的需要。

本书第 6 章利用颗粒整形强化的再生骨料、采用聚羧酸减水剂、矿物掺合料和高活性超细矿粉多元复合技术，制备工作性良好、强度和耐久性满足要求的高性能再生混凝土（坍落度在 180mm 以上，强度、收缩性、抗碳化、抗渗性、抗冻性等性能良好）。通过高品质再生骨料取代天然骨料，不仅降低了混凝土单方成本、减少天然骨料使用量，而且增加了建筑垃圾的消耗量、减少了建筑垃圾填埋场用地。利用多元复合技术开发的高性能再生混凝土不仅性能优良，且比传统混凝土节约水泥用量 30%～40%，从而减少 CO_2 的排放量，社会、经济、环境效益显著。

1.3.5　透水生态混凝土

在坚持人与自然和谐相处的背景下，应努力突破传统混凝土的限制，发展生态混凝土，追求混凝土与环境的相容。生态混凝土是由一系列连续孔隙和以硬化水泥层包裹的粗骨料为骨架孔隙结构，有着良好的透水透气效果，很好的生态和环境效益，在路面工程、生态护坡、城市噪声隔断设施及人造珊瑚和污水净化处理等多方面有着很好的应用前景。

本书第 7 章介绍了透水生态混凝土。透水生态混凝土是一种有利于促进水循环，改善城市生态环境的环保型建筑材料。它具有透水性大、强度相对较高、施工简便等特点，可铺筑成五彩缤纷的彩色透水混凝土地面。它主要适用于新建、扩建、改建的城镇道路工程、室外工程、园林工程中的轻荷载道路、广场和停车场等的路面。

第 8 章介绍了高性能的环境修复型海工生态混凝土的制备。考虑到使用功能需求，生态混凝土的目标孔隙率分别定为 15%、20%、25%。首次提出了基于新拌混凝土密度的大孔生态混凝土孔隙率控制方法。具体研究了含有粉煤灰和矿粉两个系列大孔生态混凝土的孔隙率及力学性能。作为一种与环境和谐相处的新型混凝土，环境修复型海工生态混凝土对目前中国的经济建设、环境保护和混凝土科学的发展具有重要的意义。

国内对生态混凝土的研究时间不长，实际应用的工程也不是很多，随着国民经济的发展，国家将会逐步重视这类新型有利环保的多功能建筑材料的开发和应用。

第 2 章 用于绿色混凝土生产的固体废弃物

2.1 粉煤灰

2.1.1 粉煤灰的来源与组成

粉煤灰（Fly Ash, FA）是火力发电厂煤粉燃烧后的残余物，在排向大气之前由机械收集装置或静电沉降装置收集起来。粉煤灰是球状玻璃体颗粒，主要矿物成分是铝硅玻璃体、少量的石英（SiO_2）和莫来石（$3Al_2O_3 \cdot 2SiO_2$）等结晶矿物以及未燃尽的碳。

粉煤灰按 CaO 含量不同可分为高钙灰（CaO 含量大于或等于 10%）和低钙灰（CaO 含量小于 10%）两类。高钙粉煤灰一般由褐煤、亚沥青质煤燃烧后得到，低钙粉煤灰一般由无烟煤、沥青质煤燃烧得到。未燃尽的碳在混凝土中是有害成分，粉煤灰中的碳含量由烧失量来表征，应用于混凝土的粉煤灰烧失量一般应小于 6%。粉煤灰的矿物组成可以由其 XRD 衍射图谱观测，如图 2-1 所示。

从图 2-1 中可以看出，除了一定量的莫来石和 SiO_2，粉煤灰大部分是玻璃态物质。Ⅰ级粉煤灰与Ⅱ级粉煤灰相比，含有更多的 SiO_2（$2\varphi = 20.758$，$d = 4.28\text{Å}$；$2\varphi = 26.618$，$d = 3.35\text{Å}$），其次，莫来石（$2\varphi = 16.441\text{Å}$；$2\varphi = 26.214\text{Å}$）的衍射峰表明Ⅰ级粉煤灰的莫来石的含量也比较多。因此Ⅰ级粉煤灰的活性越好，掺加到混凝土中越易与水泥水化析出的 $Ca(OH)_2$ 反应，生成类似于水泥水化产物，从而增强反应物的活性。一般说来，莫来石（$SiO_2 + Al_2O_3$）含量越多，其 28d 抗压强度比越高，两者有一定的相关性。

2.1.2 粉煤灰的化学活性

粉煤灰用于建筑材料中的作用主要通过其形态效应、火山灰效应和微骨料等三个效应实现的。它在胶凝材料系统中主要提供活性的 SiO_2 和 Al_2O_3，与水泥水化生成的 $Ca(OH)_2$ 反应生成水化产物，并把未反应的粉煤灰内核结合起来形成整体使之具有强度。

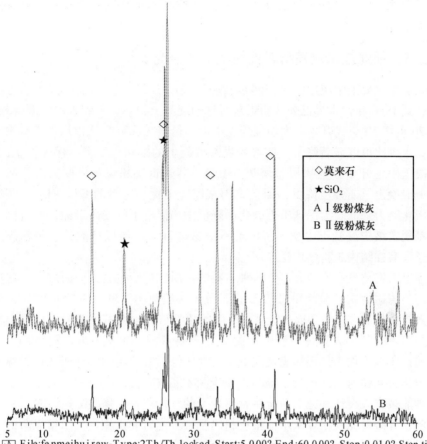

⌇⌇ File:fenmeihu i.raw-Type:2Th/Th locked-Start:5.000?-End:60.000?-Step:0.010?-Step time:
0.1s-Temp.:25 癥（Room）-Time Started:1 338 283 776 s-20perations:Smooth 0.150|Strip
kAlpha2 0.500|Background 1.000,1.000|Import

⌇⌇ Y+60.0 mm-File:fmh-meimo.raw-Type:2Th/Th locked-Start:5.000?-End:70.000?-Step:0.020?
-Step time:0.3 s-Temp.:25（Room）-Time Started:10perations:Smooth 0.150|Strip kAlpha2
0.500|Background 1.000,1.000|Import

图 2-1　粉煤灰原灰 XRD 图谱

　　粉煤灰化学活性的决定因素是其中玻璃体含量及玻璃体中可溶性的 SiO_2、
Al_2O_3 含量及玻璃体解聚能力。粉煤灰自身只具备潜在活性，在没有激发剂的情
况下粉煤灰一般不会产生自结现象。而粉煤灰的激活剂通常是水泥，粉煤灰中参
与水化反应的成分为活性 SiO_2 和 Al_2O_3，与水泥熟料矿物水化所释放出来的 $Ca(OH)_2$
发生反应，形成水化硅酸钙和水化铝酸钙，其水化产物的组成与结构受溶液中的
氧化钙、氧化铝离子浓度和温度的影响很大。

　　粉煤灰的掺入可以提高水泥基材料的抗渗性、抗氯离子侵蚀能力、抗硫酸盐
侵蚀能力，提高弹性模量，降低碱－骨料反应发生的几率，减少干燥收缩。负面

影响是早期强度低、混凝土抗碳化能力降低（钢筋易锈蚀）、冻融剥落较大等，尤其是掺量较大时更是如此。

2.1.3　粉煤灰水泥基材料性能机理的研究现状

粉煤灰在混凝土中应用的研究起步较晚，美国 1933 年开始陆续开展这方面的研究，到 1960 年代世界已公认粉煤灰可作为混凝土的掺合料和水泥的混合材。我国从 20 世纪 50 年代开始在大坝混凝土中使用粉煤灰。70 年代以后由于减水剂的应用，水胶比可以显著降低，使得粉煤灰混凝土的早期强度得到保障，至此，结构混凝土中也开始少量掺用粉煤灰。但是，普通低钙粉煤灰早期火山灰活性低，造成混凝土早期强度降低，而且火山灰反应消耗一定量的 $Ca(OH)_2$，使混凝土抗碳化能力降低。为保证不因碳化而降低钢筋混凝土的使用寿命，所有国家的标准都规定结构混凝土中粉煤灰掺量不得超过 30%。所以目前大掺量粉煤灰混凝土还没有在结构工程中广泛应用。

实际上人们还没有完全弄清楚这种材料的性质。尽管过去人们研究了一些火山灰反应的普遍性质，但是粉煤灰掺量不同（一般使用掺量为质量分数 10% ~ 30%，大掺量指质量分数 30% 以上），反应的化学机理也会有所不同。对反应机理认识的缺乏限制了大掺量粉煤灰混凝土在重要及重大工程上的广泛应用。另外，目前一些大工程中使用粉煤灰混凝土，都要针对所使用的一种或几种粉煤灰对宏观力学性能和耐久性进行系统的立项研究才能放心使用。也就是说，目前还没有一种能被广大设计和施工单位所普遍接受的理论体系来指导工程实践。

因此，有必要加强粉煤灰水泥基材料的基础理论研究工作，找出粉煤灰的掺入（尤其是大掺量的情况）对水泥基材料的物理、力学性能的影响规律，建立粉煤灰本征特性与硬化水泥石微观结构和宏观性能之间的关系。

2.1.4　水泥和混凝土用粉煤灰的分类与技术指标

国家质量监督检验检疫总局发布了国家标准《用于水泥和混凝土中的粉煤灰》（GB/T 1596—2005）。该标准适用于拌制混凝土和砂浆时作为掺合料的粉煤灰及水泥生产中作为活性混合材料的粉煤灰。该标准纳入了高钙粉煤灰（C 类粉煤灰）应用技术；放宽了粉煤灰细度指标，进一步扩大了应用范围。新标准将粉煤灰按煤种分为 F 类和 C 类。F 类为无烟煤或者烟煤煅烧收集的粉煤灰，而 C 类为褐煤或次烟煤煅烧收集的粉煤灰，其 CaO 含量一般大于 10%。

拌制混凝土和砂浆用的粉煤灰一般按照质量分为三个等级：Ⅰ 级、Ⅱ 级、Ⅲ 级。各级粉煤灰的技术指标见表 2-1。

表 2-1　拌制混凝土和砂浆用粉煤灰的技术指标要求

项目		技术要求		
		Ⅰ级	Ⅱ级	Ⅲ级
细度（45μm 方孔筛筛余），不大于（%）	F 类粉煤灰	12.0	25.0	45.0
	C 类粉煤灰	95	105	115
蓄水量比，不大于（%）	F 类粉煤灰	5.0	8.0	15.0
	C 类粉煤灰			
烧失量，不大于（%）	F 类粉煤灰	1.0		
	C 类粉煤灰			
三氧化硫，不大于（%）	F 类粉煤灰	3.0		
	C 类粉煤灰			
游离氧化钙，不大于（%）	F 类粉煤灰	1.0		
	C 类粉煤灰	4.0		
安定性，不大于（mm）	C 类粉煤灰	5.0		

此外，国标还对放射性、碱含量和均匀性等技术指标做出了要求，其中碱含量和均匀性指标必要时可由买卖双方协商确定。

2.2　高炉矿渣

高炉渣是冶炼生铁时从高炉中以熔融状态排出的废渣，经水淬急冷处理而成。它的活性高低与化学组成、矿物中组成、玻璃相含量、粉磨细度及外加剂对矿渣的激发程度有关。高炉矿渣的反应活性对硬化水泥浆体及混凝土的微观结构和性能都有很大的影响。

2.2.1　矿渣的来源与成分

高炉冶炼生铁时，为脱除铁矿石中的杂质和降低冶炼温度，需要加入一定量的石灰石和白云石作为造渣剂。石灰石和白云石在高炉内分解所得 CaO 和 MgO 与铁矿石中的杂质、焦炭中的灰粉相互融化在一起，生成了以硅酸盐和硅铝酸盐为主要成分的熔融物，熔融物的密度比铁水轻，会浮在铁水上面。通过压缩空气将熔渣从高炉出渣口送入水池，使水与熔渣激烈混合而快速冷却成粒，经过水淬急冷的矿渣称为"粒化高炉矿渣"。

受生铁冶炼工艺及原料品位的影响，每冶炼 1t 生铁要排大约 0.3～1.0t 渣。生铁冶炼工艺和原料组成不同，不同厂家或者不同时期所排出矿渣的化学成分和矿物组成有较大的波动。矿渣中所含氧化物的质量百分组成为大约 CaO = 38%～46%，

$SiO_2 = 26\% \sim 42\%$，$Al_2O_3 = 7\% \sim 20\%$，$MgO = 4\% \sim 13\%$，还含有 MnO、FeO、金属和碱。矿渣中还含有少量的其他物质，如氟化物、P_2O_5、Na_2O、K_2O 和 V_2O_5 等，一般情况下，它们的含量较低，对矿渣的质量影响不大。

2.2.2 矿渣粉组成、结构与活性

2.2.2.1 矿渣粉的组成与结构

炉渣中的各种成分可分为碱性氧化物和酸性氧化物两大类。碱性氧化物可与酸性氧化物结合形成盐类，如 $CaO \cdot SiO_2$、$2FeO \cdot SiO_2$ 等。酸碱性相距越大，结合力就越强。以碱性氧化物为主的炉渣称碱性炉渣，以酸性氧化物为主的炉渣称为酸性炉渣。炉渣的很多物理化学性质与其酸碱性有关。不同产地的高炉渣，其化学组成不同，这主要取决于矿石的成分，还有所生产生铁的种类。

矿渣玻璃体具有三维的网络结构，形成空间网络的是 SiO_2、Al_2O_3 等氧化物；而 Ca^{2+}、Mg^{2+} 等金属离子则嵌布在网络的空隙里。在硅酸盐为主的玻璃体中，四配位的 SiO_4^- 作为主要结构单元，它们由桥型氧离子通过 Si-O 键在顶角互相聚合成硅氧链，再相互横向连成空间骨架。从矿渣玻璃体中各种键的强度来看，以 Si-O 键的单键强度最大。所以，硅氧四面体的聚合程度越低，Si-O 键的相对数量越少，就越不稳定，化学活性越高。另外，矿渣中存在的 Al^{3+} 可能替代 Si^{4+} 而形成铝氧四面体，所引起的剩余电荷要由其他金属离子来平衡，而这种金属离子键比硅氧四面体的非桥型氧键还要弱，所以这些铝酸根往往具有较高的活性。同时，还有部分六配位的铝离子，像 Ca^{2+}、Mg^{2+} 一样并不参与网络结构，键强较小，活性较高。

2.2.2.2 矿渣粉活性评价

目前对矿渣活性的评价多是基于矿渣中主要化学成分的质量比例，如日本和德国采用 $(CaO + MgO + Al_2O_3)/SiO_2$，美国 ASTM 有三个测试矿渣活性的标准：ASTM C595（2003）、ASTM C989（2003）和 ASTM C1073（2003）。其中 ASTM C595（2003）与测量硅酸盐水泥活性的标准方法一致。

ASTM C1073（2003）标准则是测定碱作用下磨细矿渣的水硬活性。该标准规定用 100% 的磨细矿渣作为胶凝材料，试样的成型方法按照 ASTMC107（2003）进行，与上面标准不同的是拌合水不是水，而是按照 0.45 的水灰比加入浓度为 20% 的 NaOH 溶液。试件成型后，立即将其放入装有 50mL 水的容器中，以保证试样在养护期间相对湿度为 100%，然后将装有试模的容器放入温度为 55 ±2℃ 的养护箱进行养护，经过 23 ±0.25h 的养护后，将试模从容器中取出，脱模，然后将试样放置于室温空气中约 1h 后进行强度测定，并用以表征矿渣的水硬活性。

国内采用直接测定碱激发矿渣硅酸盐水泥 7d 和 28d 强度与硅酸盐水泥同龄期强度的比值来评定磨细矿渣的活性。以掺加 50% 矿渣的水泥胶砂强度与不掺矿渣的硅酸盐水泥砂浆的抗压强度的百分比率来表示矿渣的活性系数，活性系数

越大，矿渣活性越好。

　　由于粒化高炉矿渣是在极不平衡的状态下形成的，水化活性不仅跟化学成分有关，还与玻璃体的矿物组成、表面微观结构和粒径分布等有关。许多研究表明，凝固炉渣中有着很多的矿物组成。粒化高炉矿渣的矿物组成与熔融矿渣的冷却条件有关：缓慢地冷却熔融的矿渣会得到稳定的固体，即是 Ca-AMg 硅酸盐晶体。碱性矿渣的主要晶相组成为硅酸二钙（C_2S）、钙铝黄长石（C_2AS）。酸性矿渣则主要为硅酸一钙和钙长石。此外，还有许多其他的晶相。在这些晶相中除了硅酸二钙（$\beta \sim C_2S$）具有胶凝性外，其他矿物均不具有或仅具有极微弱的胶凝性。如果熔融的粒状高炉矿渣快速的冷却，矿渣熔体经水淬或空气急冷阻止了矿物的结晶，形成了尺寸为 0.5~5mm 左右的颗粒状矿渣 – 玻璃态的 Ca-AMg 硅酸盐，即粒状高炉矿渣。粒状高炉矿渣主要由玻璃体组成，而玻璃体的含量主要与矿渣的化学成分和冷却速度有关。冷却速度越快，粒状高炉矿渣中玻璃体含量也越高，一般含有 80%~90% 的玻璃相；慢冷的矿渣具有相对稳定的结晶结构，活性低。水淬好的矿渣，矿物为微晶状态，玻璃体含量高，矿渣的活性高。实践也证明，粒化高炉矿渣中玻璃体的含量越高，则粒化高炉矿渣的活性也越高。

2.2.3　矿渣粉作为水泥混凝土掺合料的利用

　　20 世纪 90 年代初期开始，我国科研院所相继开展粒化高炉矿渣的渣粉性能、技术指标以及对水泥和混凝土性能的影响等大量试验研究工作。我国铁矿多为贫矿，入炉品位多在 58%~60% 左右或者更低；焦炭灰分多在 12% 以上，灰分为酸性氧化物，高炉渣量普遍偏大。根据各厂原燃料的不同，1t 铁的渣量在 300~450kg 之间，只有少数高炉渣量低于 300kg。我国高炉炉渣的年产量相当可观。现阶段，高炉炉渣在回收处理方面主要采用缓冷法和水淬法。

　　矿物掺合料因其具有较好的填充效应、活性效应和微骨料效应，其掺入可改善混凝土微结构，提高混凝土强度性能、抗渗透性能及各项耐久性。许多研究指出，矿物掺合料具有潜在水化活性，生成水化硅酸钙（C-S-H）凝胶量少，稀释了水泥石中水化产物的"浓度"，因此掺有矿物掺合料的水泥混凝土强度，尤其是早期强度总是随掺量的增加有较大的下降。然而复合材料的强度理论认为，普通水泥混凝土强度通常只有几十兆帕，远远低于硅酸盐分子键合的强度水平，水泥混凝土强度主要与其亚微结构相关，孔隙率是控制强度的决定因素，因此减小孔隙率便意味着提高强度。20 世纪 70 年代，一系列超高强水泥基材料的相继发明更加深了人们的这种观念，改变了人们认为化学能释放越多，材料强度就越高的传统胶凝材料强度观念。许多研究者通过对矿物掺合料的优选或处理，利用其减水作用降低水胶比和填充效应，使胶凝材料粒子形成更高程度的紧密堆积，以提高混凝土的强度，尤其是早期强度。一些研究者甚至利用致密原理来制备掺有矿物掺合料的超高强水泥基材料。

此外，矿物掺合料的微粉在水泥石中可作骨架，矿物掺合料发生的二次水化反应改善了界面结构，能明显提高水泥石的结构强度。随着超塑化剂的发明和推广应用，混凝土的水胶比有一个较大幅度地下降，水泥因"缺水"而不能充分水化，引入矿物掺合料的优势更加明显。在低水胶比的混凝土中，要填充的原始充水空间减少，混凝土密实性较高。此时，掺入一定较细的矿物掺合料，不仅不影响胶凝材料颗粒间界面粘结，还能改善颗粒间的堆积，提高混凝土的致密性。其次，在这种水化程度较低的混凝土中，残留有大量未水化的熟料，一方面，它们的位能较高，热力学上不稳定，可能是其长期耐久性的隐患；另一方面，这些未水化的水泥熟料是消耗了大量能量和自然资源而制得的，仅起填料作用，既不经济又不环保。掺入矿物掺合料能在一定程度上消除这种低水化率的水泥基材料长期耐久性隐患，还可节约资源和能源。更为重要的是，矿物掺合料的二次水化反应速率较低，而且主要发生在水泥水化的中后期，其掺入有利于降低混凝土的水化温升，减小混凝土中因内外温差引起的温度应力，这对避免大体积、单方胶凝材料用量高的混凝土由温度应力导致的收缩开裂具有极为重要的意义。

2.2.4 用于水泥和混凝土中的粒化高炉矿渣粉的技术指标

国标 GB/T 18046—2008 对用于水泥和混凝土中的矿粉的出厂检验项目规定为密度、比表面积、活性指数、流动度比、含水量、三氧化硫等技术要求，详细技术指标要求见表 2-2。

表 2-2　用于水泥和混凝土的矿渣粉的技术指标

项目		级别		
		S105	S95	S75
密度（g/cm²）≥			2.8	
比表面积（m²/kg）≥		500	400	300
活性指数（%）≥	7d	95	75	55
	28d	105	95	75
流动度比（%）			≥95	
含水率（%）≤			1.0	
三氧化硫（%）≤			4.0	
氯离子（%）≤			0.06	
烧矢量（%）≤			3.0	
玻璃体含量（%）≥			85	
放射性			合格	

由于矿渣粉以玻璃体为主,玻璃体是介稳态,尤其当矿渣粉磨细后,比表面积增加,矿渣粉表面有吸附空气分子或水分子达到平衡的趋势,如保存不当,矿渣粉活性随保存时间下降很快,而且不同的包装和储存条件对矿渣粉的影响也很大,因此,国标参考了《通用硅酸盐水泥》(GB 175—2007),对交货和验收做出了要求,在出厂中增加了"经确认矿渣粉各项技术指标及包装符合要求时方可出厂"的规定。

2.3　超细矿渣粉

超细矿渣粉是指超细粉磨的高炉炉渣,比表面积一般大于 $600\,m^2/kg$,粉磨过程不仅仅是颗粒减小的过程,同时伴随着晶体结构及表面物理化学性质的变化。由于物料比表面积增大,晶格键能迅速减小,在损失晶格能的位置产生晶格位错、缺陷、重结晶,在表面形成易溶水的非晶态结构。晶体结构的变化主要反映为晶粒尺寸减小、晶体形变增大和结构发生畸变。晶粒尺寸减小,保证矿物与水接触面积的增大;晶体形变增大提高了矿物与水的作用力;结构发生畸变、结晶度下降使矿物晶体的结合键减小,水分子容易进入矿物内部,加速水化反应。超细化后会具有新的特性和功能:表面能高,微观填充作用以及化学活性增高。暴露更多的反应面,从而促进早期水化产物的形成,起到联结水泥颗粒与矿渣颗粒的作用,提高早期强度。

高炉矿渣超细粉掺入混凝土中,对混凝土有显著的流化与增强效应,当掺入超细矿渣粉后,絮凝结构中的水被释放出来,填充于水泥颗粒间隙中,超细粉中玻璃体可与高效减水剂共同作用,降低超细粉的表面能,更能发挥其微观填充稀化效应;其次能抑制混凝土的绝热升温;减水增密效应使混凝土的结构密实,可以大幅度提高水泥混凝土的强度,轻易配出超高强混凝土;通过改善硬化混凝土的微结构,使其中 $Ca(OH)_2$ 显著减少,C-S-H 凝胶显著增多,从而改善混凝土的耐久性,提高抗渗及抗冻性以及对海水、酸及硫酸盐的抗化学侵蚀的能力;同时具有抑制碱–硅酸反应的效果等。而这些性能均与超细矿渣粉的细度及对水泥的取代率有关。一般来说随矿物掺合料比表面积增大,混凝土的收缩值增大,因此超细矿渣粉掺量不宜过大。

2.3.1　超细矿渣粉的磨细与其改性

不同研究者在矿渣玻璃体对活性贡献的研究结论差别很大,互相矛盾,通常认为玻璃体在最佳含量范围内对活性最有力。然而,矿渣中分布良好的晶体也不会对活性产生明显不利影响,主要是因为晶体会被部分或者全部包裹在玻璃体内。因此,粉磨的细度比较微妙,细度过大时不但浪费能源,也会使包裹在玻璃体内的晶体暴露出来,影响活性。粉磨时间也很重要,延长粉磨时间可以增加表面积，而且会增加位于边缘、顶角的解离，也会增加内部原子（离子）基元结构缺陷，例如位错、不完全位错和晶体的杂质缺陷。与正常晶体结构相比，这些缺陷都具有较高能态，会大大增加晶体的内能，使结构不稳定，活性增加。

矿渣磨细最初是和硅酸盐水泥或水泥熟料混磨。但是矿渣比水泥或者熟料坚硬，混磨的结果是水泥熟料磨得太细，浪费能源，而矿渣颗粒又较粗，无法发挥活性。目前普遍将矿渣单独磨细，磨细矿渣的颗粒是棱角分明的不规则形状，晶粒界面较多，界面处的晶格缺陷能比规则晶体结构高出很多。

2.3.2 超细矿渣粉的制备

普通矿渣粉和超细矿渣粉的粉碎机理不同，制备超细矿渣粉的粉碎方式是以挤压粉碎为主，属于体积粉碎类型，产品粒度分布窄。普通矿渣粉的粉碎方式是以冲击和研磨粉碎为主，属于表面积粉碎类型，产品粒度分布宽。目前，国内外超细粉碎设备的主要类型有气流磨、机械冲击式超细磨机、球磨机、振动磨机、塔式磨、旋风自磨机、离心磨、高压射流粉碎机等。其中气流磨、机械冲击式超细磨机、旋风自磨机等为干式超细粉碎设备；高压射流粉碎机、球磨机、振动磨机、塔式磨等既可以用于干式也可以用于湿式超细粉碎。

立式磨机可生产比表面积 $380 \sim 420 m^2/kg$ 的 S75 级矿渣微粉，台时产量高，不适合生产比表面积 $450 \sim 550 m^2/kg$ 的 S95 级、S105 级矿渣微粉。采用闭路粉磨系统，虽然可以控制最大粒径，但是平均粒径偏高，不利于提高矿渣粉的比表面积。现在国内大多数企业生产矿渣微粉均采用开路球磨机，利用开路球磨机系统粉磨矿渣，比表面积可达到 $500 m^2/kg$ 以上，颗粒分布在 $2 \sim 40\mu m$ 之间，颗粒组成比较合理，潜在活性发挥好，对混凝土强度、性能发挥作用好，但球磨机电耗高于立式磨机。

20 世纪 90 年代末期，矿渣粉作为水泥混合材或混凝土掺合料在国内得到一定的推广，但由于当时粉磨生产普遍采用球磨生产工艺设备，粉磨能耗较高。2000 年 11 月上海宝钢率先从日本引进年产 60 万吨矿渣粉立磨生产线并投产，这标志着大规模矿渣粉生产在国内开展。随后的几年里武钢、鞍钢、首钢等大型立磨矿渣粉生产线相继投产，至今国内矿渣粉生产能力已达年产 400 万吨左右。目前在建的矿渣粉生产线还有济钢、韶钢、马钢、邯钢等。高炉矿渣可制备成比表面积 $400 m^2/kg$ 以上的矿渣微粉，大幅度提高了矿渣的活性。

2.3.3 超细矿渣粉的水化反应

2.3.3.1 普通矿渣粉的水化反应特点

矿渣是一种具有潜在活性的玻璃体结构，所以发生水化反应的原因主要是水和各种激发剂对矿渣玻璃体作用的结果，玻璃态的矿渣并不具有单独硬化能力。热力学上讲，矿渣玻璃体虽然是一种介稳定性物质，可是纯矿渣在水中活性非常小，这是因为矿渣玻璃体具有某种动力学稳定性，要外界对它进行某种激发才能发生水化反应。所以矿渣的水化主要是在激发剂作用下破坏矿渣玻璃体表面的"保护膜"——表面硅氧网络层，使玻璃体分散、溶解和水化。矿渣粉水化后含有一定量的 CaO 水化产物 $CaCO_3$，而其余水化产物大部分是玻璃态物质。矿渣粉自身水化的 XRD 衍射图谱如图 2-2 所示。

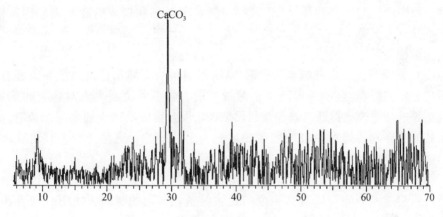

图 2-2　超细矿渣粉水化后 XRD 图谱

2.3.3.2　超细矿渣粉的水化反应特点

与普通矿渣不同，超细矿渣粉颗粒具有超小粒径和超高活性，将其掺入水泥中，水化时活化 SiO_2、Al_2O_3 与混合胶凝材料体系中产生的 $Ca(OH)_2$ 反应，进一步形成水化硅酸钙产物，填充于细小空隙中，且较小粒径的颗粒将增加与 $Ca(OH)_2$ 发生反应的有效面积，也影响其与 $Ca(OH)_2$ 反应程度及水化产物的数量和结晶状态。也有研究认为，在一定激发条件下，超细矿渣粉可以在几个小时内完成30%的水化过程，而且颗粒表面的反应层厚度一般没有大的变化，这样总表面积越大，总反应面也越大，反应速度和程度也就会越大些。同时超细矿渣粉颗粒包裹在水泥粒子周围及骨料周围，由于其超细化，增加了界面处的水化产物的量，且缩小水化产物晶体的尺寸，使界面连接牢实。水化硅酸钙凝胶填充于空隙中，增加密实度，大小粒子堆积，填充降低了空隙尺寸，生产的微细结构与孔结构均比普通水泥石细得多，这样能够减小离子扩散率，获得好的抗侵蚀性、耐久性和高强度。

2.4　再生骨料制备技术

2.4.1　建筑垃圾

2.4.1.1　建筑垃圾的定义

不同国家和地区对建筑垃圾有不同的定义和解释，例如：

（1）日本对建筑垃圾的定义为"伴随拆迁构筑物产生的混凝土破碎块和其他类似的废弃物"，是稳定性产业废弃物的一种。在厚生省指南中，更具体化为"混凝土碎块"、"沥青混凝土砂石凝结块废弃物"等，而木制品、玻璃制品、塑料制品等废材并不包括在"建筑废材"中。

（2）美国环保署对建筑垃圾的定义是"建筑垃圾是在建筑物新建、扩建和拆除过程中产生的废弃物质"。建筑物包括各种形态和用途的建筑物和构筑物，通常将其分为五类，即交通工程垃圾、挖掘工程垃圾、拆卸工程垃圾、清理工程垃圾和扩建翻新工程垃圾。

（3）根据我国住房和城乡建设部 2003 年颁布的《城市建筑垃圾和工程渣土管理规定》，建筑垃圾、工程渣土，是指建设、施工单位或个人对各类建筑物、构筑物等进行建设、拆迁、修缮及居民装饰房屋过程中所产生的余泥、余渣、泥浆及其他废弃物。建筑垃圾按照来源可分为土地开挖、道路开挖、旧建筑物拆除、建筑施工和建材生产垃圾五类。

（4）香港环保署将建筑垃圾分为两类：新建过程中的垃圾和拆除过程中的垃圾。新建过程中的垃圾包括报废的建筑材料、多余的材料、使用后抛弃的材料等。

2.4.1.2　建筑垃圾的分类和组成

根据《城市建筑垃圾和工程渣土管理规定》，按照来源分类，建筑垃圾可分为土地开挖、道路开挖、旧建筑物拆除、建筑施工和建材生产垃圾五类。按照回收利用方式，建筑垃圾可分为：（1）可直接利用的材料，如旧建筑材料中可直接利用的窗、梁、尺寸较大的木料等；（2）可再生利用的材料，如废弃混凝土、废砖、未处理过的木材和金属，经过再生后其形态和功能都和原先有所不同；（3）没有利用价值的废料，如难以回收的或回收代价过高的材料可用于回填或焚烧。

按照成分，建筑垃圾可分为：（1）金属类（钢铁、铜、铝等）；（2）非金属类（混凝土、砖、竹木材、装饰装修材料等）。按照能否燃烧，建筑垃圾可分为：（1）可燃物；（2）不可燃物。

建筑垃圾中土地开挖垃圾、道路开挖垃圾和建材生产垃圾，一般成分比较单一，其再生利用或处置比较容易。建筑施工垃圾和旧建筑物拆除垃圾一般是在建设过程中或旧建筑物维修、拆除过程中产生的，大多为混凝土、砖等固体废弃物，回收利用复杂，是研究的重点。

2.4.1.3　建筑垃圾的危害

（1）污染土壤

随着城市建筑垃圾量的增加，垃圾堆放点也在增加，垃圾堆放场的面积也在逐渐扩大。此外，露天堆放的城市建筑垃圾在种种外力作用下，较小的碎石块也会进入附近的土壤，改变土壤的物质组成，破坏土壤的结构，降低土壤的生产能力。

（2）影响空气质量

建筑垃圾在堆放过程中，在温度、水分等因素的作用下，某些有机物质发生分解，产生有害气体；垃圾中的细菌、粉尘随风飘散，造成对空气的污染；少量可燃建筑垃圾在焚烧过程中会产生有毒的致癌物质，对空气造成二次污染。

（3）污染水域

建筑垃圾在堆放和填埋过程中，由于发酵和雨水的淋溶、冲刷，以及地表水和地下水的浸泡而渗滤出的污水，会造成周围地表水和地下水的严重污染。垃圾渗滤液内不仅含有大量有机污染物，而且还含有大量金属和非金属污染物，水质成分很复杂。一旦饮用这种受污染的水，将会对人体造成很大的危害。

（4）破坏市容，恶化市区环境卫生

城市建筑垃圾占用空间大，堆放杂乱无章，与城市整体形象极不协调，工程建设过程中未能及时转移的建筑垃圾往往成为城市的卫生死角，如图 2-3 所示。混有生活垃圾的城市建筑垃圾如不能进行适当的处理，一旦遇雨天，脏水污物四溢，恶臭难闻，并且往往成为细菌的滋生地。以北京为例，据相关资料显示：奥运工程建设前对原有建筑的拆除，以及新工地的建设，北京每年都要设置二十多个建筑垃圾消纳场，造成不小的土地压力。

图 2-3　建筑垃圾对环境的影响

（5）安全隐患

大多数城市建筑垃圾堆放地的选址在很大程度上具有随意性，留下了不少安全隐患。施工场地附近多成为建筑垃圾的临时堆放场所，由于只图施工方便和缺乏应有的防护措施，在外界因素的影响下，建筑垃圾堆出现崩塌，阻碍道路甚至冲向其他建筑物的现象时有发生。

2.4.1.4　建筑垃圾资源化利用的意义

近年来，随着我国经济的迅速发展，大规模的建设开展，建筑垃圾堆积如山，人们对建筑材料的需求量越来越大，从而对环境造成的压力也越来越大。下面仅以混凝土为例介绍建筑业对建材的需求量和由此而产生的能源和环境压力。

根据日本建设省的统计，各产业界所有废弃物中属于建筑垃圾的约为 40%，1995 年度全国建筑垃圾就达 9900 万 t；美国每年仅废弃的混凝土就有 16000 万 t；欧洲共同体废弃的混凝土已增加到 16200 万 t 左右。目前，我国每年新建房屋约 20 亿 m^2，每 $1m^2$ 排出垃圾约 0.5~0.6t，全年仅施工建设产生和排出的建筑垃圾近 10 亿 t。除此之外，旧建筑物的拆除垃圾也不容忽视，每 $1m^2$ 旧建筑拆除垃圾约为 0.5~0.7t，旧房拆除面积按新房面积的 10% 计算，则房屋拆除垃圾约为 1~1.4 亿 t 左右。而且，解放初期浇筑的许多混凝土与钢筋混凝土结构物，大部分已经进入了老化毁坏阶段，城市改造建设也会拆除部分老的建筑，解体的混凝土今后将越来越多。目前，我国建筑垃圾大部分未经处理直接掩埋。

混凝土材料是人类文明建设中不可缺少的物质基础，是近代最广泛使用的建筑材料，是当前最大宗的人造材料，它在市政、桥梁、道路、水利以及军事领域发挥着不可替代的作用和功能，成为现代社会文明最重要的物质基石。随着人类文明的不断进步，混凝土材料的人均消费量越来越大，与此同时产生的环境污染问题也越来越显著。根据欧洲水泥协会统计资料，1900 年全世界水泥总产量约为 1000 万 t，如果以每 $1m^3$ 混凝土平均水泥用量为 250kg 计算，则 1900 年全世界浇筑的混凝土仅为 4000 万 m^3；到了 1998 年，全世界混凝土的总产量达到 64 亿 m^3，人均年消费混凝土超过 $1m^3$。据资料介绍，2013 年我国水泥产量已超过了 22t 亿，可制备混凝土约为 60 亿 m^3，这需要消耗砂石 110 多亿 t。每生产 1t 水泥消耗石灰石 1.10t、0.25t 黏土、115kg 煤和 108kW·h 电，还有其他辅助材料，并且产生 $1tCO_2$，可见水泥混凝土工业不仅消耗巨大能源与资源，而且排出大量 CO_2、SO_2 和 NO_x，污染环境。

长期以来，由于砂石骨料来源广泛易得，价格低廉，被认为是取之不尽、用之不竭的原材料而不被重视，随意开采，甚至滥采滥用，结果造成山体滑坡，河床改道，严重破坏自然环境。而且随着世界人口的日益增多，建筑业作为国民经济的支柱产业也有了突飞猛进的发展，对砂石骨料的需求量不断增长。由于长期开采造成的资源枯竭，使得原有砂石骨料源源不断的现象也不复存在，建筑业的可持续发展与骨料短缺的矛盾日益突出。在一定意义上讲，天然砂石属于不可再生资源，它们的形成需要漫长的地质年代。如果不加限制地开采，不久我们将面临天然骨料短缺，就如当前的煤炭、石油、天然气短缺一样。

2.4.2 再生骨料制备技术

由建（构）筑废物中的混凝土、砂浆、石、砖瓦等加工而成，用于配制混凝土的颗粒，简称再生骨料（Recycled Concrete Aggregate，RCA）。其中，粒径不大于 4.75mm 的骨料为再生细骨料，粒径大于 4.75mm 的骨料为再生粗骨料。再生骨料混凝土是指再生骨料部分或全部代替天然骨料配制而成的混凝土，简称再生混凝土。

再生骨料和再生混凝土的研究最早开始于"二战"后的欧洲。第二次世界大战后，整个欧洲成为一片废墟，在他们重建家园时已经注意到废混凝土的再生利用。因为再生骨料循环利用不仅可以降低处理废混凝土的费用，而且可以节约有限资源。因此，各国从自己的实际情况出发，相继开展了这一方面的研究工作。我国再生混凝土的研究起步较晚，生产出的再生骨料性能较差（粒形和级配都不好，表面附有大量砂浆，吸水率大，密实体积小，压碎指标高），多用于低强度的混凝土及其制品，研究工作主要集中在低品质再生骨料及再生混凝土性能方面。再生骨料及再生混凝土的性能与再生骨料的品质密切相关，提高再生骨料的品质对于推广再生混凝土具有重要意义。

再生骨料颗粒棱角多，表面粗糙，组分中还含有硬化水泥砂浆，再加上混凝土块在破碎过程中因损伤累积在内部造成大量微裂纹，导致再生骨料的孔隙率大、吸水率大、堆积密度小、压碎指标高。与普通骨料相比，再生骨料制备的再生混凝土用水量较大、硬化后的强度低、弹性模量低。此外，再生混凝土的抗渗性、抗冻性、抗碳化能力、收缩、徐变和抗氯离子渗透性等耐久性能也均低于普通混凝土。为了提高再生混凝土的性能，须对简单破碎获得的低品质再生骨料进行强化处理。强化处理的目的主要是改善骨料粒形并除去再生骨料表面所附着的硬化水泥石，从而提高骨料的性能。

目前，再生骨料的加工方法主要是将破碎设备、传送机械、筛分设备和清除杂质的设备有机地组合在一起，共同完成破碎、筛分和除去杂质等工序，最后得到符合质量要求的再生细骨料和再生粗骨料。

国外具有代表性的再生骨料生产工艺流程大体可分为以下三个阶段：

（1）预处理破碎阶段：除去废弃混凝土中的其他杂质，用破碎机将混凝土块破碎成约 40mm 粒径的颗粒，再用颚式破碎机破碎成颗粒更小的骨料。

（2）强化处理阶段：混凝土块在强化处理设备内高速飞转，使其相互碰撞、摩擦，除去附着于骨料表面的水泥浆和砂浆，改善骨料的表面状况。

（3）筛分阶段：最终的材料经过过筛，除去水泥和砂浆等细小颗粒，最后得到再生骨料。

2.4.2.1　立式偏心装置研磨法

立式偏心装置研磨法所用设备如图 2-4 所示。该设备主要由外部筒壁、内部的高速旋转的偏心轮和驱动装置所组成。设备构造有点类似于锥式破碎机，不同点是转动部分为柱状结构，而且转速快。由日本竹中工务店研制开发的立式偏心研磨装置的外筒内直径为 72mm，内部的高速旋转的偏心轮的直径为 66mm。预破碎好的物料进入到内外装置间的空腔后，受到高速旋转的偏心轮的研磨作用，使得黏附在骨料表面的水泥浆体被磨掉。由于颗粒间的相互作用，骨料上较为突出的棱角也会被磨掉，从而使再生骨料的性能得以提高。

2.4.2.2　卧式回转研磨法

由日本水泥株式会社研制开发的卧式强制研磨设备内部构造如图 2-5 所示。该设备十分类似于倾斜布置的螺旋输送机，只是将螺旋叶片改造成带有研磨块的螺旋带，在机壳内壁上也布置着大量的耐磨衬板，并且在螺旋带的顶端装有与螺旋带相反转向的锥形体，以增加对物料的研磨作用。进入设备内部的预破碎物料，由于受到研磨块、衬板以及物料之间的相互作用而被强化。

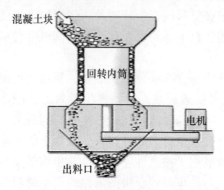

图 2-4　立式偏心装置研磨设备示意图　　图 2-5　卧式强制研磨设备内部构造

2.4.2.3　加热研磨法

日本三菱公司研制开发的加热研磨法的工作原理如图 2-6 所示。初步破碎后的混凝土块经过 300 ~ 400℃加热处理，使水泥石脱水、脆化，而后在磨机内对其进行冲击和研磨处理，实现有效除去再生骨料中的水泥石残余物。加热研磨处理工艺，不但可以回收高品质的再生粗骨料，还可以回收高品质再生细骨料和微骨料（粉料）。加热温度越高，研磨处理越容易；但是当加热温度超过 500℃时，不仅使骨料性能产生劣化，而且加热与研磨的总能量消耗会显著提高。

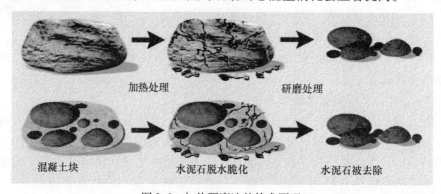

图 2-6　加热研磨法的技术原理

2.4.2.4　颗粒整形强化法

我们在借鉴了国外经验的基础上，找到了一种实用且有效的处理方法——再生骨料颗粒整形法。所谓颗粒整形强化法，就是通过"再生骨料高速自击与摩擦"来击掉骨料表面附着的砂浆或水泥石，并除掉骨料颗粒上较为突出的棱角，使其成为较为干净、较为圆滑的再生骨料，从而实现对再生骨料的强化。

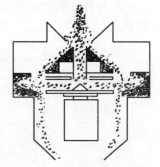

所用设备的工作原理如图 2-7 所示，由主机系统、除尘系统、电控系统、润滑系统和压力密封系统组成。主机系统内装有一个立轴式旋转叶轮（撒料盘）。工作时，物料由上端进料口加入机内，被分成两股料流。其中，一部分物料经叶轮顶部进入叶轮内腔，在离心作用下被高速抛射出（最大速度可达 100m/s）；另一部分物料由分料系统沿叶轮四周落下，并与叶轮抛射出的物料相碰撞，返弹物料与飞盘抛出的新物料再次碰撞，物料经过多次碰撞摩擦得到粉碎和整形，最后沿腔体流出。

图 2-7　颗粒整形强化
工作原理

颗粒整形强化的特点：被粉碎物料颗粒的表面较为光滑，粒形好（针状和片状颗粒含量少），提高了物料的堆积密度；产量大，易损件及动力消耗低；设备体积小、操作简便，安装和维修方便，运转平稳，噪声低。

2.5　混凝土用再生粗骨料

2.5.1　颗粒整形强化对再生骨料性能的影响

2.5.1.1　再生粗骨料外形

简单破碎的再生粗骨料如图 2-8 所示，骨料不仅粒形不好、多棱角，而且表面还含有大量的水泥砂浆块。颗粒整形后的再生粗骨料如图 2-9 所示，骨料表面较干净，而且棱角也较少。

图 2-8　简单破碎粗骨料

图 2-9　颗粒整形粗骨料

2.5.1.2　再生粗骨料颗粒级配

简单破碎再生粗骨料和颗粒整形再生粗骨料的级配情况见表 2-3，表明两种再生粗骨料均满足《普通混凝土用砂、石质量及检验方法标准》（JGJ 52—2006）的要求。

表 2-3　粗骨料颗粒级配（%）

粒径范围（mm）	简单破碎再生骨料		破碎整形再生骨料	
	分计筛余	累计筛余	分计筛余	累计筛余
25～31.5	5.0	5.0	3.6	3.6
20～25	13.4	18.4	18.0	21.6
16～20	24.0	42.4	17.9	39.5
10～16	32.8	75.2	32.8	72.3
5～10	24.8	100	27.6	100

2.5.1.3　再生粗骨料密度

为了有效地反映不同粒级再生粗骨料的粒形变化，我们分别测试了不同粒级的简单破碎再生粗骨料和颗粒整形再生粗骨料的堆积密度，见表 2-4。

表 2-4　再生粗骨料颗粒堆积密度

粒径范围（mm）	简单破碎再生骨料（kg/m³）	颗粒整形再生骨料（kg/m³）	堆积密度提高（%）
5～10	1057	1210	14.47
10～16	1132	1270	12.19
16～20	1197	1244	3.93
20～25	1182	1291	9.22
25～31.5	1170	1248	6.67

结果表明，整形处理可以使再生粗骨料的堆积密度提高 4%～14.5%，整形效果十分显著。连续级配再生粗骨料堆积密度的大小，直接影响着混凝土的配合比。粗骨料的堆积密度越大，由其配制的混凝土砂率越小，水泥用量也相对较少。试验测得的连续级配的简单破碎再生粗骨料和颗粒整形再生粗骨料的堆积密度，见表 2-5。

表 2-5　再生粗骨料松散堆积密度和紧密堆积密度

粗骨料种类	简单破碎再生粗骨料（kg/m³）	颗粒整形再生粗骨料（kg/m³）	堆积密度提高（%）
松散堆积密度	1195	1335	11.7
紧密堆积密度	1355	1525	12.5

结果表明，颗粒整形再生粗骨料的堆积密度和紧密堆积密度均比简单破碎再生粗骨料提高 12% 左右。

2.5.1.4　再生粗骨料表观密度和空隙率

同天然碎石骨料相比，简单破碎再生粗骨料表面粗糙、砂浆含量高、棱角多，内部存在大量微裂纹，从而导致再生粗骨料的堆积密度和表观密度均比天然骨料低。由于界面是混凝土中的最薄弱环节，通过整形处理，不仅可以改变再生粗骨料的粒形，而且还能将黏附在骨料表面的水泥砂浆从界面处剥离，从而提高再生粗骨料的表观密度，降低吸水率。再生粗骨料表观密度见表2-6，整形处理使表观密度略有提高。再生粗骨料堆积空隙率见表2-7，可以看到，整形处理使再生粗骨料堆积空隙率明显下降，整形效果显著。

表2-6　再生粗骨料表观密度

粒级（mm）	简单破碎骨料（g/cm³）	破碎整形骨料（g/cm³）	表观密度提高（%）
25～31.5	2.58	2.57	−0.39
20～25	2.52	2.60	3.17
16～20	2.59	2.63	1.54
10～16	2.58	2.60	0.78
5～10	2.54	2.57	1.18
5～31.5	2.56	2.59	1.17

表2-7　再生粗骨料空隙率（%）

粒径范围（mm）	简单破碎骨料	颗粒整形骨料	空隙率降低
25～31.5	0.547	0.514	6.03
20～25	0.531	0.503	5.27
16～20	0.538	0.527	2.04
10～16	0.561	0.512	8.73
5～10	0.584	0.529	9.42
5～31.5	0.533	0.485	9.01

2.5.1.5 再生粗骨料吸水率

由于整形处理能将黏附在骨料表面的水泥砂浆从界面处剥离，从而降低了再生粗骨料的吸水率，见表2-8。

表2-8　再生粗骨料吸水率（%）

粒径范围（mm）	简单破碎骨料	破碎整形骨料	吸水率降低
25～31.5	2.41	1.21	0.50
20～25	3.08	1.34	0.56
16～20	3.15	2.14	0.32
10～16	4.86	3.50	0.28
5～10	7.52	4.26	0.43
5～31.5	4.7	2.9	0.38

试验结果表明，整形处理使再生粗骨料的吸水率平均降低约0.4%。

2.5.1.6 再生粗骨料压碎指标

由于再生粗骨料表面包裹着水泥石或砂浆，再生粗骨料的压碎指标值远高于天然粗骨料。再生粗骨料的压碎指标值的大小与原混凝土的强度和骨料制备方法等因素有关。原混凝土的强度越高，再生粗骨料的压碎指标值越低；再生粗骨料表面水泥砂浆附着率越小，压碎指标值越低；再生粗骨料颗粒越接近球形，压碎指标值越低。试验测得的简单破碎再生粗骨料和颗粒整形再生粗骨料的压碎指标值见表2-9。试验结果表明，整形处理可以显著降低再生粗骨料的压碎指标值。

表2-9 粗骨料压碎指标（%）

序号	简单破碎骨料	破碎整形骨料	压碎指标降低
1	16.2	9.8	0.40
2	16.8	9.6	0.43
3	14.4	8.8	0.39
平均值	15.8	9.4	0.41

2.5.2 再生粗骨料分类与规格

混凝土再生粗骨料因来源和生产工艺不同，品质差异较大，为了合理使用再生骨料，确保工程质量，有必要对再生骨料进行分类。国家标准《混凝土用再生粗骨科》（GB/T 25177—2010）把再生粗骨料划分为Ⅰ类、Ⅱ类、Ⅲ类。

与国标《建筑用卵石、碎石》（GB/T 14685—2011）相比，标准GB/T 25177—2010在骨料规格划分上稍有变化。考虑到再生粗骨料的粒径较大时，混凝土破碎不彻底，粗骨料中混有较多砂浆块，影响粗骨料的性能，因此将再生粗骨料的最大公称粒径限制在31.5mm以内，且再生粗骨料最大粒径不宜大于原混凝土粗骨料的最大粒径。此外，考虑到5~10mm粒径属于单粒级，在国标GB/T 14685—2011基础上进行变动，将再生粗骨料分为5~16mm、5~20mm、5~25mm和5~31.5mm四种连续粒级规格以及5~10mm、10~20mm和16~31.5mm三种单粒级规格。

《混凝土用再生粗骨料》（GB/T 25177—2010）对各项指标的要求见表2-10。其中，出厂检验项目包括颗粒级配、微粉含量、泥块含量、压碎指标、表观密度、空隙率、吸水率；型式检验包括除碱－骨料反应外的所有项目；碱－骨料反应根据需要进行。为了对再生骨料品质进行划分，对表观密度、空隙率、坚固性、压碎指标、微粉含量、泥块含量和吸水率七项易于划分再生骨料品质的指标按照相关要求进行分类，其他指标不再进行详细分类。

表 2-10　再生粗骨料分类与技术要求

项目	指标		
	Ⅰ类	Ⅱ类	Ⅲ类
颗粒级配（最大粒级不大于 31.5mm）	合格	合格	合格
有机物含量（比色法）	合格	合格	合格
碱 – 骨料反应	合格	合格	合格
表观密度（kg/m³），>	2450	2350	2250
空隙率（%），<	47	50	53
坚固性（质量损失）（%），<	5.0	9.0	15.0
硫化物及硫酸盐含量（按 SO_3 质量计）（%），<	2.0	2.0	2.0
氯化物（以氯离子质量计）（%），<	0.06	0.06	0.06
其他物质含量（%），<	1.0	1.0	1.0
压碎指标/%，<	12	20	30
微粉含量（按质量计）（%），<	1.0	2.0	3.0
泥块含量（按质量计）（%），<	0.5	0.7	1.0
吸水率（按质量计）（%），<	3.0	5.0	7.0
针片状颗粒含量（按质量计）（%），<	10	10	10

2.6　混凝土和砂浆用再生细骨料

2.6.1　颗粒整形强化对再生细骨料性能的影响

2.6.1.1　再生细骨料的外观

简单破碎再生细骨料放大图如图 2-10 所示，颗粒整形再生细骨料放大图如图 2-11 所示。简单破碎再生细骨料颗粒棱角较多，用手抓、捧时有明显的刺痛感，整形后颗粒棱角较少。

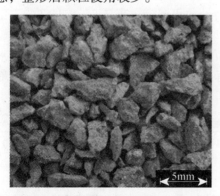

图 2-10　简单破碎再生细骨料放大图

图 2-11　颗粒整形再生细骨料放大图

2.6.1.2 再生细骨料的颗粒级配

简单破碎再生细骨料和颗粒整形再生细骨料的级配情况见表2-11，表明简单破碎再生细骨料细度模数偏大，级配接近Ⅱ区砂；颗粒整形再生细骨料为中砂，级配完全满足 JGJ 52—2006 的规定。

表2-11 再生细骨料累计筛余量

粒径范围（mm）	简单破碎再生细骨料	颗粒整形细骨料
2.5 ~ 5.0	30.2	22.8
1.25 ~ 2.5	44.4	36.4
0.63 ~ 1.25	66.9	58.6
0.315 ~ 0.63	82.6	78.4
0.16 ~ 0.315	89.0	90.3
0.16 以下	100	100
细度模数	3.1	2.8

2.6.1.3 再生细骨料密度

为了有效地反映不同粒级再生细骨料的粒形变化，分别测试不同粒级的简单破碎再生细骨料和颗粒整形再生细骨料的堆积密度，见表2-12。

表2-12 再生细骨料颗粒堆积密度

粒径范围（mm）	简单破碎骨料（kg/m³）	颗粒整形细骨料（kg/m³）	颗粒堆积密度提高（%）
2.5 ~ 5.0	1102	1190	8.0
1.25 ~ 2.5	1077	1161	7.8
0.63 ~ 1.25	1078	1169	8.4
0.315 ~ 0.63	1040	1152	10.8
0.16 ~ 0.315	953	1110	16.5
平均	1050	1155	10.3

结果表明，整形处理可以使再生细骨料的堆积密度提高 7.8% ~ 16.5%，平均为 10.3%，说明整形效果十分显著。

再生细骨料堆积密度和紧密堆积密度的大小，直接影响着混凝土的砂率和水泥用量。试验测得的天然河砂、简单破碎再生细骨料和颗粒整形再生细骨料的堆积密度和紧密堆积密度，见表2-13。

表2-13 再生细骨料堆积密度和紧密堆积密度

项目	河砂	简单破碎细骨料（kg/m³）	颗粒整形细骨料（kg/m³）	颗粒堆积密度提高（%）
堆积密度	1615	1225	1425	16.3
紧密堆积密度	1735	1365	1560	14.2

结果表明，简单破碎再生细骨料的堆积密度和紧密堆积密度均比天然河砂低约 $400kg/m^3$，而颗粒整形再生细骨料的堆积密度和紧密堆积密度均比简单破碎再生细骨料高约 $200kg/m^3$，表明颗粒整形效果良好。

再生细骨料表面粗糙、棱角较多，内部存在大量微裂纹，还含有水泥石颗粒，因此表观密度较小。试验测得的再生细骨料表观密度见表 2-14，颗粒整形处理使再生细骨料的表观密度明显提高。

表 2-14　再生细骨料表观密度

粒径范围（mm）	简单破碎再生细骨料（g/cm³）	颗粒整形再生细骨料（g/cm³）	颗粒堆积密度提高（%）
2.5～5.0	2.53	2.58	1.98
1.25～2.5	2.50	2.55	2.00
0.63～1.25	2.44	2.53	3.69
0.315～0.63	2.39	2.46	2.93
0.16～0.315	2.34	2.43	3.85

2.6.1.4　再生细骨料吸水率

再生细骨料的水泥石含量越高，吸水率越大；细骨料中的微裂缝越多，吸水率越大，通过整形处理，不仅可以改善再生细骨料的粒形，而且还能减少细骨料中的微裂缝，将黏附在骨料表面的水泥石从界面处剥离，使再生细骨料吸水率降低（表 2-15），从而提高骨料品质。

表 2-15　再生细骨料吸水率（%）

粒径范围（mm）	简单破碎骨料	颗粒整形细骨料	吸水率降低
2.5～5.0	6.7	5.3	20.90
1.25～2.5	7.7	6.2	19.48
0.63～1.25	7.1	6.7	5.63
0.315～0.63	9.1	8.1	10.99
0.16～0.315	11.1	10.1	9.01

2.6.2　再生细骨料分类与规格

混凝土再生细骨料因来源和生产工艺不同，品质差异较大，为了合理使用再生细骨料，确保工程质量，有必要对再生细骨料进行分类。《混凝土和砂浆》标准把再生细骨料划分为Ⅰ类、Ⅱ类、Ⅲ类。再生细骨料按细度模数分为粗、中、细三种规格，其分类方法同国家标准《建筑用卵石、碎石》（GB/T 14684—2011）。《混凝土和砂浆用再生细骨料》（GB/T 25176—2010）对再生细骨料各项技术指标的要求见表2-16。其中，出厂检验项目包括：颗粒级配、细度模数、微粉含量、泥块含量、胶砂需水量比、表观密度、堆积密度和空隙率；型式检验包括除碱－骨料反应外的所有项目；碱－骨料反应根据需要进行。为了对再生骨料品质进行划分，对表观密度、堆积密度、空隙率、坚固性、压碎指标、微粉含量、泥块含量、胶砂需水量比和胶砂强度比九项指标按照相关要求进行分类，其他指标不再进行详细分类。

表 2-16　再生细骨料的分类与质量要求

项目		指标		
		Ⅰ类	Ⅱ类	Ⅲ类
颗粒级配		合格		
有机物含量（比色法）		合格		
碱－骨料反应		合格		
表观密度，（kg/m³），>		2450	2350	2250
堆积密度，（kg/m³），>		1350	1300	1200
空隙率，（%），<		46	48	52
最大压碎指标值，（%），<		20	25	30
饱和硫酸钠溶液中质量损失，（%）<		7.0	9.0	12.0
硫化物及硫酸盐含量（按SO₃质量计），（%），<		2.0	2.0	2.0
氯化物（以氯离子质量计），（%），<		0.06	0.06	0.06
云母含量（按质量计），（%），<		2.0	2.0	2.0
轻物质含量（按质量计），（%），<		1.0	1.0	1.0
微粉含量（按质量计），（%），<	亚甲蓝MB值<1.40或合格	5.0	6.0	9.0
	亚甲蓝MB值≥1.40或不合格	1.0	3.0	5.0
泥块含量（按质量计），%），<		1.0	2.0	3.0
再生胶砂需水量比，≤	细	1.35	1.55	1.80
	中	1.30	1.45	1.70
	粗	1.20	1.35	1.50
再生胶砂强度比，≤	细	0.80	0.70	0.60
	中	0.90	0.85	0.75
	粗	1.00	0.95	0.90

第3章 大掺量矿物掺合料混凝土

在现代混凝土技术中,粉煤灰和矿粉已经与水泥、骨料、水、外加剂同等重要,已成为混凝土组成的一部分,并作为常见的矿物掺合料被广泛应用于混凝土的制备中。许多研究表明,矿物掺合料在水泥混凝土中具有三个基本效应,即形态效应、火山灰效应和微骨料效应。在混凝土中掺加大量的矿物掺合料,不仅可以节约自然资源,利于环保,同时可以明显改善混凝土的耐久性能。矿物掺合料可提高混凝土的后期强度,降低水化热,提高混凝土的耐久性和体积稳定性,还有改善混凝土的拌合物的和易性,减少泌水和离析,提高了混凝土抗硫酸盐侵蚀能力,防止碱 - 骨料反应等,所以现在的大规模工程建设离不开粉煤灰和矿粉等矿物掺合料。本章通过试验研究了不同矿物掺合料在大掺量条件下,对不同强度等级混凝土的工作性、力学性能和耐久性的影响作用。

3.1 混凝土中胶凝材料使用情况

混凝土的性能取决于混凝土的组成材料、配合比和施工质量。混凝土的配合比是指混凝土中各组成材料数量之间的比例关系,它除了影响混凝土的性能外,还影响工程的造价。合理选择混凝土的组成材料,并确定具有满足设计要求的强度等级、便于施工的和易性、与使用环境相适应的耐久性和经济便宜的配合比,就显得十分关键和重要。因此,适宜的配合比是制备优质而经济的混凝土的基本条件。在混凝土中掺入活性矿物掺合料,可以改善水泥石中凝胶物质的组成,减少水泥水化生成的氢氧化钙含量。矿物掺合料中的活性 SiO_2 可以和氢氧化钙及高碱度水化硅酸钙产生二次反应,生成强度更高、稳定性更优的低碱度水化硅酸钙,可以抑制因胶凝材料中水泥熟料矿物相对减少造成的强度大幅度降低作用。同时,水泥颗粒在生产过程中,颗粒分布不够合理,颗粒间的空隙率也比较高,加入超细活性矿物掺合料后,超细颗粒可以填充到水泥粒子间的空隙中,这就是活性矿物掺合料的微填充效应,在一定程度上提高了混凝土的强度。

3.1.1 普通混凝土配合比设计原则

混凝土是由胶凝材料、骨料及其他外加材料按适当比例配制,再经硬化而成的人工石材,其中应用最广的是以水泥为胶凝材料,以砂石为骨料,加水拌合而成的拌合物，经一定时间硬化而成的水泥混凝土——普通混凝土。混凝土在土建工程中能够得到广泛的应用，是由于它具有优越的技术性能及良好的经济效益。它具有以下特点：原材料来源丰富、性能可调、可塑性好、可用钢筋增强、耐久性好、自重大、脆性。

为了改善混凝土的耐久性，应该合理选择水泥品种并控制最大水灰比和最少水泥用量。W/C 不得大于满足耐久性要求的最大 W/C。当材料确定时，在一定的水灰比范围内，达到一定的流动性要求，拌合用水量基本是一定的（即需水量定则）。相同的用水量形成相同流动性的情况下，不同的水灰比将产生不同的混凝土强度（即水灰比定则）。根据该原理，可以选择满足一定坍落度要求的混凝土拌合用水量。水泥的用量由水灰比和用水量来确定，为了满足耐久性的要求，计算出的单位水泥用量不应低于表3-1中所规定的最小水泥用量。

表3-1　满足耐久性要求的最大水灰比和最小水泥用量

环境条件		结构类别	最大水灰比			最小水泥用量（kg）		
			素混凝土	钢筋混凝土	预应力混凝土	素混凝土	钢筋混凝土	预应力混凝土
干燥环境		正常的居住或办工房屋内	不作规定	0.65	0.60	200	260	300
潮湿环境	无冻害	高湿度的屋内室外部位在非侵蚀性土和（或）水中的部件	0.70	0.60	0.60	225	280	300
	有冻害	经受冻害的室外部件在非侵蚀性土和（或）水中且经受冻害的部件高湿度且经受冻害中的室内部件	0.55	0.55	0.55	250	280	300
有冻害和除冰剂的潮湿环境		经受冻害和除冰剂作用的室内和室外部件	0.50	0.50	0.50	300	300	300

提高混凝土性能的技术措施包括：改变硅酸盐水泥熟料矿物组成，发展低钙矿物熟料水泥体系；掺入矿物掺合料，发展高性能水泥体系；对水泥基材料进行超细化、高胶凝化处理，使水化产物内部均匀化，缝隙可以得到充分填充，减少外界有害介质的侵入，提高耐久性；还可以使作为基础建筑材料的混凝土功能化，即开发具有指定使用要求的水泥基材料。采用多种矿物及其他材料的复合化也是水泥基材料性能改善的主要途径之一。

3.1.2　混凝土中矿物掺合料的主要作用

矿物掺合料指具有化学活性效应的细矿物粉体，本身不具有水化活性或仅具有微弱的水化活性，但在碱性环境的情况下可以水化，并产生强度。矿物掺合料含有大量无定形 SiO_2 和 Al_2O_3 并具有火山灰活性，主要包括粉煤灰、硅灰、矿渣等。因为矿物掺合料对水泥颗粒的填充效应，可以提高胶凝材料的密实度。超细的矿物掺合料还可以改善混凝土中骨料与水泥石的界面结构，改善水泥石的孔结构，进而提高混凝土的耐久性和强度。而且混凝土是一种高度无序、多相、多孔的非均质材料，内部存在很多孔隙和微裂缝。通过复掺超细矿粉和粉煤灰或者硬石膏等超细矿物掺合料复合，发挥掺合料的微骨料效应和二次水化反应，可以使混凝土孔径细化，连通孔减少，混凝土密实性提高，从而大幅提高混凝土的抗渗性能。超细矿粉可以吸收水泥水化形成的 $Ca(OH)_2$，并进一步水化生成更多有利的 C-S-H 凝胶，使界面区的 $Ca(OH)_2$ 晶粒变小，改善了混凝土的微观结构，使水泥浆体的孔隙率明显下降，强化了骨料界面粘结力。掺合料微粉还可起到填充水泥颗粒间隙的微骨料作用，改善混凝土的孔结构，降低孔隙率，并减少最大孔径的尺寸，使混凝土形成密实充填结构和细观层次的自紧密堆积体系，提高混凝土的抗渗性能。各种矿物掺合料在水泥混凝土中应用，减少了由于生产波特兰水泥造成的环境污染及能源、资源消耗，又通过合理利用工业废渣，减少了废渣引起的环境污染及土地占用，降低了混凝土的制造成本，而且这些矿物掺合料可在某些方面弥补普通波特兰水泥混凝土的性能缺陷，满足了现代混凝土工程的设计及工艺要求，并大幅度地延长现代混凝土工程的服务年限。矿物掺合料的研究可以推动现代混凝土的发展。

总之，矿物掺合料主要具有形态效应、活性效应和微骨料效应。形态效应是指应用于混凝土中的各种矿物掺合料，由其颗粒的外观形貌、表面性质、颗粒级配等物理性状所产生的效应。颗粒越表现出圆球状，表面光滑且颗粒致密的形貌效应越好。因为圆球状颗粒可以增加混凝土拌合物的流动性，所以形态效应主要体现为减水作用，并且使胶凝材料体系紧密堆积。水泥石结构致密化和均匀化；活性效应是指矿物掺合料中活性成分可以在碱性环境激发下发生水化反应，与 $Ca(OH)_2$ 反应生成 C-S-H 凝胶，提高胶凝体系的粘结性能，并降低不利于耐久性的晶体含量，改善混凝土的孔结构和界面过渡区；微骨料效应是指矿物掺合料颗粒均匀分散于水泥浆体的基体之中，就像微细的骨料一样，具有增强硬化浆体的作用。混凝土可视为连续级配的颗粒堆体系，粗骨料的间隙由细骨料填充，细骨料的间隙由水泥颗粒填充。掺合料微粉的细度比水泥颗粒更细，在水泥石体系中起到更细颗粒的作用，改善了水泥石的孔结构，减小了孔尺寸，使混凝土微结构更密实。

近年来，超细粉体矿物掺合料开始作为改善混凝土耐久性的重要矿物掺合料进入混凝土行业。每种掺合料都有其独特的组成特点和结构，利用各掺合料的优势互补，叠加效应，可以充分发挥各种掺合料在自身和激发剂的作用下所具有的胶凝性，改善水泥水化性能，使水化产物内部均匀化，充分填充缝隙，减少外界有害介质的侵入。

3.1.3 矿物掺合料应用存在的问题

目前，国家对矿物掺合料和矿物外加剂的定义比较混淆。《矿物掺合料应用技术规范》（DB11/T 1029—2013）中将矿物掺合料定义为：以硅、铝、钙等一种或多种氧化物为主要成分，掺入混凝土中能改善新拌或硬化混凝土性能的粉体材料，涉及的矿物掺合料包括粉煤灰、粒化高炉矿渣粉、钢渣粉、磷渣粉、硅灰、沸石粉 6 种材料。而国标《高性能混凝土用矿物外加剂》（GB/T 8736—2002）中规定在混凝土搅拌过程加入的，具有一定细度和活性的用来改善新拌合硬化混凝土性能的某些矿物类产品，主要适用于磨细矿渣、磨细粉煤灰、磨细天然沸石和硅灰以及其复合的矿物外加剂。外国一般将矿物掺合料规定为能够参与水泥的水化从而产生一定数量水化产物的无机材料。可以改善水泥水化性能，但不能产生一定数量水化产物的外加剂一般被定义为化学外加剂。其他一些材料比如磨细石灰石，尽管掺量较小，既不具有潜在水硬性也不具有火山灰性，但习惯上也被当作矿物掺合料。

实际上人们还没有完全弄清楚这种材料的性质。尽管过去人们研究了一些火山灰反应的普遍性质，但是粉煤灰掺量不同（一般使用掺量为质量分数 10% ~ 30%，大掺量指质量分数 30% 以上），其化学机理也会有所不同。对反应机理认识的缺乏限制了大掺量粉煤灰混凝土在重要及重大工程上的广泛应用。另外，目前一些大工程中使用粉煤灰混凝土，都要针对所使用的粉煤灰对宏观力学性能和耐久性进行系统研究才能放心使用。也就是说，目前还没有一种能被广大设计和施工单位所普遍接受的理论体系来指导工程实践。

目前，水泥基材料处在一个矿物掺合料和化学外加剂等外加组分大量使用的时期，同时也是掺合料和外加剂使用的混乱时期。混凝土矿物掺合料应用存在如下诸多问题亟待解决。

（1）掺合料种类繁多、成分复杂、性能不稳定，对矿物掺合料的组成成分对水泥基材料性能影响的研究相关报道不多，也大多局限于矿粉和粉煤灰等常用的矿物掺合料，对功能性掺合料的成分的影响研究不多。

（2）水泥硬化浆体具有高度不均匀性及复杂的结构，且随时间、环境湿度和温度的变化而变化，所以其结构与性能之间的关系至今尚未很好阐明。有关水泥硬化浆体内各相的结构以及彼此间的关系，掺合料对水泥浆体各相结构和相之间界面的影响研究也少有报道。

（3）掺合料对水泥基材料性能影响研究多局限于单一掺合料对水泥基材料某一性能的影响，或两种掺合料（通常为粉煤灰和矿粉）复掺的共同作用。而水泥基复合材料矿物外加剂的使用有三种乃至更多掺合料复配的趋势。目前对每种掺合料在复配中各自起的作用，相互促进或干扰等复合效应的研究很少，也存在较多争议。

（4）缺少掺合料复掺情况下，掺合料的种类和掺量对各项主要性能影响的系统研究。

（5）掺合料的使用往往依靠技术人员的经验，掺量靠估计，缺乏明确的使用原则和先进配制规范，即使已经大量使用的矿粉和粉煤灰等矿物掺合料也缺乏有效的应用规范，原有的粉煤灰混凝土设计规范无法适应大掺量复配矿物掺合料的现状。

每种掺合料都有其独特的组成特点和结构，利用各掺合料的优势互补，叠加效应，可以充分发挥掺合料中各组分的独特作用。为了促进水泥基材料进一步发展，适应社会发展的需要，针对水泥基材料的组成成分，水化机制，微观结构调整以及宏观性能的改善，针对新型矿物外加剂对水泥基材料性能改善研究，针对原有矿物掺合料的新形态（超细化、再激化等）对水泥及材料性能改善等研究将成为水泥基材料改性研究的热点。

3.2　粉煤灰混凝土

我国从 20 世纪 50 年代开始在大坝混凝土中使用粉煤灰。70 年代以后由于减水剂的应用，水胶比显著降低，使得粉煤灰混凝土的早期强度得到保障。粉煤灰（FA）作为常见的矿物掺合料开始广泛应用于制备混凝土。普通低钙粉煤灰早期火山灰活性低，造成混凝土早期强度降低，而且火山灰反应消耗一定量的 $Ca(OH)_2$，使混凝土抗碳化能力降低。为保证不因碳化而降低钢筋混凝土的使用寿命，国家标准 GB/T 1596—2005、行业标准 JGJ 55—2011 规定结构混凝土中粉煤灰掺量不得超过 30%。大量研究表明：粉煤灰具有提高混凝土的后期强度，降低水化热，提高混凝土的耐久性和体积稳定性，改善混凝土的拌合物的和易性，减少泌水和离析，提高混凝土抗硫酸盐侵蚀能力，防止碱 - 骨料反应等作用，所以现在的大规模工程建设离不开粉煤灰等矿物掺合料。

如青岛跨海大桥 C35 混凝土矿物掺合料掺量达到 65%，C40 混凝土矿物掺量达到 57%。大掺量的矿物掺合料有效地控制了大体积混凝土造成的温差裂缝，提高了混凝土的耐硫酸盐的侵蚀和抗氯离子渗透的能力等。所以，大规模推广绿色混凝土是混凝土产业与环境协调性发展的必然趋势。

3.2.1　原材料和研究方案

3.2.1.1　试验用原材料

试验用水泥为山水水泥厂生产的 P·O42.5 和 P·I 52.5 硅酸盐水泥；粗骨

料是崂山产 3~25mm 连续级配的花岗岩碎石, 符合标准 GB/T 14685—2011 的要求; 细骨料是天然骨料, 符合标准 GB/T 14684—2011 的要求的细度模数为 2.4 的中粗河砂, 含泥量 2.1%; 外加剂为山东建科院产聚羧酸高效减水剂; 粉煤灰为青岛四方电厂生产的 Ⅱ 级灰, 为低钙粉煤灰。

3.2.1.2 试验方案

试验设计胶凝材料的总用量分别为 350kg/m³、390kg/m³、430kg/m³、470kg/m³, 砂率统一采用 40%, 采用 1.2% 聚羧酸高效减水剂, 通过控制坍落度在 160~200mm 来调整用水量。基准混凝土的配合比见表 3-2。粉煤灰混凝土试验具体配合比方案见表 3-3。

表 3-2　基准混凝土配合比

水泥 (kg/m³)	砂 (kg/m³)	石 (kg/m³)	外加剂 (kg/m³)	水 (kg/m³)	坍落度 (kg/m³)	水泥品种
390	761	1142	4.68	157	160~220	
430	744	1116	5.16	160	160~220	P·Ⅰ52.5
430	744	1116	5.16	160	160~220	P·O 42.5
470	727	1091	5.64	162	160~220	

表 3-3　粉煤灰混凝土配合比

胶凝材料 (kg/m³)	水泥 (kg/m³)	FA		备注
		质量 (kg/m³)	质量 (%)	
350	245	105	30	
	210	140	40	
	175	175	50	
390	273	117	30	
	234	156	40	
	195	195	50	砂率: 40%;
430	301	129	30	粗骨料: 1150kg/m³;
	258	172	40	减水剂: 1.2%;
	215	215	50	坍落度控制在 160~200mm 来确定用水量
470	329	141	30	
	282	188	40	
	235	235	50	

3.2.2　粉煤灰对混凝土强度增长规律的影响

胶凝材料用量和粉煤灰取代量对同龄期粉煤灰混凝土强度的影响，如图 3-1 所示。由图 3-1 可以看出，随着粉煤灰掺量的增加，混凝土的强度逐渐降低，等量取代时混凝土随着粉煤灰掺量的增加强度损失较大。单掺 30% 粉煤灰时，28d 强度达到 40 ~ 53MPa；掺量 40% 可达到 38 ~ 48MPa；掺量 50% 仅为 32 ~ 45MPa；但 56d 时，掺量 50% 可以达到 40 ~ 55MPa，掺量 30%、40% 时可以达到 50 ~ 65MPa。28d 到 56d，粉煤灰混凝土强度增长幅度约 20%，基准混凝土仅为 5%。表明粉煤灰则需要较长的时间才能有效的发挥其活性。

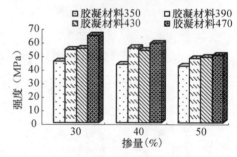

（a）粉煤灰混凝土28d强度

3.2.3　粉煤灰混凝土参考配合比

混凝土强度受到多方面因素的影响，在试验中数据存在着一定的离散性，用传统的数据整理方法不能有效的体现不同胶凝材料总量的混凝土强度。为了较准确计算不同强度等级大掺量粉煤灰混凝土的胶凝材料用量，可以采用"最小二乘法"对相关混凝土强度数据进行线性回归。不同水泥强度等级和不同粉煤灰掺量时，胶凝材料总量与混凝土强度的关系，如图 3-2 ~ 图 3-4 所示；不同水泥强度等级和不同粉煤灰掺量时，水胶比与混凝土强度的关系，如图 3-5 ~ 图 3-7 所示。

（b）粉煤灰混凝土56d强度

图 3-1　粉煤灰混凝土 28、56d 强度

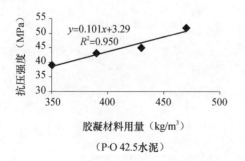

（P·O 42.5水泥）

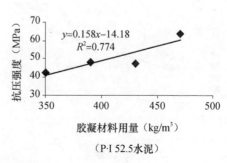

（P·I 52.5水泥）

图 3-2　胶凝材料用量与抗压强度关系线性回归（30% FA 掺量）

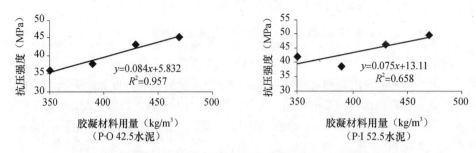

图 3-3　胶凝材料用量与抗压强度关系线性回归（40% FA 掺量）

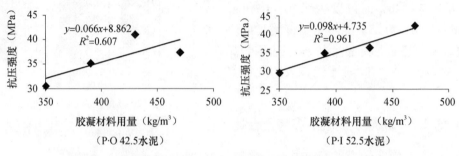

图 3-4　胶凝材料用量与抗压强度关系线性回归（50% FA 掺量）

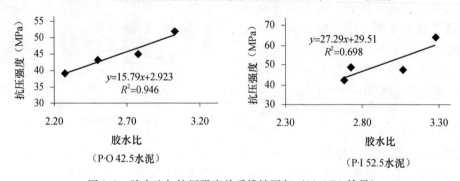

图 3-5　胶水比与抗压强度关系线性回归（30% FA 掺量）

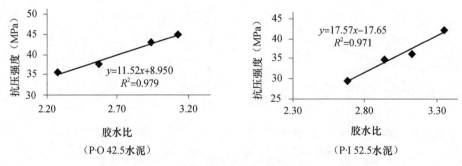

图 3-6　胶水比与抗压强度关系线性回归（40% FA 掺量）

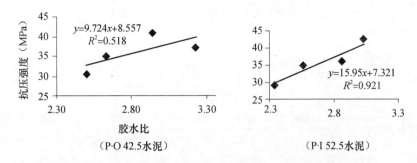

图 3-7　胶水比与抗压强度关系线性回归（50% FA 掺量）

上述强度数据是试验得到的平均抗压强度，不是设计强度，其保证率只有 50%。混凝土配制强度（$f_{cu,0}$）按式 3-1 计算：

$$f_{cu,0} = f_{cu,k} + 1.645\sigma \tag{3-1}$$

式中　$f_{cu,k}$——混凝土的设计强度（MPa）；

　　σ——混凝土强度标准差，当生产单位或施工单位具有统计资料时，可根据实际情况自行控制取值，但强度等级小于等于 C25 时，不应小于 2.5MPa；当强度等级 ≥ C30 时，不应小于 3.0MPa；当无统计资料和经验时，可参考表 3-4 取值。

表 3-4　不同强度等级混凝土的 σ 与 $f_{cu,0}$

强度等级	C30	C35	C40	C45	C50	C55	C60
σ（MPa）	4.0	4.0	4.0	4.0	5.0	5.0	5.0
$f_{cu,0}$（MPa）	36.6	41.6	46.6	51.6	58.2	63.2	68.2

利用图 3-2 至图 3-7 回归得到的关系，便可得到不同等级强度的混凝土的推荐配合比，见表 3-5 和表 3-6。

表 3-5　粉煤灰混凝土参考配合比（P·O42.5）

粉煤灰掺量（%）		30			40			50		
配合比主要参数		C	FA	W/B	C	FA	W/B	C	FA	W/B
强度等级	C30	231	99	0.47	220	147	0.42	210	210	0.35
	C35	266	114	0.41	255	170	0.35	248	248	0.29
	C40	300	129	0.36	291	194	0.31	286	286	0.26
	C45	335	143	0.32	327	218	0.27	324	324	0.23
	C50	381	163	0.29	374	249	0.23	374	374	0.20
	C55	415	178	0.26	410	273	0.21	412	412	0.18
	C60	450	193	0.24	445	297	0.19	450	450	0.16

表3-6　粉煤灰混凝土参考配合比（P·I52.5）

粉煤灰掺量（%）		30			40			50		
配合比主要参数		C	FA	W/B	C	FA	W/B	C	FA	W/B
强度等级	C35	247	106	0.38	228	152	0.30	236	236	0.33
	C40	269	115	0.36	268	179	0.27	262	262	0.30
	C45	291	125	0.34	308	205	0.25	287	287	0.27
	C50	321	137	0.31	361	240	0.23	321	321	0.24
	C55	343	147	0.29	401	267	0.22	347	347	0.23
	C60	365	156	0.28	441	294	0.20	372	372	0.21

其中，利用 P·O42.5 配制 C55 和 C60 粉煤灰混凝土以及利用50%掺量粉煤灰配制 C55 和 C60 混凝土这几组配合比因为总胶凝材料量过大，没有实际工程意义，本书中列出这些配合比供使用者参考。

3.2.4　粉煤灰对混凝土早期抗裂性能的影响

水泥中掺入粉煤灰可以降低水化热和收缩应力，提高混凝土的抗裂性；二次水化产物能堵塞水泥石中的孔隙，阻断渗透通路，提高混凝土的抗渗性及抗冻性、抗侵蚀性，避免碱－骨料反应。因为矿物掺合料与富集在界面的 $Ca(OH)_2$ 反应，生成 C-S-H 胶凝，使 $Ca(OH)_2$ 晶体、钙矾石和孔隙大量减少，C-S-H 胶凝相对增加，又显著改善界面过渡区的微结构，使界面过渡区的原生微裂缝大大减少，界面过渡区的厚度相应减小，混凝土的抗裂性能得到提高。掺50%粉煤灰混凝土在不同胶凝材料总量情况下裂缝状况，如图3-8至图3-10所示。

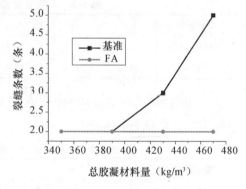

图3-8　粉煤灰混凝土总开裂条数

当胶凝材料用量大于430kg/m³ 时，混凝土的开裂面积增长速率突然增大；粉煤灰混凝土裂缝的最大宽度为0.29mm，粉煤灰混凝土最多的裂缝条数是2条。粉煤灰的掺加有利于降低混凝土的脆性系数，早期强度发展缓慢，降低早期弹性模量，提高断裂韧性和断裂能，并且掺入粉煤灰使得混凝土的徐变和应力松弛能力提高，因此粉煤灰的使用对胶凝材料体系的抗开裂能力有提高作用。

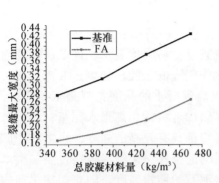

图 3-9 粉煤灰混凝土裂缝最大宽度

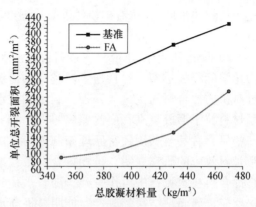

图 3-10 粉煤灰混凝土裂缝面积

3.2.5 粉煤灰对混凝土抗碳化性能的影响

混凝土中掺加大量的矿物掺合料，减少了水泥的用量，造成混凝土碱性降低，降低了混凝土的抗碳化能力，对钢筋混凝土结构不利。所以研究粉煤灰混凝土的抗碳化性能，对其推广有重大的意义。粉煤灰掺量和胶凝材料总量对粉煤灰混凝土碳化性能的影响，如图 3-11 所示。

在通常情况下，混凝土空隙中充满了由于水泥水化产生的氢氧化钙饱和溶液，其碱度很高，pH 值在 12 以

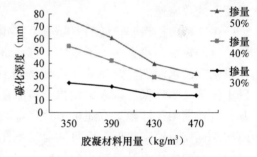

图 3-11 粉煤灰混凝土碳化深度

上。这种碱性介质对钢筋有良好的保护作用，使钢筋表面沉积一层致密的、难容的 Fe_2O_3、Fe_3O_4 和氢氧化铁薄膜，称为钝化膜，使钢筋不易锈蚀。但当胶凝材料中掺入矿物掺合料时，使得混凝土的液相碱度降低，从而使得钢筋的钝化状态转化为活性状态，钢筋易于锈蚀。但是矿物掺合料能改善混凝土的孔隙结构，参与胶凝材料的水化，改善混凝土的界面结构，提高混凝土的密实性，外界的 CO_2 和水很难渗入，提高了混凝土的抗渗性。

3.3 矿粉混凝土

矿粉因其具有较好的填充效应、活性效应和微骨料效应，其掺入可改善混凝土微结构，提高混凝土强度性能、抗渗透性能及各项耐久性。许多研究指出，矿粉具有潜在水化活性，生成水化硅酸钙（C-S-H）凝胶量少，稀释了水泥石中水

化产物的"浓度",掺有矿粉的混凝土强度,尤其是早期强度随掺量的增加有所下降。

20世纪70年代开始,一系列超高强水泥基材料的相继出现改变了人们认为化学能释放越多,材料强度就越高的传统胶凝材料强度观念。许多研究者通过对矿物掺合料的优选或处理,利用其减水作用降低水胶比和填充效应,使胶凝材料粒子形成更高程度的紧密堆积,以提高混凝土的强度尤其是早期强度。一些研究者甚至利用致密原理来制备掺有矿物掺合料的超高强水泥基材料。对微骨料效应的研究表明,矿物掺合料微粒本身都具有较高的强度,小颗粒的矿物掺合料在水泥石中可作骨架,随着水化时间的推移,矿物掺合料发生二次水化反应,界面粘结得到改善,能明显提高水泥石的结构强度。随着超塑化剂的发明及推广应用,混凝土的水胶比有一个较大的下降,水泥因"缺水"而不能充分水化,引入矿物掺合料的优势更加明显。在这种低水胶比的混凝土中,要填充的原始充水空间减少,混凝土密实性较高。此时,掺入一定量较细的矿物掺合料,不仅不影响胶凝材料颗粒间界面粘结,还能改善颗粒间的堆积,提高混凝土的致密性。

在这种水化程度较低的混凝土中,残留有大量未水化的熟料,一方面,它们的位能较高,热力学上不稳定,可能是其长期耐久性的隐患;另一方面,这些未水化的水泥熟料是消耗了大量能量和自然资源而制得的,仅起填料作用,既不经济又不环保。掺入矿物掺合料能在一定程度上消除这种低水化率的水泥基材料长期耐久性隐患,还可节约资源和能源。更为重要的是,矿物掺合料的二次水化反应速率较低,而且主要发生在水泥水化的中后期,其掺入有利于降低混凝土的水化温升,减小混凝土中因内外温差引起的温度应力,这对避免大体积、单方胶凝材料用量高的混凝土由温度应力导致的收缩开裂具有极为重要的意义。

3.3.1 试验原料与研究方案

3.3.1.1 试验用原材料

试验用水泥为山水水泥厂生产的 P·O42.5 和 P·I52.5 硅酸盐水泥;粗骨料是崂山产 3~25mm 连续级配的花岗岩碎石,符合标准 GB/T 14685—2011 的要求;细骨料是天然骨料,符合标准 GB/T 14684—2011 的要求的细度模数为 2.4 的中粗河砂,含泥量 2.1%;外加剂为山东建科院产聚羧酸高效减水剂;使用的矿粉为青岛电厂产 S95 级矿粉。

3.3.1.2 研究方案

试验设计胶凝材料的总用量分别为 350kg/m³、390kg/m³、430kg/m³、470kg/m³,砂率统一采用 40%,采用 1.5% 聚羧酸高效减水剂,通过控制坍落度在 160 ~ 200mm 来调整用水量。基准混凝土的配合比见表 3-2，矿粉混凝土试验具体配合比方案见表 3-7。

表 3-7　矿粉混凝土的配合比

胶凝材料 （kg/m³）	水泥 （kg/m³）	FA		备注
		质量（kg/m³）	掺量（%）	
350	245	105	30	
	210	140	40	
	175	175	50	
390	273	117	30	砂率为40%； 石子质量依次为：1150kg/m³； 减水剂掺量为1.2%； 坍落度控制在160~200mm来确定用水量。
	234	156	40	
	195	195	50	
430	301	129	30	
	258	172	40	
	215	215	50	
470	329	141	30	
	282	188	40	
	235	235	50	

3.3.2　矿粉对混凝土强度增长规律的影响

为了研究矿粉掺量对于混凝土强度的影响，把不同胶凝材料用量的同龄期矿粉混凝土强度进行比较，研究其发展规律。图 3-12 是矿粉掺量为胶凝材料用量 50% 不同龄期混凝土强度与胶凝材料用量的关系。可以看出，当胶凝材料用量较少时，混凝土的 28d 强度随着矿粉的掺量增加逐渐降低；当胶凝材料用量较大时，混凝土强度随着矿粉的掺量增加没有明显降低。56d 强度曲线可以发现，随着矿粉的掺量增加，混凝土的强度逐渐降低，但是最大的降低幅度仅为 10% 左右。表明矿粉在掺量 50% 范围内，混凝土的强度损失要远小于粉煤灰。

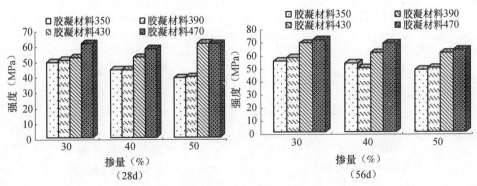

图 3-12　矿粉掺量与胶凝材料总量对混凝土强度的影响

3.3.3 矿粉混凝土参考配合比

为了较准确计算不同强度等级大掺量矿粉混凝土的胶凝材料用量，同样采用"最小二乘法"对相关混凝土强度数据进行线性回归。不同水泥强度等级和不同矿粉掺量时，胶凝材料总量与混凝土强度的关系，如图 3-13 ~ 图 3-15 所示；不同水泥强度等级和不同矿粉掺量时，水胶比与混凝土强度的关系，如图 3-16 ~ 图 3-18 所示。

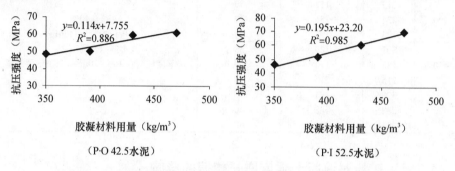

（P·O 42.5水泥）　（P·I 52.5水泥）

图 3-13　胶凝材料用量与抗压强度关系线性回归（30% S95 矿粉掺量）

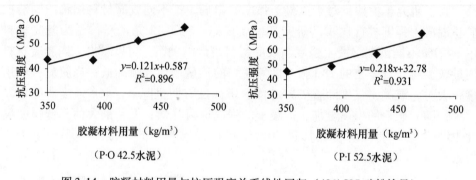

（P·O 42.5水泥）　（P·I 52.5水泥）

图 3-14　胶凝材料用量与抗压强度关系线性回归（40% S95 矿粉掺量）

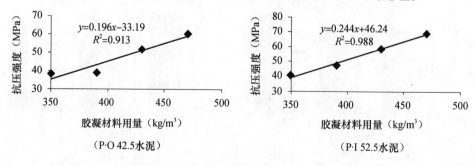

（P·O 42.5水泥）　（P·I 52.5水泥）

图 3-15　胶凝材料用量与抗压强度关系线性回归（50% S95 矿粉掺量）

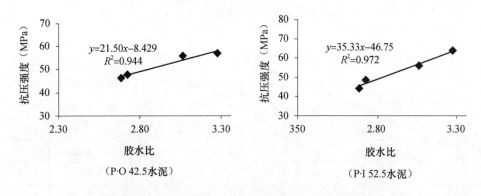

图 3-16　胶水比与抗压强度关系线性回归（30% S95 矿粉掺量）

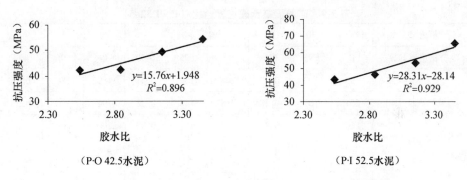

图 3-17　胶水比与抗压强度关系线性回归（40% S95 矿粉掺量）

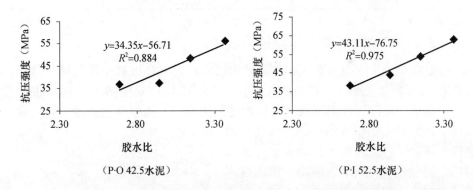

图 3-18　胶水比与抗压强度关系线性回归（50% S95 矿粉掺量）

　　上述强度数据是试验得到平均抗压强度，不是设计强度，其保证率只有
50%。利用表 3-13～表 3-18 回归关系，可得到不同等级强度的矿粉混凝土的推
荐配合比，见表 3-8 和表 3-9。

表 3-8　矿粉混凝土建议配合比（P·O42.5）

S95 矿粉掺量（%）		30			40			50		
配合比主要参数		C	S95	*W/B*	C	S95	*W/B*	C	S95	*W/B*
强度等级	C35	208	89	0.43	209	139	0.40	191	191	0.35
	C40	239	102	0.39	234	156	0.35	204	204	0.33
	C45	269	115	0.36	259	173	0.32	216	216	0.32
	C50	310	133	0.32	292	194	0.28	233	233	0.30
	C55	340	146	0.30	316	211	0.26	246	246	0.29
	C60	371	159	0.28	341	227	0.24	259	259	0.27

表 3-9　矿粉混凝土建议配合比（P·I52.5）

S95 矿粉掺量（%）		30			40			50		
配合比主要参数		C	S95	*W/B*	C	S95	*W/B*	C	S95	*W/B*
强度等级	C35	233	100	0.40	205	136	0.41	180	180	0.36
	C40	251	107	0.38	218	146	0.38	190	190	0.35
	C45	269	115	0.36	232	155	0.36	200	200	0.34
	C50	292	125	0.34	250	167	0.33	214	214	0.32
	C55	310	133	0.32	264	176	0.31	224	224	0.31
	C60	328	141	0.31	278	185	0.29	235	235	0.30

3.3.4　矿粉对混凝土早期抗裂性能的影响

有研究报道，水泥中掺入矿渣等矿物掺合料可以在保证强度的同时降低水化热和收缩应力，提高混凝土的抗裂性；二次水化产物能堵塞水泥石中的孔隙，阻断渗透通路，提高混凝土的抗渗性及抗冻性、抗侵蚀性，避免碱－骨料反应。在混凝土中掺入颗粒细、活性高的磨细矿渣后，可显著改善界面过渡区的微结构。同时，颗粒极细的磨细矿渣的掺入可减少泌水，消除骨料下部的水隙，使界面过渡区的原生微裂缝大大减少，界面过渡区的厚度相应减小，其结构的密实度与水泥浆体的相同或接近，骨料与浆体的粘结力得到增强，使混凝土的抗裂性能得到提高。以 50% 矿粉掺量的混凝土开裂数据绘制的矿粉混凝土裂缝状况如图 3-19 ～

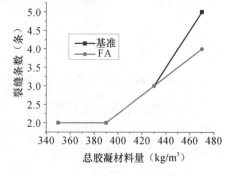

图 3-19　矿粉混凝土开裂条数

图 3-21 所示。

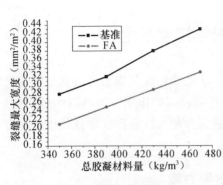

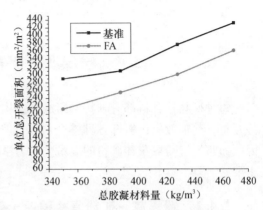

图 3-20　矿粉混凝土裂缝最大宽度图　　　　图 3-21　矿粉混凝土裂缝面积

矿粉混凝土的开裂面积随着胶凝材料用量的增加而增大，当胶凝材料用量大于 $430kg/m^3$ 时，混凝土的裂缝条数突然增大，图 3-22 给出了矿粉混凝土的裂缝分布情况。

3.3.5　矿粉对混凝土抗碳化性能的影响

通常情况下，混凝土空隙中充满了由于水泥水化产生的氢氧化钙饱和溶液，pH 值在 12 以上。这使钢筋表面沉积一层致密的、难容的 Fe_2O_3、Fe_3O_4 和氢氧化铁钝化膜。胶凝材料中掺入矿粉使得混凝土的液相碱度降低，而使钢筋的钝化状态转化为活性状态，令钢筋易于锈蚀。但是磨细的矿粉能改善混凝土的孔隙结构，参与胶凝材料的水化，改善混凝土的界面结构，提高混凝土的密实性，外界的 CO_2 和水很难渗入，提高了混凝土的抗碳化性。不同掺量矿粉混凝土碳化深度如图 3-23 所示。

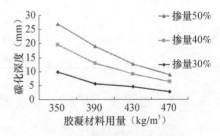

图 3-22　矿粉混凝土的裂缝情况　　　　图 3-23　矿粉混凝土碳化深度

从图 3-23 中可以发现，随着胶凝材料用量的增加，碳化深度逐渐减小。随着矿粉的掺量的增加，碳化深度逐渐增大。这是随着胶凝材料用量的增加，混凝土密实度增加，CO_2 不易向混凝土内部渗透，而且增加水泥用量可以改善混凝土的和易性和密实性，提高碱储备量，直接影响混凝土吸收 CO_2 的量，因此胶凝材料用量越大，混凝土抗碳化能力就越强，碳化速度越慢。

3.4　粉煤灰－矿粉复掺混凝土

每种矿物掺合料都有独特的组成和结构，矿渣和粉煤灰复掺可以充分实现优势互补，叠加效应，发挥各种掺合料在自身和激发剂的作用下所具有的胶凝性。因此通常复掺粉煤灰和矿粉的混凝土的力学性能和耐久性能都比各自单掺的混凝土要好。

3.4.1　粉煤灰－矿粉复掺混凝土研究方案

粉煤灰－矿粉复掺混凝土试验原料与 3.2 和 3.3 节中叙述相同。粉煤灰和矿粉复掺的掺量比例为 1:1，具体配合比试验方案见表 3-10。

表 3-10　粉煤灰－矿粉复掺混凝土的配合比

胶凝材料（kg/m³）	水泥（kg/m³）	掺和料		备注
		种类	掺量（%）	
350	245	FA	30	
	210	+	40	
	175	S95	50	
390	273		30	粉煤灰和矿粉比例为 1:1； 砂率为 40%； 石子质量依次为：1150kg/m³； 减水剂掺量为 1.2%； 坍落度控制在 160～200mm 来确定用水量
	234	—	40	
	195		50	
430	301		30	
	258	—	40	
	215		50	
470	329		30	
	282		40	
	235		50	

3.4.2　粉煤灰－矿粉复掺对混凝土强度的影响

不同胶凝材料总量的粉煤灰－矿粉混凝土 28d 强度对比如图 3-24 所示，粉煤灰和矿粉复掺使用能发挥"复合胶凝效应"，优化了粉体材料的微级配，二次水化还可以消耗部分水泥石中的 $Ca(OH)_2$，提高了 C-S-H 凝胶的数量，减少了孔隙，提高了混凝土强度。

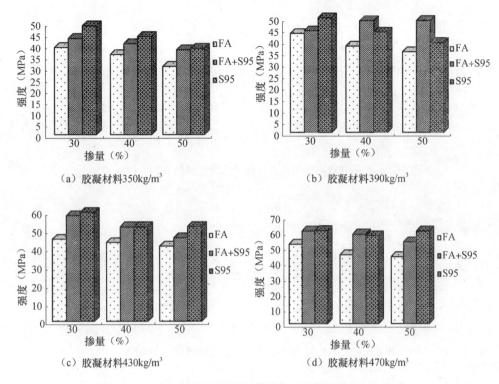

图 3-24　不同胶凝材料总量的粉煤灰 – 矿粉混凝土 28d 强度

由图 3-24 可以得到，复掺混凝土强度总体趋势，随着掺量的增加而降低。粉煤灰和矿粉 1∶1 复掺时，同胶凝材料量，同掺量条件下，其强度较单掺粉煤灰系列有较大提高，最大提高幅度可达 38%；随着胶凝材料的增加，掺量 40%～50% 时混凝土强度已接近于单掺矿粉系列，达到单掺粉煤灰混凝土强度 1.1～1.3 倍，从经济性和力学性能上分析，二者复掺时掺量控制在 40% 左右较为合适。强度增长总体趋势是：单掺矿粉 > 粉煤灰 + 矿粉 > 单掺粉煤灰。粉煤灰和矿粉复掺时，3d 内混凝土的强度增长幅度相差很小，达到基准混凝土强度的 53%；28d 时，掺量 30%，达到基准混凝土强度的 80%；掺量 40%，达到 73%；掺量 50% 时，达到 67%。随着龄期的增长，与基准混凝土的差距逐渐减少。

3.4.3　粉煤灰 – 矿粉混凝土参考配合比

本节同样采用"最小二乘法"对每组试块的原始抗压强度进行数据回归处理。同时，利用回归得到的相关式，得到不同等级强度的混凝土的配合比。具体的数据回归结果如图 3-25～图 3-30 所示。

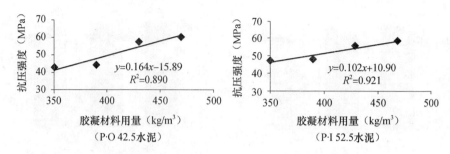

图 3-25　胶凝材料用量与抗压强度关系线性回归（30% FA + S95）

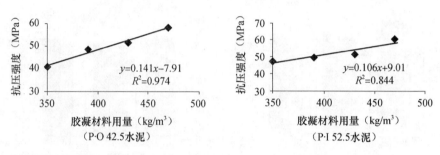

图 3-26　胶凝材料用量与抗压强度关系线性回归（40% FA + S95）

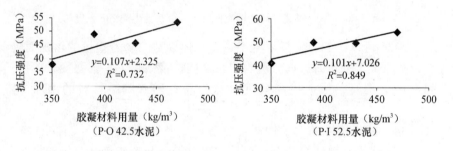

图 3-27　胶凝材料用量与抗压强度关系线性回归（50% FA + S95）

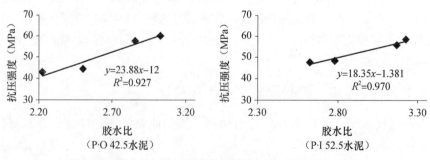

图 3-28　胶水比与抗压强度关系线性回归（30% FA + S95）

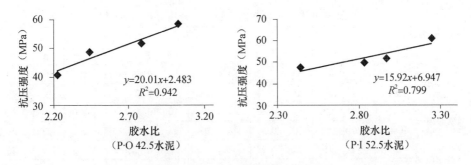

图 3-29　胶水比与抗压强度关系线性回归（40% FA + S95）

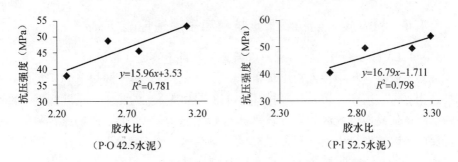

图 3-30　胶水比与抗压强度关系线性回归（50% FA + S95）

上述强度数据是试验得到平均抗压强度，不是设计强度，其保证率只有50%。利用图 3-25 ~ 图 3-30 回归得到的关系，便可得到不同等级强度的混凝土的推荐配合比，见表 3-11 和表 3-12。

表 3-11　粉煤灰－矿粉混凝土建议配合比（P·O42.5）

FA + S95 掺量（%）		30				40				50			
配合比主要参数		C	S95	FA	W/B	C	S95	FA	W/B	C	S95	FA	W/B
强度等级	C30	224	48	48	0.49	189	63	63	0.51	160	80	80	0.48
	C35	245	53	53	0.45	211	70	70	0.45	184	92	92	0.42
	C40	267	57	57	0.41	232	77	77	0.41	207	103	103	0.37
	C45	288	62	62	0.38	253	84	84	0.37	230	115	115	0.33
	C50	316	68	68	0.34	281	94	94	0.33	261	131	131	0.29
	C55	338	72	72	0.32	303	101	101	0.30	284	142	142	0.27
	C60	359	77	77	0.30	324	108	108	0.28	308	154	154	0.25

表 3-12　粉煤灰 - 矿粉混凝土建议配合比（P · I 52. 5）

FA + S95 掺量（%）		30				40				50			
配合比主要参数		C	S95	FA	W/B	C	S95	FA	W/B	C	S95	FA	W/B
强度等级	C35	211	45	45	0. 43	184	61	61	0. 46	171	86	86	0. 39
	C40	245	53	53	0. 38	213	71	71	0. 40	196	98	98	0. 35
	C45	279	60	60	0. 35	241	80	80	0. 36	221	110	110	0. 31
	C50	325	70	70	0. 31	278	93	93	0. 31	253	127	127	0. 28
	C55	359	77	77	0. 28	307	102	102	0. 28	278	139	139	0. 26
	C60	393	84	84	0. 26	335	112	112	0. 26	303	151	151	0. 24

3.4.4　粉煤灰 - 矿粉混凝土抗氯离子渗透性能

3.4.4.1　掺合料种类和掺量对混凝土抗氯离子渗透性的影响

混凝土胶凝材料中掺入粉煤灰和矿粉后。一方面，由于粉煤灰和矿粉的颗粒较细，相互密实填充，掺入胶凝材料后可以减少混凝土的泌水，消除骨料下部存在的水隙，使界面过渡区的原生微裂缝大大减少；另一方面，矿物掺合料的二次水化反应会改善混凝土内部界面过渡区的微结构，使 Ca（OH）$_2$ 晶体、钙矾石以及结构内部的孔隙大量减少，而 C-S-H 凝胶相对增加。界面过渡区的厚度也相应减小，其结构的密实度与水泥浆体的密实度基本相同或接近，此时骨料与浆体之间的粘结力得到增强，因此会使混凝土的抗渗性能得到提高。粉煤灰、矿粉及二者复掺对混凝土的抗氯离子渗透性的影响，如图 3-31 所示。

由图 3-31 可知，随着矿物掺合料掺量的增加，单掺粉煤灰系列混凝土的渗透系数明显增大。胶凝材料 350kg/m^3 时，掺量 50% 与掺量 30% 相比较，渗透系数提高 34%。而粉煤灰和矿粉复掺能较好地降低混凝土的渗透系数，与单掺粉煤灰相比较，同条件下，复掺的抗氯离子渗透系数降低幅度较大，胶凝材料 470kg/m^3 时，降低幅度最高可达 70%，胶凝材料 430kg/m^3 时，降低幅度可达 61%。

在相同胶凝材料总量和相同掺量下，粉煤灰混凝土的抗渗系数总是矿粉系列的 3 ~ 4 倍。可见，矿粉对混凝土的抗氯离子渗透的作用远大于粉煤灰。这是因为，向混凝土拌合物中掺入粉煤灰后，早期混凝土中的毛细孔的孔隙特征发生了两方面变化：一方面，粉煤灰颗粒填充了原来水泥颗粒间大的孔隙，细化了毛细孔径，延长了毛细孔通道；另一方面，浆体中总的水化产物减少，混凝土总的孔隙率增大，而混凝土的渗透系数则主要受混凝土中总的孔隙率的影响。粉煤灰在大掺量条件下较早龄期内活性不能有效发挥，不能较好地改善混凝土的孔结构和提高混凝土的密实性。而普通矿粉中 CaO、MgO 含量比粉煤灰含量要高的多，本身具有一定的胶凝性，除了具有火山灰效应外，还有较好的活性，能较早地改善混凝土的孔结构，与粉煤灰相比能够更好的提高混凝土的抗渗性。

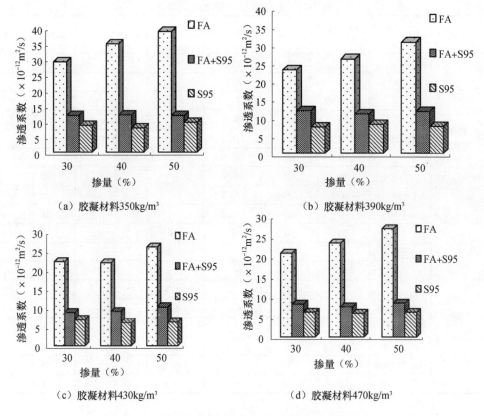

图 3-31 矿物掺合料对混凝土氯离子渗透系数影响

3.5 超细矿粉混凝土

以前由于硅酸盐工业中物料粉磨技术和粉磨工艺的限制，使矿物掺合料磨成超高细粉的成本大幅上升，限制了矿物掺合料在水泥和混凝土中的应用。随着硅酸盐工业中物料粉磨技术和粉磨工艺的改进，矿物掺合料磨成超高细粉的成本问题已经解决。本节介绍利用 P1000 和 P800 超细矿粉为主的多元复合矿物掺合料配制高性能混凝土。

3.5.1 超细矿粉混凝土研究方案

试验设计胶凝材料的总用量固定为 430kg/m³，采用 P·I52.5 水泥，砂率40%，采用 1.2% 聚羧酸高效减水剂，控制坍落度在 180mm。根据普通掺合料的种类不同，可分为粉煤灰系列和矿粉系列。复掺时，超细矿粉仅占胶凝材料量的10%。混凝土具体配合比研究方案见表 3-13。

表 3-13　超细矿粉混凝土的配合比

系列	子系列代号	掺合料总量（%）	C（kg/m³）	FA（kg/m³）	S95（kg/m³）	P800（kg/m³）	P1000（kg/m³）
粉煤灰系列	FA	30	301	129	—	—	—
		40	258	172	—	—	—
		50	215	215	—	—	—
	FA + P800	30	301	98.9	—	30.1	—
		40	258	146.2	—	25.8	—
		50	215	193.5	—	21.5	—
	FA + P1000	30	301	98.9	—	—	30.1
		40	258	146.2	—	—	25.8
		50	215	193.5	—	—	21.5
矿粉系列	S95	30	301	—	129	—	—
		40	258	—	172	—	—
		50	215	—	215	—	—
	S95 + P800	30	301	—	98.9	30.1	—
		40	258	—	146.2	25.8	—
		50	215	—	193.5	21.5	—
	S95 + P1000	30	301	—	98.9	—	30.1
		40	258	—	146.2	—	25.8
		50	215	—	193.5	—	21.5

3.5.2　超细矿粉混凝土的强度

3.5.2.1　粉煤灰系列超细矿粉混凝土的强度

粉煤灰多元复合混凝土不同胶凝材料的强度对比，如图 3-32 ~ 图 3-34 所示。

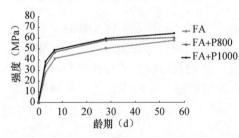

图 3-32　掺合料量 30% 的粉煤灰系列
多元复合混凝土强度

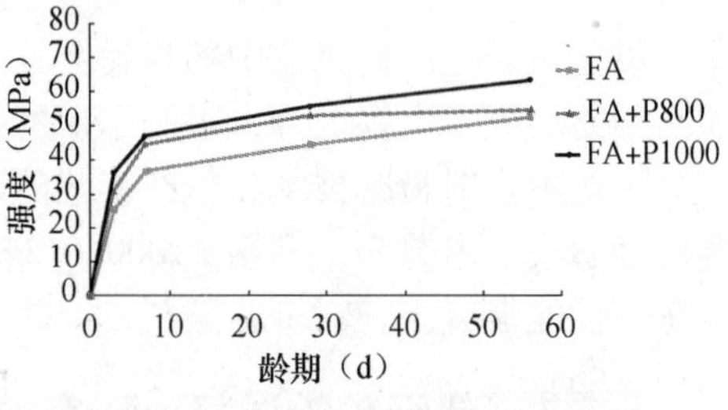

图 3-33　掺合料量 40% 的粉煤灰系列
多元复合复合混凝土强度

从图 3-32 可以看出，当矿物掺合料掺量为 30% 时，复掺 10% 的 P1000 矿粉可以有效提高早期强度，3d 强度是单掺粉煤灰混凝土的 1.4 倍；复掺 P800 矿粉混凝土 3d 和 28d 强度较单掺粉煤灰混凝土提高约 1.2 倍。

从图 3-33 可以看出，当矿物掺合料掺量为 40% 时，复掺 10% 的 P1000 矿粉的 3d 的强度是单掺粉煤灰混凝土的 1.5 倍；28d 强度是单掺粉煤灰混凝土的 1.2 倍；复掺 P800 矿粉的混凝土 3d 和 28d 强度较单掺粉煤灰混凝土的强度提高约 1.2 倍；粉煤灰和 P1000 矿粉复掺，28d 到 56d 强度增长幅度达到 14.5%。

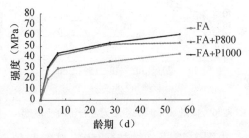

图 3-34　掺合料量 50% 的粉煤灰系列多元复合混凝土强度

从图 3-34 可以看出，当矿物掺合料掺量为 50% 时，复掺 10% 的 P1000 矿粉可以有效提高混凝土 3d 的强度，是单掺粉煤灰混凝土强度的 1.6 倍；复掺 P800 超细矿粉，混凝土强度较单掺粉煤灰 3d 和 28d 约提高 1.4 倍；粉煤灰和 P1000 矿粉复掺，28d 到 56d 强度增长幅度达 14.2%。

3.5.2.2　矿粉系列混凝土强度

矿粉系列混凝土强度如图 3-35 所示。

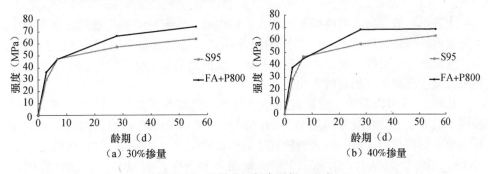

（a）30% 掺量　　　　　　　　　　（b）40% 掺量

图 3-35　矿粉多元复合混凝土强度

从图 3-35 可以看出，矿物掺合料掺量 30% 时，矿粉和 P800 超细矿粉复掺比单掺矿粉混凝土 3d 强度提高了 22%；28d 时比单掺矿粉混凝土强度提高 1.2 倍，后期强度增长幅度较大。矿物掺合料掺量 40% 时，3d 强度两种混凝土都差不多，S95 矿粉和超细矿粉复掺比矿粉混凝土 28d 强度提高了 20%。

从图 3-36 可以看出，矿物掺合料掺量 50% 时，矿粉和 P800 超细矿粉复掺比单掺矿粉混凝土的 3d 强度提高了 52%；28d 时，比单掺矿粉强度提高 115%；矿粉和 P1000 超细矿粉复掺的 7d 后强度增长较快，是单掺矿粉的 114%。

3.5.3　矿物掺合料种类对混凝土抗碳化性能影响

以矿物掺合料掺量 50% 的配合比为主分析不同矿物掺合料混凝土的抗碳化能力，试验结果如图 3-37 所示。

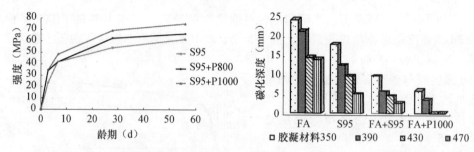

图 3-36 掺量 50% 时矿粉多元复合混凝土强度　　图 3-37 不同矿物掺合料混凝土的碳化深度

由图 3-37 可知，掺加 50% 矿粉和超细矿粉的混凝土的碳化深度小于单掺 50% 粉煤灰混凝土，说明矿粉可以有效提高混凝土的抗碳化能力。这主要是因为矿粉的水化活性强于粉煤灰，且消耗水泥石中 $Ca(OH)_2$ 的量要少于粉煤灰，其碳化深度小于掺入粉煤灰的混凝土。而超细矿粉的加入，使混凝土更加密实，降低了孔隙率，更加提高混凝土抗碳化能力。

3.5.4　超细矿粉混凝土早期开裂性能

大掺量矿渣混凝土自收缩和脆性大，国内外一些研究主要是通过在混凝土中添加聚丙纤维和其他矿物掺合料（粉煤灰等）来提高掺加矿粉混凝土的抗裂能力。在混凝土中掺加磨细矿渣等超细粉体，是提高混凝土强度的理想办法，也是实现混凝土高耐久性的有效方法。

从图 3-38 可以看出，掺加这几种掺合料的混凝土，其开裂性能均劣于单掺粉煤灰的混凝土。胶凝材料用量 $350kg/m^3$ 时，复掺 P1000 矿粉的混凝土开裂面积是单掺粉煤灰的 3 倍，最大裂缝宽度是单掺粉煤灰的 2.9 倍；胶凝材料 $470kg/m^3$ 时，二者分别为 1.2 倍和 1.3 倍；粉煤灰和 S95 矿粉复掺，胶凝材料用量 $350kg/m^3$ 时，混凝土开裂面积是单掺粉煤灰的 2.8 倍，最大裂缝宽度是单掺粉煤灰的 1.7 倍；胶凝材料 $470kg/m^3$ 时，二者分别为 1.1 倍和 1.5 倍，随着胶凝材料用量的增加，差别逐渐减少。

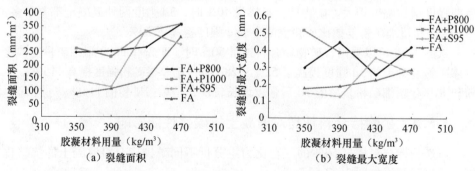

（a）裂缝面积　　　　　　　　　（b）裂缝最大宽度

图 3-38　粉煤灰、超细矿粉和 S95 矿粉复掺时粉煤灰系列混凝土开裂情况

从图 3-39（a）可以看出，当 S95 矿粉和 P800 矿粉复掺时，混凝土的开裂面积要小于单掺 S95 矿粉的混凝土试样。从图 3-39（b）可以看出，矿粉系列中裂缝的最大宽度出现在矿粉和粉煤灰复掺混凝土图面，胶凝材料 430kg/m³，裂缝宽度达 0.72mm。S95 矿粉和 P1000 矿粉复掺时，开裂模具上 7 个裂缝诱导器上全部产生了裂缝，每个模具上平均出现 5 条裂缝，具体裂缝分布区如图 3-40 所示。

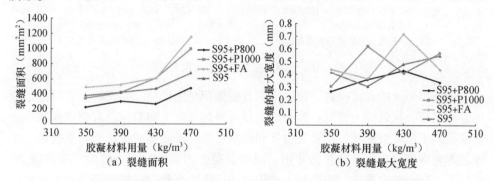

（a）裂缝面积   （b）裂缝最大宽度

图 3-39　粉煤灰、超细矿粉和 S95 矿粉复掺时矿粉系列混凝土开裂情况

3.5.5　混凝土开裂面积与强度的关系

根据每个配合比混凝土的 3d 和 28d 抗压强度及试件单位总开裂面积数据，做出混凝土的抗压强度和单位总开裂面积之间的关系图（图 3-40）。

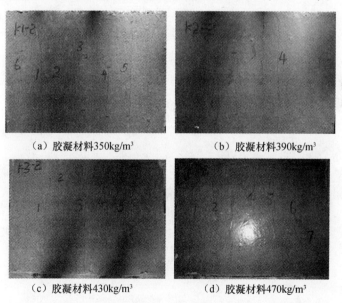

（a）胶凝材料350kg/m³   （b）胶凝材料390kg/m³

（c）胶凝材料430kg/m³   （d）胶凝材料470kg/m³

图 3-40　S95 矿粉和 P1000 矿粉复掺时混凝土开裂情况

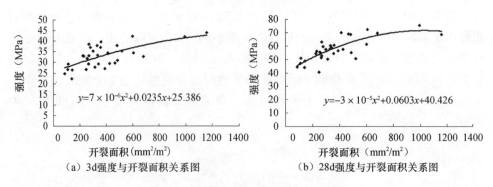

（a）3d强度与开裂面积关系图　　　（b）28d强度与开裂面积关系图

图3-41　混凝土强度与开裂面积关系图

随着混凝土的强度提高，混凝土的开裂面积呈递增曲线，说明随着混凝土强度等级越高，抗裂能力越低。掺有矿物掺合料的混凝土的单位总开裂面积均小于基准混凝土的开裂面积，主要是由于利用粉煤灰、矿粉等矿物掺合料取代部分水泥能起到降低混凝土水化热的作用，减小混凝土内部结构由于收缩产生的应力，增强了混凝土的抗裂性。而混凝土结构中的二次水化产物又能提高混凝土结构的密实度，相应地增强了混凝土结构的抗冻性能、抗腐蚀性能和抗渗性能等。

第4章　海洋环境混凝土

我国海岸线漫长，沿海地区人口密度大、经济发展迅速、工业化程度高、基础建设投资大、经济较为发达、工程建设较为完善。由于普通混凝土抗拉强度低、脆性大、易收缩等原因，钢筋混凝土结构保护层易开裂，进而造成钢筋腐蚀。在近海、海洋环境或除冰盐、盐碱地条件下，混凝土腐蚀、钢筋锈蚀造成结构劣化、使用寿命大大缩短，甚至安全可靠度大幅度降低。沿海地区及近海区域的绝大多数建筑物或多或少会遭受氯盐及硫酸盐的双重侵蚀，削弱建筑物的性能，尤其东部近海、海洋环境混凝土结构承受着最苛刻的环境条件对耐久性的影响。因此，海洋环境混凝土的研制开发是关系到国计民生的问题，也是世界范围内面临的科学技术难题。

4.1　海洋环境对钢筋混凝土的损伤作用

4.1.1　氯盐对钢筋混凝土造成的危害

自波特兰水泥问世以来，混凝土材料的发展已有近200年的历史，已成为使用最为广泛的材料之一。混凝土能承受水的作用而不会产生严重的劣化，不像普通钢铁及木材那样受水影响较为显著。钢筋混凝土的出现进一步扩大了混凝土的应用范围。钢筋具有良好的抗拉性能，在超过屈服极限后并不像混凝土那样直接断裂，而是具有在一定应变范围内吸收应力的能力；此外，钢筋具有和混凝土接近的膨胀系数及较强的粘结力，这也使得钢筋在工程角度能够使用于混凝土结构中。

通常所说的氯盐侵蚀主要是指氯离子对混凝土中钢筋的锈蚀。氯化钠及氯化镁等无机氯盐通过离子键结合，易溶于水，在常温下（25℃时）溶解度约为36g，在水中电离成氯离子和钠、镁等阳离子。硫酸盐侵蚀主要是硫酸根对混凝土的化学侵蚀，硫酸根离子广泛存在于地下水及海水中，侵蚀范围广。因氯离子及硫酸根离子存在的广泛性、易溶解性，沿海地区建筑物容易遭受侵蚀。

4.1.1.1　氯盐对钢铁的锈蚀机理

铁都是以化合物的状态存在于自然界中，尤其以氧化铁的状态存在为主。从热力学角度来看，物质能量越低越稳定。而在冶炼钢铁的过程中，通过高温将铁原子从氧化铁、硫化铁等化合物中分离开来。因此，钢铁处于高能量态，在自然界中试图转变为较稳定的原有氧化物形式。钢铁在有氧气、水存在的环境下迅速反应生成稳定的氧化铁，转变的过程就是钢铁的锈蚀，这是一种自发过程。氯盐对钢筋混凝土结构的危害主要表现为钢筋的锈蚀。

钢的锈蚀主要有高温腐蚀与电化学腐蚀两类。高温腐蚀是钢在高温下与环境中的氧、硫、氮、碳等发生反应，导致金属的变质或破坏的过程。电化学腐蚀是指钢在电解质环境中，表面形成了腐蚀原电池，继而发生锈蚀的过程。电化学腐蚀在环境中广泛存在，在电解质环境极易形成原电池。影响腐蚀原电池的因素众多，如电解质的化学性质、环境因素（温度、压力、流速等）、金属的特性、表面状态及其组织结构和成分的不均匀性、腐蚀产物的化学性质等。

混凝土中钢筋的锈蚀是典型的电化学腐蚀。任何一种锈蚀过程形成电化学腐蚀必须具备以下条件：

（1）金属表面化学成分不均匀性、组织不均匀性、物理状态不均匀性及表面膜不完整等构成的微观电池，存在电位较正的阴极区和电位较负的阳极区，两者之间存在电位差；

（2）在阳极区，钢表面处于活化状态，铁离子氧化为 Fe^{2+}，同时放出自由电子，阳极极化较小；

（3）在阴极区，钢表面上的电解质具有足够的氧化剂，通常是水与氧。它们可与来自阳极区的自由电子反应生成 OH^-，即氧的还原反应，阴极极化较小；

（4）阳极区与阴极区之间的电阻较小，在形成原电池时避免被电阻过多消耗电子。

钢在冶炼时不可避免会有杂质的引入，在制造特种钢时还会特意引入有益元素。此外，钢的金相组织也具有不均匀性，因此第（1）项条件总是存在的。处于混凝土中的钢很难达到极度干燥的条件，因此电阻率不会很大。混凝土中的钢表面易吸附一层水膜，与水中的溶解氧一起为钢提供充足的氧化剂。因此通常很难避免四个条件，钢的电化学腐蚀普遍存在。

在混凝土结构中，溶有 Na_2O、K_2O 等孔溶液是一个较好的电解质，而钢筋的表面状态不均匀，这就形成了原电池。混凝土中钢筋起着外部电线的作用，钢筋内部电流从高电位流向低电位，而混凝土中的电流从低电位流向高电位。这个两个电极分别称为阳极和阴极，在中性或碱性介质条件下，阳极和阴极分别发生如下两个电极反应。

阳极反应（钢的氧化溶解）：

$$2Fe \longrightarrow 2Fe^{2+} + 4e^- \tag{4-1}$$

$$Fe^{2+} + 2OH^- \longrightarrow Fe(OH)_2 \tag{4-2}$$

$$Fe(OH)_2 + O_2 + 2H_2O \longrightarrow Fe(OH)_3 \leftrightarrow FeOOH \tag{4-3}$$

阴极反应（氧的还原）：

$$1/2O_2 + H_2O + 2e^- \longrightarrow 2OH^- \tag{4-4}$$

$$1/2O_2 + 2H^+ + 2e^- \longrightarrow H_2O \tag{4-5}$$

$$2H^+ + 2e^- \longrightarrow 2H \longrightarrow H_2\uparrow \tag{4-6}$$

腐蚀反应（合成反应）：

$$Fe + H_2O + 1/2O_2 \longrightarrow Fe(OH)_2 \tag{4-7}$$

钢筋的电化学腐蚀产生 $Fe(OH)_2$，在一定条件下 $Fe(OH)_2$ 会继续反应最终生成 $Fe_2O_3 \cdot H_2O$，$Fe_2O_3 \cdot H_2O$ 俗称红锈，呈红棕色，质脆且多孔，具体的反应过程见式（4-8）到式（4-10）。

$$Fe^{2+} + 2OH^- \longrightarrow Fe(OH)_2 \tag{4-8}$$

$$4Fe(OH)_2 + O_2 + 2H_2O \longrightarrow 4Fe(OH)_3 \tag{4-9}$$

$$4Fe(OH)_3 \longrightarrow Fe_2O_3 \cdot H_2O + 2H_2O \tag{4-10}$$

无结晶水的氧化铁，在完全致密状态下的体积为原先钢体积的 2 倍。氧化铁水化后会结合一分子水，体积会进一步膨胀 2~10 倍。由于静态的微孔水无法将这些红锈传输出去，因而只能在钢筋 – 混凝土界面上呈多孔海绵状沉积出来。这样，在红锈膨胀内应力的作用下，钢筋的混凝土保护层就会发生顺筋开裂乃至剥落。如果氧气不充分，如有些部位完全浸在水中，则式（4-8）的反应将停止，形成所谓的"绿锈"或"黑锈"。在这种情况下，钢筋将被彻底腐蚀而不引起混凝土保护层开裂。

4.1.1.2　混凝土中钢筋的腐蚀

通常情况下，有适当的混凝土保护层和缺乏入侵离子，混凝土中的钢筋不会发生锈蚀。在一般环境下混凝土呈碱性，pH 值通常介于 12.5~13.0 之间，这是因为水泥水化过程中会有 $Ca(OH)_2$、$NaOH$ 及 KOH 生成且存在于孔溶液中。在高碱性环境下，钢筋表面会形成一层厚度约为 30~60Å 的氧化物薄膜，该薄膜通常称为"钝化膜"，在 pH > 11.5 时能够稳定存在，起到保护钢筋的作用。

通常金属表面生成的致密氧化膜是氧化剂中的活性氧原子与金属表面的原子化合。钢筋在高碱性溶液中形成表面钝化膜的机制不是由强氧化剂引起的，而是一个电化学的反应过程。

首先，溶液中的氢氧根离子失去电子，发生氧化反应，生成水和活性氧原子。

$$2OH^- \longrightarrow [O] + H_2O + 2e^- \tag{4-11}$$

然后，反应生成的活性氧原子被金属表面化学吸附，并从金属中夺得电子形成氧离子，从而在金属表面产生高电压的双电层。

$$[O] + e^- (Fe 中) \longrightarrow O_2^- \tag{4-12}$$

在双电层电场力的作用下，氧离子或者挤入金属离子晶格之中，或者把金属离子拉出金属表面，与其形成金属氧化物。

这样，在阳极区域发生的电化学反应的综合反应式如式（4-13）。

$$2OH^- + Fe \longrightarrow Fe(OH)_2 + 2e^- \tag{4-13}$$

随后阳极产生的 $Fe(OH)_2$ 被氧化成 γ 型的氢氧化铁。

$$Fe(OH)_2 + O_2 \longrightarrow \gamma - FeOOH + H_2O \tag{4-14}$$

通过上述反应，钢筋表面形成的钝化膜直接和钢筋接触，无色透明，致密无隙，含水较多，成为离子迁移和扩散的阻碍层。所以，钢筋钝化膜的破坏成为钢筋锈蚀的先决条件。当 pH 值降至 11.5 以下，钝化氧化铁层被破坏，在腐蚀过程中，生成普通的多孔氧化物层（铁锈）。当氢氧化钙受空气碳化转为碳酸钙（方解石）时，造成 pH 值下降至临界值。此时，钝化膜完全破坏，将彻底失去保护作用。

氯离子即使在高碱性环境下，对钢筋表面的钝化膜也有特殊的破坏能力。对于氯离子在混凝土中加速钢筋腐蚀的机理，主要有两种观点。一种认为氯离子半径较小，具有较强的渗透能力，易渗入钝化膜引起钢筋腐蚀；另一种认为氯离子与其他离子竞争吸附的结果优先于 O_2 和 OH^- 被钢吸附，即 Cl^- 和 OH^- 争夺腐蚀产生的铁离子 Fe^{2+}，形成易溶的 $FeCl_2 \cdot 4H_2O$，它为浅绿蓝色，故俗称为"绿锈"。绿锈从钢筋阳极区迁移至氧含量较高的混凝土孔溶液，分解为 $Fe(OH)_2$，$Fe(OH)_2$ 为褐色，俗称"褐锈"。$Fe(OH)_2$ 沉积于阳极区周围，同时放出氢离子和氯离子，它们又回到阳极区，局部酸化阳极区附近的孔隙液，氯离子则带出更多的 Fe^{2+}。阳极区的反应式如式（4-15）和式（4-16）。

$$Fe^{2+} + 2Cl^- + 4H_2O \longrightarrow FeCl_2 \cdot 4H_2O \tag{4-15}$$

$$FeCl_2 \cdot 4H_2O \longrightarrow Fe(OH)_2 + 2Cl^- + H_2 + 2H_2O \tag{4-16}$$

从上述反应式可以看出，Cl^- 在腐蚀过程中既没有构成腐蚀产物，也没有在过程中消耗，而是以催化剂的形式促进腐蚀的发生。

4.1.2 硫酸盐对混凝土的侵蚀破坏机理

硫酸盐对混凝土的侵蚀过程很慢，通常要持续很多年，开始时构件表面泛白，随后开裂、剥落破坏。其侵蚀破坏的实质是环境水中的 SO_4^{2-} 进入到水泥石内部，与一些固相组分发生化学反应，生成难溶的盐类矿物。这些难溶矿物，一方面可形成膨胀性产物（钙矾石、石膏等），从而产生膨胀内应力，引起混凝土膨胀、开裂、剥落等现象，导致混凝土结构破坏；另一方面，也可使硬化水泥石中的 $Ca(OH)_2$ 与 C-S-H 等组分溶出或分解，不仅使混凝土强度降低，还使其粘结性能损伤。当土中构件暴露于流动的地下水中时，硫酸盐得以不断补充，腐蚀的产物也被带走，材料的损坏程度就会非常严重。根据结晶产物和破坏形式的不同，其侵蚀破坏一般有以下几种类型：

（1）钙矾石结晶型

环境水中的 SO_4^{2-} 与水泥石中的 $Ca(OH)_2$ 反应生成 $CaSO_4$，$CaSO_4$ 再与水泥石中的水化铝酸钙反应生成三硫型水化硫铝酸钙（$3CaO \cdot Al_2O_3 \cdot 3CaSO_4 \cdot 32H_2O$ 简式 AFt，钙矾石），以 Na_2SO_4 为例，其反应方程式为如下：

$$Na_2SO_4 \cdot 10H_2O + Ca(OH)_2 \Longrightarrow CaSO_4 \cdot 2H_2O + 2NaOH + 8H_2O$$

$$3(CaSO_4 \cdot 2H_2O) + 4CaO \cdot Al_2O_3 \cdot 12H_2O + 14H_2O$$

$$\Longrightarrow 3CaO \cdot Al_2O_3 \cdot 3CaSO_4 \cdot 32H_2O + Ca(OH)_2$$

钙矾石是溶解度极小的盐类矿物，化学结构上结合了大量的结晶水（结晶水为 $30 \sim 32$ 个），其体积约为原水化铝酸钙的 25 倍，使固相体积显著增大。有关研究表明：钙矾石产生的膨胀压力的大小与钙矾石的晶体大小和形貌有很大关系。当液相碱度较小时，钙矾石往往表现为大的板条状晶体，一般不带来有害的膨胀；当液相碱度较高时，比如纯硅酸盐水泥基材料，生成的钙矾石一般为针状或片状晶体，这类钙矾石吸附力强，可产生很大的吸水肿胀作用，产生极大地膨胀应力。

（2）石膏结晶型

当侵蚀液中 SO_4^{2-} 浓度高于 1000mg/L 时，水泥石的毛细孔被饱和石灰溶液所填充，不仅有钙矾石晶体生成，在水泥石内部还会有二水石膏晶体析出，反应方程式为：

$$Na_2SO_4 \cdot 10H_2O + Ca(OH)_2 \Longrightarrow CaSO_4 \cdot 2H_2O + 2NaOH + 8H_2O$$

从 $Ca(OH)_2$ 转变为 $CaSO_4 \cdot 2H_2O$，体积增大为原来的两倍，导致水泥基材料因内应力过大膨胀、开裂破坏。生成石膏的过程消耗 $Ca(OH)_2$，也导致强度的损失和耐久性的下降。石膏膨胀破坏的特点是试件没有粗大裂纹，但遍体溃散。当侵蚀液中 SO_4^{2-} 的浓度在 1000mg/L 以下时，仅有钙矾石结晶形成；当 SO_4^{2-} 浓度大于 1000mg/L 且逐渐增大时，钙矾石 – 石膏复合结晶，SO_4^{2-} 浓度在很大范围内，石膏结晶侵蚀只起从属作用；当 SO_4^{2-} 浓度非常高时，石膏结晶侵蚀才起主导作用。但实际工程中，若水泥基材料处于干湿交替状态，即使 SO_4^{2-} 浓度不高，石膏结晶侵蚀也往往起着主导作用。因为水分蒸发使侵蚀溶液浓缩，从而导致石膏结晶成为主导因素。

（3）$MgSO_4$ 结晶型

镁盐侵蚀是硫酸盐侵蚀类型中破坏性最大的一类。这主要是因为 Mg^{2+} 与 SO_4^{2-} 均为侵蚀源，两者相互叠加，构成双重腐蚀。反应生成的石膏晶体和钙矾石晶体均会引起水泥基材料体积膨胀，产生内应力；并且反应过程中将氢氧化钙转化成疏松而无胶凝性的氢氧化镁，降低了水泥石体系的碱度，从而破坏了 C-S-H 凝胶稳定存在的条件，造成水泥基材料粘结力的降低，甚至使水泥石变成完全没有胶结性能的糊状物，降低了密实性和强度并加剧腐蚀。反应方程式为：

$$Ca(OH)_2 + MgSO_4 + 2H_2O = CaSO_4 \cdot 2H_2O + Mg(OH)_2$$

$$3MgSO_4 + 3CaO \cdot 2SiO_2 \cdot 3H_2O + 8H_2O$$

$$= 3(CaSO_4 \cdot 2H_2O) + 2Mg(OH)_2 + 2SiO_2 \cdot H_2O$$

（4）碱金属硫酸盐结晶型

碱金属硫酸盐结晶型即平常所说的物理结晶破坏。当水泥基材料中含有 Na_2SO_4，并且 Na_2SO_4 的浓度足够高时，反应析出带结晶水的盐类 $Na_2SO_4 \cdot 10H_2O$，产生很大的结晶压力，导致水泥基材料的膨胀开裂破坏。混凝土构件部分暴露于大气中，而其他部分又接触含盐水、土时，易发生盐结晶作用。在干旱和半干旱地区，或者日温差剧烈变化的地带，混凝土孔隙中的盐溶液容易浓缩，并产生盐结晶。对于一端置于水、土中，而另一端露于空气中的混凝土构件，水、土中的盐会通过混凝土毛细孔隙的吸附作用上升，并在干燥的空气中蒸发，最终因浓度的不断提高产生盐结晶。我国盐渍土地区以及沿海地带的电杆、墩柱、墙体等混凝土构件，常常发生这类破坏。

（5）物理侵蚀

一般来说，有三种关于混凝土硫酸盐物理侵蚀机理的观点，分别是无水硫酸盐晶体转换成含水硫酸盐晶体过程中固相增长理论、结晶水压力理论和盐结晶压力理论。

固相体积增长理论主要适用于解释硫酸钠引起的物理侵蚀破坏，晶体的体积由无水硫酸钠晶体转为十六水硫酸钠晶体时增长了 315%。但若考虑反应过程中水的体积对总体积的影响，转变后的体积反而较转变前的无水硫酸钠和水的总体积降低 5.6%，因此具有局限性。

结晶水压力理论也只适用于无水硫酸钠晶体同十六水硫酸钠晶体间的转换，结晶水合物和无水化合物受到同样的平衡压力。依照结晶水压力理论假设，无水硫酸钠晶体和十六水硫酸钠晶体填充于孔隙中，且两种晶体承受相同的压力，处于平衡状态，使结晶盐不可能向无限制的地方扩散。

盐结晶理论能够较好地解释混凝土遭硫酸盐物理侵蚀的机理。盐结晶在多孔材料中发生的关键因素是过饱和浓度。影响盐结晶的内部因素是多孔材料内部的孔结构，不同形状和不同尺寸的孔能够导致严重的盐结晶破坏。盐结晶过程中会产生表面结晶和内部结晶两种方式，这两种方式的本质原因是由多孔材料和环境之间的水分和盐的传输机理所引起。针对半埋混凝土中硫酸盐侵蚀，盐结晶侵蚀不是导致混凝土劣化的主要原因；发生在高浓度 pH 值溶液中的硫酸盐化学侵蚀才是导致混凝土劣化的主要原因。

4.1.3　防止氯盐及硫酸盐侵蚀的措施

4.1.3.1　防止氯盐侵蚀

由氯盐的侵蚀机理可以知道，防止钢筋腐蚀的措施包括阻止氧气和水分进入和防止阴阳极之间的电子流动。防止钢筋腐蚀有很多方法，可以大致分为以下四类：

（1）降低混凝土渗透性；

（2）在混凝土表面进行涂层防护；

（3）钢筋表面进行涂层防护；

（4）遏制电化学的反应过程。

抑制钢筋的电化学腐蚀是阴极保护和阻锈剂的基础。对于阴极保护，大多数是使用综合的方法，有时在大型混凝土结构中，也会使用牺牲阳极的方法对阴极加以保护。阴极保护还有一个优点是驱赶了钢筋上的氯离子，提高了钢筋周围区域的 pH 值；不利的方面是此过程增加了钢筋周围水泥浆的孔隙率，对钢筋与混凝土的粘结力产生负面影响。使用阴极型或阳极型的阻锈剂能起到较好抑制钢筋电化学腐蚀的效果。阳极型阻锈剂主要作用于阳极区，以提高钝化膜抵抗氯离子的渗透性来抑制钢筋锈蚀的阳极过程；阴极型阻锈剂主要作用于阴极区，此类物质大多为表面活性物质，选择性吸附在阴极区形成吸附膜，从而阻止或减缓电化学反应的阴极过程。阻锈剂的研制时间较长，种类较多，但使用时应注意阻锈剂与减水剂的相互作用及对混凝土性能的影响。

通过使用低水胶比的混凝土及有足够的混凝土保护层来实现降低混凝土的渗透性。制备混凝土时掺入火山灰质材料，尤其是硅灰，也能通过大幅度提高混凝土的密实性能，降低混凝土的渗透性，氧的扩散速度也随着使用愈加密实的混凝土而降低。此外，低水胶比通常给混凝土带来较高的强度，抗裂性和抗破碎性能也较好。涂层防护是一种应用较为广泛的方法之一，通常在表面使用聚合物混凝土、聚合物胶乳改性混凝土作覆盖层，传统防水材料作表面处理也是一种有效的方法。但涂层防护有铺设不均匀的风险，此外成本也较高，在建筑物表面受外界环境影响较大。

4.1.3.2　预防硫酸盐侵蚀的措施

硫酸盐侵蚀的影响因素有以下几个方面：

（1）硫酸盐的量和性质；

（2）地下水位的高低及其四季变化；

（3）地下水的流动和土壤的孔隙率；

（4）施工方法及方式；

（5）混凝土的质量。

若不能阻止含硫酸盐的溶液达到混凝土，则混凝土的质量就成为抵御硫酸盐侵蚀的唯一防线。采取合适的混凝土厚度、低水灰比、高矿物掺合料用量及新拌混凝土采用正确的振捣和养护是提高混凝土密实度的重要因素。

考虑混凝土干缩、冰冻、钢筋锈蚀或其他原因引起的开裂，使用抗硫酸盐水泥或复合水泥的安全性更大。C_3A 含量小于 5% 的硅酸盐水泥足以抵抗中等硫酸盐侵蚀。但是，当硫酸盐浓度达到或超过 1500mg/L 时，特别是水泥中 C_3S 含量较高时，一般的水泥混凝土很难防护硫酸盐侵蚀。在这种情况下，水化时不含或含极少氢氧化钙的水泥性能要好很多。

在混凝土中掺入矿物掺合料，能够降低混凝土的渗透性、提高混凝土抵御硫酸盐的侵蚀能力。这是因为，随着矿物掺合料的引入，水泥用量得以大幅度下降，水泥中的 C_3A 被掺入的矿物掺合料所稀释；其次，矿物掺合料中含有活性 SO_2、CaO 等成分，在水泥早期水化过程中能够充分参与水化反应，从而生成 C-S-H 凝胶，在早期大幅度提升混凝土的密实程度；再次，随着矿物掺合料的引入，混凝土的水化热降低、混凝土干燥收缩得以大幅减小，混凝土早期因热量或水分引起的裂缝的发生概率降低，混凝土密实程度相对提高。

4.2 海洋环境作用等级的划分和海工混凝土制备原则

4.2.1 海洋腐蚀环境划分

《混凝土结构耐久性设计规范》（GB 50476—2008）按腐蚀介质对腐蚀环境进行了划分，结构所处环境按其对钢筋和混凝土材料的腐蚀机理可分为 5 类，并应按表4-1确定。规范中对混凝土结构所处的腐蚀环境进行分类，并划分了腐蚀环境对混凝土结构的作用等级，具体见表4-2。

表4-1　环境类别

环境类别	名称	腐蚀机理
I	一般环境	保护层混凝土碳化引起钢筋锈蚀
II	冻融环境	反复冻融导致混凝土损伤
III	海洋氯化物环境	氯盐引起钢筋锈蚀
IV	除冰盐等其他氯化物环境	氯盐引起钢筋锈蚀
V	化学腐蚀环境	硫酸盐等化学物质对混凝土的腐蚀

注：一般环境系指无冻融、氯化物和其他化学腐蚀物质作用。

表4-2　应用环境对配筋混凝土结构的作用等级

环境类别	环境作用等级					
	A-轻微	B-轻度	C-中度	D-严重	E-非常严重	F-极端严重
I-一般环境	I-A	I-B	I-C			
II-冻融环境			II-C	II-D	II-E	
III-海洋氯化物环境			III-C	III-D	III-E	III-F
IV-其他氯化物环境			IV-C	IV-D	IV-E	
V-化学腐蚀环境			V-C	V-D	V-E	

应用环境中，海洋氯化物环境对配筋混凝土结构构件的环境作用等级应按表4-3确定。

表4-3　海洋氯化物环境的作用等级

环境作用等级	环境条件	结构构件示例
III-C	水下区和土中区：周边永久浸没于海水或埋于土中	桥墩、基础
III-D	大气区（轻度盐雾）：距平均水位15m高度以上的海上大气；涨潮岸线以外100～300m内的陆上室外环境	桥墩、桥梁上部结构构件；靠海的陆上建筑外墙及室外构件
III-E	大气区（重度盐雾）：距平均水位上方15m高度以内的海上大气区；离涨潮岸线100m以内、低于海平面以上15m的陆上室外环境	桥梁上部结构构件；靠海的陆上建筑外墙及室外构件
	潮汐区和浪溅区，非炎热地区	桥墩、码头
III-F	潮汐区和浪溅区，炎热地区	桥墩、码头

海洋环境中的硫酸盐和酸类物质对混凝土结构构件的环境作用等级可按表4-4确定。当有多种化学物质共同作用时，应取其中最高的作用等级作为设计的环境作用等级。如其中有两种及以上化学物质的作用等级相同且可能加重化学腐蚀时，其环境作用等级应再提高一级。

表4-4　水、土中硫酸盐和酸类物质环境作用等级

作用因素 环境作用等级	水中硫酸根离子浓度 SO_4^{2-}（mg/L）	土中硫酸根离子浓度（水溶值）SO_4^{2-}（mg/kg）	水中镁离子浓度（mg/L）	水中酸碱度（pH值）	水中侵蚀性二氧化碳浓度（mg/L）
V-C	200～1000	300～1500	300～1000	6.5～5.5	15～30
V-D	1000～4000	1500～1600	1000～3000	5.5～4.5	30～60
V-E	4000～10000	6000～15000	≥3000	<4.5	60～100

4.2.2　海工混凝土设计、施工与检验

4.2.2.1　混凝土强度等级的确定

海工混凝土结构的耐久性，与结构设计、混凝土配合比、施工与维护等多方面密切相关。为了确保混凝土结构的长期安全运行，基于《混凝土结构耐久性设计与施工指南》（CCES 01—2004）、《混凝土结构耐久性设计规范》（GB/T 50476—2008）及试验研究结果，对混凝土结构设计、施工与维护注意事项提出要求。海工混凝土材料应根据结构所处的环境类别、作用等级和结构设计使用年限，按同时满足混凝土最低强度等级、最大水胶比和混凝土原材料组成的要求确定，其中材料耐久性

要求见表 4-5。对重要工程或大型工程，应针对具体的环境类别和作用等级，分别提出抗冻耐久性指数、氯离子在混凝土中的扩散系数等具体量化耐久性指标。

表 4-5　海工混凝土耐久性要求

环境类别与作用等级	设计使用年限		
	100 年	50 年	30 年
II-C	C35，C45	C30，C45	C30，C40
II-D	C40	Ca35	Ca35
II-E	C45	Ca40	Ca40
III-C，IV-C，V-C，III-D，IV-D	C45	C40	C40
V-D，III-E，IV-E	C50	C45	C45
V-E，III-F	C55	C50	C50

注：预应力混凝土构件的混凝土最低强度等级不应低于 C40；

4.2.2.2　海工混凝土的耐久性设计原则

1）海工混凝土结构的耐久性设计必须考虑施工质量控制与质量保证对结构耐久性的影响，必须考虑结构使用过程中的维修与检测要求。提高混凝土结构耐久性的一般设计原则如下：

（1）采用的结构类型、结构布置和结构构造应尽可能有利于阻挡或减轻环境对结构的侵蚀作用，便于施工并有利于保证施工质量，便于工程今后使用过程中的检查和维修。

（2）提高混凝土材料本身的耐久性。采用低水胶比混凝土，尽可能减少用水量并正确使用矿物掺合料，明确耐久混凝土的施工要求，保证混凝土有良好的匀质性、工作性和抗裂性。

（3）适当增加钢筋的混凝土保护层厚度。

（4）注重防、排水和连接缝等构造措施，尽可能避免水和氯盐等有害物质接触或渗漏到混凝土表面，尽可能防止混凝土在使用过程中遭受干湿交替。

（5）耐久性设计中应采取多重防护对策，即综合采用多种防护措施，可以多种防护措施平行起作用（如在提高耐久性混凝土质量和保护层厚度的基础上，同时采用涂料防腐措施等）。

（6）在确定钢筋的混凝土保护层厚度和耐久混凝土的技术要求时，不考虑普通建筑饰面（抹灰、面漆、面砖等）和防水层等构造对混凝土结构的有限防护作用。

2）同一结构中宜使用相同材质的钢筋以降低钢材的电化学锈蚀速度。对非预应力钢筋，宜在设计中统一选用新三级钢筋 HRB 400。混凝土中不同金属埋件之间（包括镀锌钢材与普通钢材之间）均不得有导电的连接。

3) 混凝土结构的耐久性设计, 需考虑到混凝土构件开始暴露于环境作用时的不同龄期对耐久性的影响。应尽量设法延迟新浇混凝土开始与海水、氯盐等接触或开始遭受冰冻的时间。在海洋环境下宜尽量采用预制构件。

4) 应在设计中提出必须进行结构使用年限内的定期检测要求。第一次检测需在结构竣工使用后的 3~5 年内进行, 并根据测试结果对结构的耐久性做出评估。除目测外, 检测的重点在于确定表层混凝土的劣化现状, 如混凝土的碳化深度, 混凝土表层内不同深度处的氯离子浓度分布, 钢筋的锈蚀或锈蚀倾向等。以后的定期检测间隔视劣化速度而定。

在设计阶段即做出结构使用期内检测的详细规划, 在工程现场设置专供检测取样用的构件, 后者在尺寸、材料、配筋、成型、养护以及暴露环境条件上, 应能代表实际的结构构件, 必要时还可在结构构件有代表性的部位上埋置传感元件以监测钢筋锈蚀的发展。

4.2.2.3　海工混凝土的施工要求

(1) 在正式施工前, 应针对工程特点和施工条件, 会同设计、施工、监理及混凝土供应等各方, 共同制定施工全过程和各个施工环节的质量控制与质量保证措施以及相应的施工技术条例, 商定质量检验和合格验收方法。混凝土施工中, 需要重点保证质量并采取专门措施的内容有: 结构表层混凝土的振捣密实与均匀性, 混凝土的良好养护, 混凝土保护层厚度或钢筋定位的准确性, 混凝土裂缝控制。

(2) 混凝土结构的施工顺序应经仔细规划, 以尽量减少新浇混凝土硬化收缩过程中的约束拉应力。

(3) 为保证钢筋保护层厚度尺寸及钢筋定位的准确性, 宜采用工程塑料制作的保护层定位夹或定型生产的纤维砂浆块。当使用一般的细石混凝土垫块定位保护层的厚度时, 垫块的尺寸和形状 (宜为工字形或锥形) 必须满足保护层厚度和定位的允差要求, 垫块的强度应高于构件本体混凝土, 水胶比不大于 0.4。浇筑混凝土前, 应仔细检查定位夹或保护层垫块的位置、数量及其紧固程度, 并应指定专人作重复性检查以提高保护层厚度尺寸的施工质量保证率。构件侧面和底面的垫块应至少 4 个/m², 绑扎垫块和钢筋的铁丝头不得伸入保护层内。

(4) 为保证混凝土的均匀性, 混凝土的搅拌宜采用卧轴式、行星式或逆流式搅拌机并严格控制拌合时间。插入式振捣棒需变换其在混凝土拌合物中的水平位置时, 应竖向缓慢拔出, 不得放在拌合物内平拖。下料口应及时移动, 不得用插入式振捣棒平拖驱赶下料口处堆积的拌合物将其推向远处。

(5) 结构表层混凝土的耐久性质量在很大程度上取决于施工养护过程中的湿度和温度控制。暴露于大气中的新浇混凝土表面应及时浇水或覆盖湿麻袋、湿棉毡等进行养护。如条件许可, 应尽可能采用蓄水或洒水养护, 但在混凝土发热阶段最好采用喷雾养护，避免混凝土表面温度产生骤然变化。当采用塑料薄膜或喷涂养护膜时，应确保薄膜搭接处的密封。此外，还应保证模板连接缝处不至于失水干燥。水养护或湿养护的时间应当在约定的施工条例中规定，在整个养护期内不得间断。

（6）混凝土的入模温度应视气温而调整，在炎热气候下不宜高于气温且不超过 28℃，负温下不宜低于 12℃。对于构件最小断面尺寸在 300mm 以上的低水胶比混凝土结构，混凝土的入模温度宜控制在 25℃ 以下。重要工程宜事先通过混凝土裂缝控制的专用分析程序，分析确定混凝土施工的浇筑、养护方法与合理的工序，预测施工过程中混凝土温度与拉应力的变化，并据此提出混凝土温度的控制值，并在施工养护过程中实际测定关键截面的中心点温度和离表面约 5cm 深处的表层温度（对基础地板还包括底部），实行严格的温度控制。一般工程如无条件进行专门的计算分析，通常可取混凝土的温度控制值为：混凝土入模后的内部最高温度一般不高于 70℃，构件任意截面在任意时间内的内部最高温度与表层温度之差一般不大于 20℃，新浇混凝土与邻接的已硬化混凝土或岩土介质之间的温差不大于 20℃，淋注于混凝土表面的养护水温度低于混凝土表面温度的差值不大于 15℃，混凝土的降温速率最大不宜超过 2℃ / d。此外，周围大气温度低于养护中混凝土的表面温度超过 20℃ 时，混凝土表面必须保温覆盖以降低降温速率。

（7）现浇混凝土应有充分的潮湿养护时间。在整个潮湿养护过程中，应根据混凝土温度与气温的差别及变化，及时采取措施，控制混凝土的升温和降温速率。配筋混凝土不得用海水养护，养护水应符合混凝土拌合水的标准。当新浇的结构构件有可能接触流动水时应采取防水措施，保证混凝土在浇筑后 7d 之内不受水的直接冲刷。对海洋浪溅区以下的新浇混凝土，应保证混凝土在养护期内并在其强度达到设计值以前不受海水与浪花的侵袭。应尽可能推迟新浇混凝土与海水等氯盐环境接触时的龄期，一般不应小于 4 周。

混凝土的拆模时间除需考虑拆模时的混凝土强度外，还应考虑到拆模时的混凝土温度（由水泥水化热引起）不能过高，以免接触空气时降温过快而开裂，更不能在此时浇凉水养护。

（8）在炎热气候下浇筑混凝土时，应避免模板和新浇混凝土受阳光直射，入模前的模板与钢筋温度以及附近的局部气温不应超过 40℃。应尽可能安排傍晚浇筑而避开炎热的白天，也不宜在早上浇筑以免气温升到最高时加速混凝土的内部升温。在相对湿度较小、风速较大的环境下，宜采取喷雾、挡风等措施或在此时避免浇筑面板等有较大暴露面积的构件。重要工程浇筑混凝土时应定时测定混凝土温度以及气温、相对湿度、风速等环境参数，并根据环境参数变化及时调整养护方式。

（9）混凝土潮湿养护的期限应不少于7d，且养护结束时混凝土达到的最低强度（根据工地现场养护的小试件测得，其养护条件与现场混凝土相同）与28d强度的比值应不低于70%；对于大掺量矿物掺合料混凝土，在潮湿养护期正式结束后，如大气环境干燥或多风，仍宜继续保湿养护一段时间，如喷涂养护剂、包裹塑料膜或外罩覆盖层等措施，避免风吹、暴晒，防止混凝土表面的水分蒸发。

（10）在混凝土浇筑后的抹面压平工序中，严禁向混凝土表面洒水，并应防止过度操作影响表层混凝土的质量。

（11）用于施工后浇带或填充预留孔洞的混凝土宜加入适量微膨胀剂，使用前应检验其与水泥和其他外加剂之间的相容性。在估计混凝土浇筑后的升温时，需考虑膨胀剂所引起的温度增加；如混凝土在养护过程中的内部温度较高（超过65℃），尚应检验高温对膨胀剂效果的可能危害。在使用膨胀剂前，应估算结构的配筋量或构造确能提供足够的约束应力使得膨胀剂能够发生正常的作用。

（12）对于施工缝等各种连接缝处的混凝土施工，应预先制定适当的操作工艺，使混凝土的振捣过程既能保证混凝土充分密实，又不影响止水带等连接件的准确定位，当采用引气混凝土时可防止混凝土中的气泡受到过多损失。

4.2.2.4　海工混凝土的耐久性质量检验

1）现场混凝土耐久性质量检验的主要内容如下：

（1）通过无损检测，测定现场钢筋的混凝土保护层实际厚度。

（2）通过回弹检测表层混凝土的强度并间接估计保护层的密实性好坏。对处于严重环境作用下的重要工程或构件，宜通过现场混凝土表层抗渗性测试仪，测定表层混凝土的抗渗性。

（3）测定混凝土的氯离子扩散系数。

2）混凝土保护层厚度的检验方法与合格标准如下：

用于保护层厚度测定的仪器精度应不低于1mm，检验的结构部位和构件数量应视工程的具体情况而定。对成批的同类构件，一般可各抽取构件数量的10%且不少于10个构件进行检验。对选定的每一构件，可各对12根最外侧钢筋（一般为箍筋或分布筋）的保护层厚度进行检测。对每根钢筋，应在有代表性的部位测量3点，并对每一构件的测试数据进行评定。对同一构件测得的钢筋保护层厚度，如有95%或以上的测量数据大于或等于保护层最小厚度c_{min}，则认为合格；否则可增加同样数量的测点，按两次检测的全部数据进行统计，如仍不能有95%及以上的测点厚度大于或等于c_{min}，则认为不合格。

3）应在现场制作的混凝土试件中，取芯测定混凝土抗氯离子侵入性的扩散系数或电量指标。

4.3 抗硫酸盐混凝土制备技术

4.3.1 抗硫酸盐侵蚀混凝土的技术路线

水泥基材料遭受硫酸盐侵蚀既有外在因素也有内在因素。外在因素主要是指外部环境中的侵蚀介质及环境水；内在因素包括水泥石内含抗侵蚀差的组分以及水泥石的密实度差。抗侵蚀性差的组分主要是指水泥水化产生的 $Ca(OH)_2$ 及水化硅酸钙等；水泥石的密实度差主要是指水泥石的内部含有孔隙存在，尤其是与外部相通的开口孔隙。当外部环境中的侵蚀介质随环境水从开口孔隙进入到水泥石中时，侵蚀介质中的 SO_4^{2-} 与 $Ca(OH)_2$ 及水化硅酸钙反应生成石膏、钙矾石等膨胀性较大物质。对于普通硅酸盐水泥来说，影响抗侵蚀性的因素主要因素为内部因素。这是因为普通水泥中硅酸盐水泥熟料含量多，C_3S、C_2S、C_3A、C_4AF 等矿物成分的含量相对较高，因而水化生成的 $Ca(OH)_2$ 和水化铝酸钙含量较高，一旦水泥石遭受 SO_4^{2-} 侵蚀，破坏则较严重。

因此，提高水泥基材料的抗硫酸盐侵蚀，可以从两方面着手，一方面减少水泥石中的抗侵蚀性差的组分，另一方面提高水泥石的密实性。减少水泥石中抗侵蚀性差的组分，目前比较常用的是采用矿物掺合料（粉煤灰和矿粉）来取代水泥，相对降低抗侵蚀性差的矿物成分含量。此外，粉煤灰和矿粉能够吸收水泥水化产生的 $Ca(OH)_2$，促进水化生成 C-S-H 凝胶，改善微观结构，降低水泥砂浆的空隙率，使骨料截面区的粘结力得到强化，从而抗侵蚀性能提高。矿物掺合料大部分为工业废渣，来源广、价格低、数量多，矿物掺合料的利用还有一定的环境保护意义和经济效益。目前，通常采用掺入减水剂的方法来提高水泥石的密实性，即满足拌合物工作性的要求下，通过降低水胶比来提高密实性，间接提高了水泥基材料的抗硫酸盐侵蚀性。

4.3.1.1 矿粉高性能混凝土腐蚀的国内外研究现状

矿渣微粉作为矿物掺合料在混凝土中的应用可追溯到 20 世纪 80 年代，美国、英国、法国、加拿大、日本等国家首先把矿渣微粉作为矿物掺合料加入到混凝土中，以期提高混凝土的强度和改善混凝土的耐久性能。试验研究表明：矿物掺合料能够降低水泥水化速度，从而抑制了大体积混凝土的温度裂缝；矿物掺合料的掺入能够改善混凝土的抗硫酸盐侵蚀性能、抗氯盐渗透性能、抗碱－骨料反应性能，从而使混凝土的耐久性能大幅度提高。目前，利用大掺量矿渣微粉来提高混凝土的耐久性能已被广泛采用。

利用矿粉提高混凝土的抗腐蚀性能，国内外的一些学者做了一些研究。M. Regourd 等认为矿渣掺量高的水泥具好的耐蚀性能。R. P. Khatr 等就普通混凝土和掺矿粉、硅灰的混凝土的抗渗性进行了对比，矿粉混凝土的抗渗性得到明显改善。S. Wikl 等的研究结果表明，矿粉能够抑制混凝土的碱－骨料反应和提高抗硫酸盐腐蚀能力。Hoton 和 Emery 利用加拿大的粉磨粒化矿渣，报道了矿渣水泥混凝土样品暴露十年的结果。这些矿渣中的铝含量特别低（8% ~ 9% C_3A），所以 5% 代替高 C_3A（12.3%）水泥就能达到或超过抗硫酸盐水泥（ASTM-5）的性能。实际上，水泥中矿渣掺量达到 42% ~ 72% 时，混凝土在 3000mg/L 的硫酸钠或硫酸镁中，10 年后也不会出现任何破坏。相反，含 3.5% ~ 12.3% C_3A 水泥制成的所有混凝土均出现了不同程度的破坏。矿渣掺量超过 50% 的波特兰矿渣水泥，其抗硫酸盐侵蚀性能的提高可归结为渗透性的降低，而不是稀释作用。Osborne 报道了对波特兰－矿渣水泥混凝土抗硫酸盐侵蚀研究结果。用铝含量小于 14% 的粉磨粒化矿渣以 70% 的替代量与 C_3A 含量较高的水泥混合，其抗硫酸盐性能与英国的 ASTM-5 型抗硫酸盐水泥一样好。他们强调了混凝土侵入侵蚀性硫酸盐以前养护制度的重要性，认为 20℃、65% 相对湿度的空气里养护有良好的效果。硫酸盐侵蚀前的碳化看来可以明显地减小硫酸盐侵蚀程度。

Hill 认为矿渣掺量为 65% 的混凝土具有优异的抗硫酸镁和硫酸钙的能力；Mangat 和 Atib 认为矿渣的合理掺量在 80% 以上能提高混凝土抗复合硫酸盐（硫酸钠 + 硫酸镁）的能力；Caot 试验中表明 80% 矿渣掺量提高了混凝土抗硫酸钠性能，但在 pH 为 7 或 3 的情况下，掺加 40%、60% 矿粉反而降低了混凝土的抗硫酸盐性能。但 Omar 认为矿渣的掺量为 60% ~ 70% 能够降低砂浆的抗复合硫酸盐腐蚀能力。梁松等的研究表明：普通磨细矿渣微粉只有在掺量大于 65%（质量分数）时，才能提高混凝土的抗硫酸盐侵蚀能力。

4.3.1.2　粉煤灰高性能混凝土腐蚀的国内外研究现状

近年来，国内外的一些学者与工程界人士对粉煤灰混凝土抗侵蚀性能方面进行了一些有益的探索与研究。美国加州理工学院 R. E. Daris 早在 1933 年就发表了粉煤灰在混凝土中应用的研究报告；在粉煤灰混凝土抗侵蚀方面，KingFahd 石油和矿业大学工程学院 O. S. B. AI-Amoudi 等人对普通混凝土和掺有硅灰、粒化高炉矿渣、粉煤灰（掺量为 20%）等混合水泥抗硫酸镁和硫酸钠性能进行了研究，结果发现掺加矿物掺合料后混凝土的抗侵蚀性能优于普通混凝土。

在大掺量粉煤灰混凝土抗硫酸盐侵蚀方面，Bradfoul 大学土木与结构工程学院 D. C. Hughes 也对粉煤灰砂浆与混凝土的抗硫酸盐性能、抗渗性能以及孔结构等进行了研究；日本的 Kanazawa 大学 K. Torii 等人对大掺量粉煤灰混凝土抗硫酸盐性能进行了试验研究，结果表明不但没有降低其抗硫酸盐性能反而有所提高；此外，国外许多学者与工程界人士也对大掺量粉煤灰混凝土抗酸性、氯离子渗透等进行了一些的研究。至于在大掺量粉煤灰混凝土抗侵蚀性能（包括抗硫酸盐侵蚀性能、抗氯离子渗透性能等）方面的研究则几乎没有。

天津大学的刘慧兰在粉煤灰混凝土抗侵蚀方面也做了一些研究，在研究了不同品种的水泥混凝土抗环境水侵蚀问题后，配制含有不同浓度的 SO_4^{2-}、Cl^-、

Mg^{2+}离子侵蚀溶液，利用双掺技术（掺入 10% ~20% 一级粉煤灰和高钙灰）配制成粉煤灰混凝土，研究混凝土抵抗有害离子的侵蚀能力。上海市建筑科学研究院的贺鸿珠等对粉煤灰混凝土（二级粉煤灰掺量为 25% ~30%）的耐海水腐蚀性能进行了试验研究。有学者认为采用大掺量粉煤灰以及采用超量取代法可以细化混凝土孔结构，降低混凝土中 $Ca(OH)_2$ 含量，改善水泥石过渡带结构，提高混凝土的抗硫酸盐腐蚀性能。

高相东、贺传卿等研究结果表明，混凝土中粉煤灰掺量为 25% 左右时，能提高混凝土的抗硫酸盐性能。冯乃谦等人研究了超细矿渣粉对混凝土流动性的影响，结果表明：超细矿渣粉可起到填充作用和填充加分散作用，这两种作用均对水泥浆体的流动性有明显的影响，并且可以改善硬化体的显微结构和性能。

目前，除了利用粉煤灰和矿粉等矿掺合料来提高混凝土的抗硫酸盐侵蚀性能外，混凝土的抗硫酸盐类侵蚀还可以从以下几方面考虑：

（1）设计合理的混凝土配合比及养护工艺，但是抗硫酸盐侵蚀效果不佳；

（2）使用抗硫酸盐水泥，抗硫酸盐侵蚀效果良好，但抗硫酸盐水泥生产厂家较少，货源紧缺，且运输费用较高，工程造价较高；

（3）在混凝土易遭硫酸盐腐蚀的区域进行涂层防护，缺点是防护成本较高，且大多涂层为有机化合物，抗紫外线和耐老化性能不佳，容易脱落不能达到防护目的；

（4）使用混凝土防腐剂，近年来市场上出现的混凝土防腐剂，有的成分复杂，制作工艺较复杂及使用条件苛刻，成本较高，有的只注重市场，技术性不强，防腐效果差，未能真正解决问题。

4.3.2 防腐剂研发

为了提高混凝土的防腐蚀性能，专门研发了混凝土抗硫酸盐防腐剂，并研究了防腐剂对粉煤灰混凝土和矿粉混凝土抗压强度、抗氯离子渗透性能、抗硫酸盐侵蚀性能、抗碳化性能的影响。

4.3.2.1 防腐剂成分

基于防腐剂的作用机理，选取了膨胀组分 α、激发组分 β 和密实组分 γ 来配制防腐剂。各组分的功能如图 4-1 所示。

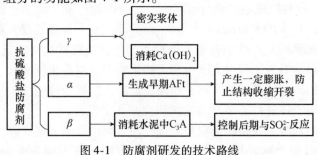

图 4-1　防腐剂研发的技术路线

（1）膨胀组分 α

XRF 试验测得膨胀组分 α 的化学成分见表4-6。

表4-6　α 化学成分分析（%）

成分	CaO	Al_2O_3	SO_3	SiO_2	Fe_2O_3	TiO_2	MgO	Na_2O	K_2O
含量	47.68	18.87	23.87	4.12	1.63	1.02	1.84	0.16	0.28

（2）激发组分 β

XRF 试验测得激发组分 β 的化学成分见表4-7。

表4-7　β 化学成分分析（%）

成分	CaO	SO_3	Al_2O_3	SiO_2	Fe_2O_3	MgO	Na_2O	TiO_2	K_2O
含量	39.91	56.52	0.134	1.29	0.22	1.88	0.021	1.02	0.28

（3）密实组分 γ

防腐剂的密实组分采用高性能掺合料 γ，XRF 试验测得其化学成分分析见表4-8。

表4-8　γ 化学成分分析（%）

成分	CaO	SiO_2	Al_2O_3	Fe_2O_3	Na_2O	K_2O	MgO	SO_3	TiO_2	P_2O_5	Cl
含量	36.71	30.00	16.6	0.87	0.31	0.56	9.94	3.33	0.74	0.09	0.14

4.3.2.2　防腐剂设计配合比

仿照物质的三元系统图，作防腐剂 20 个配方的三组分构成图（图4-2），并将防腐剂的各个配方在图4-2中进行定位。

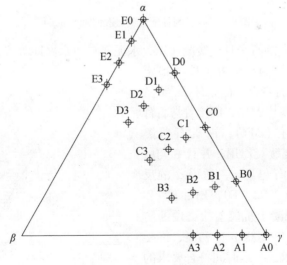

图 4-2　防腐剂初始配方

确定防腐剂的初步配方，并通过 XRF 试验测试各个配方的氧化镁含量、氯离子含量，见表4-9。

表 4-9　氧化镁与氯离子含量（%）

配方代号	A0	A1	A2	A3	B0	B1	B2	B3	C0	C1
MgO	4.94	4.13	4.33	4.52	4.92	4.31	3.71	3.1	3.89	3.49
Cl⁻	0.04	0.03	0.02	0.01	0.03	0.03	0.02	0.02	0.03	0.02
配方代号	C2	C3	D0	D1	D2	D3	E0	E1	E2	E3
MgO	3.09	2.69	1.87	1.67	1.47	1.27	0.84	0.84	0.85	0.85
Cl⁻	0.02	0.04	0.03	0.03	0.02	0.01	0.01	0.01	0.01	0.01

20 个配方的氧化镁含量、氯离子含量均符合《混凝土抗硫酸盐类侵蚀防腐剂》（JC/T 1011—2006）中氧化镁含量≤0.5%，氯离子含量≤0.05%的要求。

4.3.2.3　凝结时间

试验测得各组初凝时间和终凝时间如图4-3所示。

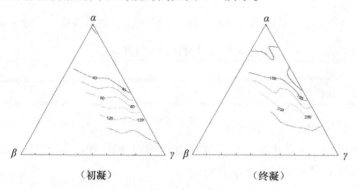

（初凝）　　　　　　　（终凝）

图4-3　防腐剂各配方的凝胶时间（min）

水泥中的少量的石膏具有缓凝作用，水泥熟料遇水立即溶解，水泥中的 C_3A 首先水化生成大量的在室温下能够稳定存在的 C_4AH_{13}，石膏存在的条件下，C_3A 尽管首先水化生成 C_4AH_{13}，但接着与石膏反应生成钙矾石（AFt），钙矾石包裹 C_3A，对水泥起到缓凝作用，并且 β 与 α 反应生成的钙矾石包裹 α，延缓 α 的反应。C0、D0、D1、D2、E0、E1、E2 和 E3 均不符合《混凝土抗硫酸盐类侵蚀防腐剂》（JC/T 1011—2006）中初凝、终凝时间技术指标要求，凝结时间符合要求的配方范围如图4-4阴影部分所示。

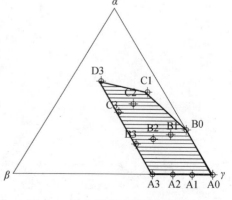

图4-4　符合凝结时间的配方范围

4.3.2.4　膨胀率及膨胀系数

膨胀率、膨胀系数按照《膨胀水泥膨胀率检验方法》（JC/T 313—1996）进行。膨胀系数为试件在侵蚀溶液中的 35d 膨胀率与淡水中的 35d 膨胀率的比值。试验所测得膨胀率以及膨胀系数具体数据如图 4-5 ～图 4-7 所示。

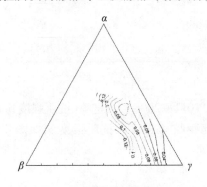
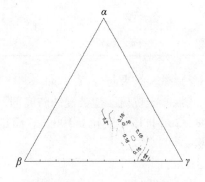

图 4-5　标养 1d 等膨胀率线　　　　图 4-6　试样标养 28d 等膨胀率线

A0、A1、B0 因 1d 膨胀率不符合《混凝土抗硫酸盐类侵蚀防腐剂》（JC/T 1011—2006）膨胀率技术指标的要求被淘汰。

将膨胀系数以等膨胀系数线形式绘制于配方图中，如图 4-8 所示。

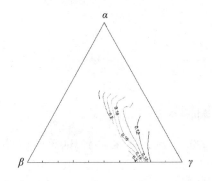
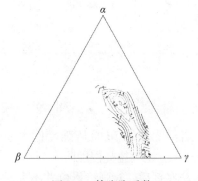

图 4-7　试样硫酸钠浸泡 28d 等膨胀率线　　　图 4-8　等膨胀系数

A2、A3、B1、B2、B3、C1、C2、C3、D3 这九个组的膨胀率、膨胀系数均满足标准要求：28d 膨胀率≤0.60%，膨胀系数≤1.5。而根据图 4-8：B1、B3、C1、C3 所在区域的膨胀系数较小。

4.3.2.5　抗压强度比测定

1）试验方法

抗压强度比的测定按照《水泥胶砂强度检验方法》（GB/T 17671—1999）进行。胶砂配合比如表 4-10 所示。

表 4-10 胶砂配合比

材料	基准胶砂	受检胶砂
水泥/（g）	450	396
抗硫酸盐侵蚀防腐剂/（g）	0	54
标准砂/（g）	1350	1350
拌合水/（g）	225	210

2）试验结果与分析

《混凝土抗硫酸盐类侵蚀防腐剂》（JC/T 1011—2006）规定 7d 抗压强度比≥90%，28d 抗压强度比≥100%。而试验所测得抗压强度、抗压强度比如图 4-9 所示。

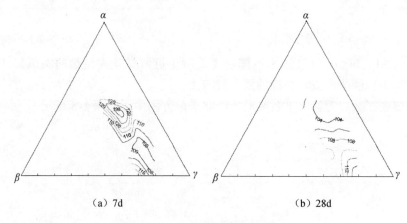

（a）7d   （b）28d

图 4-9 各配方试样等抗压强度比

各组配方的 7d 抗压强度比大于 90%、28d 抗压强度比大于 100%，均符合《混凝土抗硫酸盐类侵蚀防腐剂》（JC/T 1011—2006）中抗压强度比要求。说明加入防腐剂后，对强度影响并不大，完全满足要求。

4.3.2.6 抗硫酸盐侵蚀性试验

抗硫酸盐侵蚀性试验按国家标准《水泥抗硫酸盐侵蚀快速试验方法》（GB/T 749—2008）进行试验。试验结果如图 4-10 所示。A3、B1 组抗蚀系数低于 0.85，不满足标准要求，A2、B2、B3、C1、C2、C3、D3 抗蚀系数符合《混凝土抗硫酸盐类侵蚀防腐剂》（JC/T1011—2006）中要求，并且 B2、C1、C2、D3 组抗蚀系数大大高于 0.85。

综合以上各测试得到抗腐蚀性能效果良好的组分及区域如图 4-11 所示。

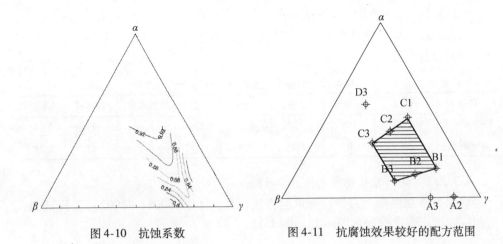

图 4-10 抗蚀系数　　　　　图 4-11 抗腐蚀效果较好的配方范围

4.3.3 防腐剂配方优化及其对混凝土性能的影响

抗硫酸盐防腐剂除了满足《混凝土抗硫酸盐类侵蚀防腐剂》（JC/T 1011—2006）标准的技术要求外，还要考虑到防腐剂对混凝土力学性能、耐久性能的影响。

将不同配方的防腐剂与大掺量粉煤灰和矿粉（防腐剂掺量占胶凝材料总量的10%）配制成抗硫酸盐混凝土，并测试不同配合比对混凝土强度、抗氯离子渗透性能、抗硫酸盐侵蚀性能、抗碳化性能的影响。

4.3.3.1 试验原材料

水泥：山水东岳 P·O42.5 水泥，性能指标见表 4-11。

表 4-11 水泥性能指标

比表面积（kg/m²)	凝结时间（h）		抗压强度（MPa）		抗折强度（MPa）	
	初凝	终凝	3d	28d	3d	28d
350	2.4	4.9	5.3	9.1	23.2	45.7

矿粉：S95 级普通矿粉；

粉煤灰：青岛四方电厂产的 II 级粉煤灰；

防腐剂：符合《混凝土抗硫酸盐类侵蚀防腐剂》（JC/T 1011—2006）的防腐剂配方；

粗骨料：5～25mm 连续级配花岗岩碎石，符合 GB/T 14685—2011 要求；

细骨料：中粗河沙，细度模数 2.4，符合 GB/T 14684—2011 要求；

减水剂：聚羧酸高性能减水剂，减水率为 30%；

水：自来水，符合 JGJ 63—2006 要求；

硫酸钠：上海埃彼化学试剂，分子式 Na$_2$SO$_4$，分子量 142.04，分析纯。

4.3.3.2 抗硫酸盐混凝土配合比

试验混凝土配合比见表4-12，新拌混凝土坍落度均在160～200mm之间，保水性和粘聚性良好。

表4-12　混凝土基准配合比（kg/m³）

体系	P·O 42.5	粉煤灰	矿粉	砂	石	减水剂	防腐剂	水灰比
粉煤灰体系	235	188	0	711	1067	5.64	47	0.33
矿粉体系	235	0	188	711	1067	5.64	47	0.34

4.3.3.3 抗硫酸盐混凝土的力学性能

参照《普通混凝土力学性能试验方法标准》（GB 50081—2002）进行试验，所得标准抗压强度数据如图4-12、图4-13。

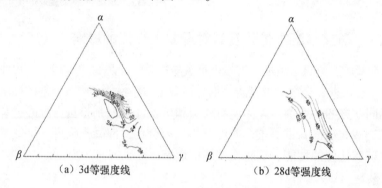

（a）3d等强度线　　　　　　　（b）28d等强度线

图4-12　粉煤灰体系混凝土等强度线（MPa）

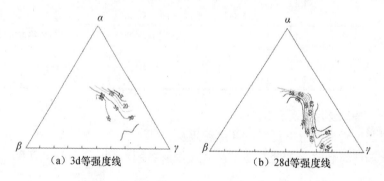

（a）3d等强度线　　　　　　　（b）28d等强度线

图4-13　矿粉体系混凝土等强度线（MPa）

加入防腐剂后的组分混凝土的抗压强度略有降低，但抗压强度比均大于0.80，其中B1、B2、B3、C2、C3组强度整体较好。与基准混凝土相比，加入防腐剂后，粉煤灰混凝土早期强度降低。但抗压强度比均大于0.8，矿粉混凝土早期强度均高于基准混凝土，抗压强度比可达1.21，完全满足强度要求。

综上所述，抗压强度比较好的配方区域如图4-14所示。

4.3.3.4　抗氯离子渗透性能

氯离子引起的混凝土中的钢筋锈蚀问题与结构的耐久性关系密切，在沿海和除冰盐地区，氯离子在混凝土中的扩散性受到特别重视，常用混凝土抵抗氯离子扩展的性能来评价混凝土的渗透性能。

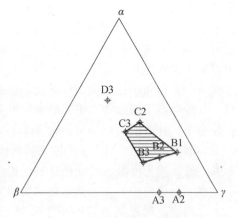

图4-14　抗压强度比较好配方区域

试验按照《混凝土结构耐久性设计规程》（DBJ 14—S6—2005）采用 Cl⁻ 电迁移试验（RCM法），测定混凝土中氯离子非稳态快速迁移的扩散系数。试验数据见图4-15和图4-16，其中基准为表4-12所列出的两个体系的基准配合比配制的混凝土，配方代号为防腐剂的代号。

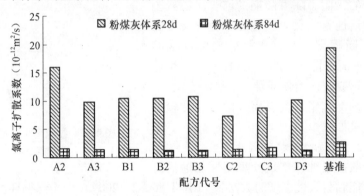

图4-15　粉煤灰体系氯离子扩散系数

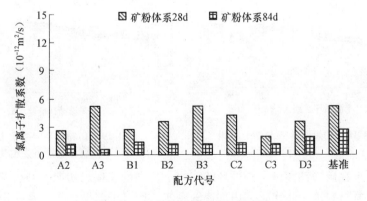

图4-16　矿粉体系氯离子扩散系数

与基准对照组混凝土相比，掺加防腐剂后粉煤灰体系与矿粉体系混凝土氯离子扩散系数均有不同程度的降低。粉煤灰混凝土的氯离子扩散系数可降至基准混凝土的50%，说明防腐剂的掺入能提高混凝土的抗氯离子渗透性。粉煤灰体系混凝土28d氯离子扩散系数明显高于矿粉体系，这是因为尽管粉煤灰的掺入能够很好地改善水泥浆的孔结构，但是在试验龄期较短的情况下，粉煤灰的掺入使得水泥浆中大孔和小孔的体积均增大。普通矿粉中CaO、MgO含量比其他掺合料要高，其活性高于粉煤灰。矿粉加入到混凝土中，能够降低混凝土总孔隙率，使得孔径变小；并且矿粉能够捕捉从混凝土表面渗入的氯离子，对氯离子的渗透有较好的抑制作用。84d氯离子扩散系数粉煤灰混凝土明显降低且与矿粉混凝土相差不大。这是因为混凝土的硬化是一个长期的化学反应过程，在火山灰反应的情况下，水泥石孔隙中的部分被水化物所填充，并且生成物C-S-H凝胶阻碍了毛细孔与大孔相连，粉煤灰中的铝相也有助于降低氯离子的扩散速度；此外，粉煤灰颗粒具有空心颗粒和复杂的比表面积，增大了粉煤灰对氯离子的吸附。随着龄期的增长，混凝土中的各种活性材料反应就越充分，混凝土的密实度不断提高。粉煤灰和矿粉中均含有SiO_2，与水泥水化产生的$Ca(OH)_2$反应生成水化硅酸钙凝胶，增强混凝土的抗渗性能。

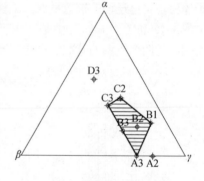

图4-17　抗氯离子渗透性能
较好配方区域

防腐剂配方中，抗氯离子渗透性能较好的配方区域如图4-17所示。

4.3.3.5　混凝土抗硫酸盐侵蚀

抗硫酸盐侵蚀性能试验采用《普通混凝土长期性能和耐久性能试验方法》（GB/T 50082—2009）中干湿循环加速试验方法，试验结果如图4-18～图4-19所示。

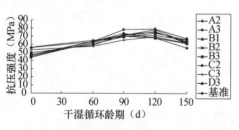

图4-18　粉煤灰体系混凝土不同
腐蚀龄期下强度变化

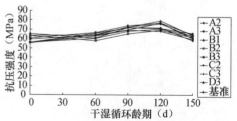

图4-19　矿粉体系混凝土不同
腐蚀龄期下强度变化

混凝土在硫酸钠溶液干湿循环的作用下，强度表现为初期上升后期下降。初期由于胶凝材料进一步水化，内部逐渐密实，而且干湿循环作用在一定程度上能够增进水泥混凝土的水化。早期浸泡过程，游离水进入混凝土毛细孔，并且少量硫酸盐的作用产生一些钙矾石对混凝土起到一定的密实作用；烘干过程中，由于温度升高，未完全水化的水泥颗粒在游离水存在的条件下继续水化，生成水化硅酸钙和水化铝酸钙，填充了混凝土的毛细孔，增加了混凝土的密实性。两者共同作用下使初期强度有所上升；随着时间的变化，钙矾石量的增多，膨胀体积变大，使混凝土内部产生损伤，损伤不断累积导致后期混凝土强度降低。

150 个干湿循环后两个系列的基准混凝土的耐腐蚀性达到 KS120 等级。这是因为基准混凝土用矿物掺合料取代部分水泥，矿物掺合料相对降低了混凝土中总的 C_3A 含量，减少了钙钒石产生；另一方面，矿物掺合料与水泥水化产生的 $Ca(OH)_2$ 发生二次水化反应，生成 C-S-H 凝胶，改善了混凝土的内部结构，两方面的共同作用提高了抗硫酸盐侵蚀能力。加入防腐剂后混凝土的耐蚀系数较基准混凝土有明显提升，150 个循环结束时耐腐蚀系数仍高于 75%，最高可达 94%，达到 KS150 等级，抗硫酸盐侵蚀效果显著。

粉煤灰和矿粉体系混凝土的耐腐蚀系数区域较一致，即 γ 含量为 40% ~ 60%，α 含量为 20% ~ 40% 区域范围内耐腐蚀系数较高，均大于 88%。从而得到抗硫酸盐侵蚀性能较佳的区域，如图 4-20 所示。

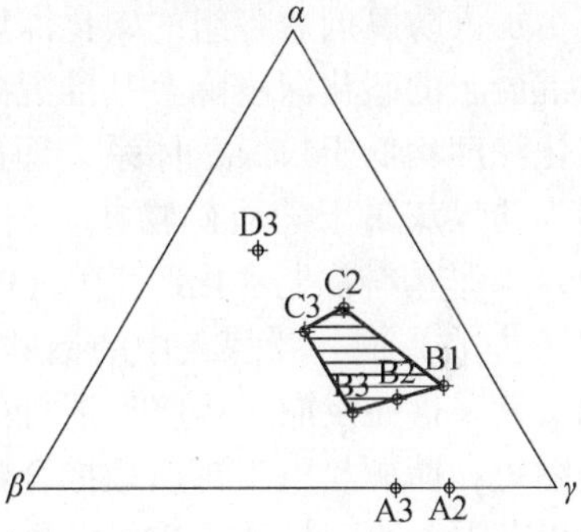

图 4-20　抗硫酸盐侵蚀性能较好配方区域

4.3.3.6　碳化试验

碳化严重的混凝土不仅强度降低，而且抗渗透性能大大降低，极易遭受其他化学物质的侵蚀作用，所以碳化性能是耐久性设计的一个重要指标。本试验按照《普通混凝土长期性能和耐久性能试验方法》（GB/T 50082—2009）进行，测试加入防腐剂后混凝土的抗碳化性能。混凝土的碳化试验数据如图 4-21 ~ 图 4-22 所示。

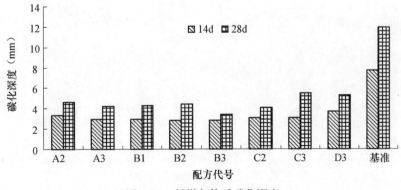

图 4-21　粉煤灰体系碳化深度

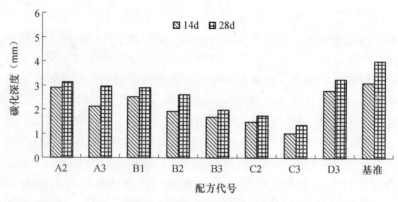

图 4-22　矿粉体系碳化深度

　　加入防腐剂后各组的碳化深度明显低于基准对照组的，尤其是粉煤灰体系防腐混凝土的碳化深度降至基准混凝土的50%以下。矿粉体系混凝土14d和28d的碳化深度均低于粉煤灰体系，即矿粉体系混凝土的抗碳化性能优于粉煤灰体系。因为粉煤灰属于硅质矿物掺合料，矿粉属于钙质掺合料。粉煤灰掺入到混凝土中，水泥熟料首先水化产生 $Ca(OH)_2$，当混凝土中碱度达到一定程度（pH值为12.2左右）时，粉煤灰中的铝硅玻璃体与 $Ca(OH)_2$ 反应生成水化硅酸钙和水化铝酸钙。这一反应过程将使混凝土的碱储备、液相碱度降低，使得碳化中和的过程缩短；而矿粉属于钙质的掺合料，矿粉中CaO含量较高，其混凝土的碱度高于粉煤灰混凝土，导致了矿粉混凝土的抗碳化性能优于粉煤灰。

　　综上所述，当 γ 含量为30%~60%，α 含量为10%~40%这个区域范围内，粉煤灰混凝土和矿粉混凝土的14d及28d碳化深度较小。抗碳化性能较好的配方区域如图4-23所示。

　　混凝土的力学性能及耐久性能试验是配方进一步优化的过程。经过抗压强度、抗氯离子渗透性能、抗硫酸盐侵蚀性能、抗碳化性能试验研究，优化出防腐剂的最佳配方为B1、B2、B3、C2、C3，如图4-24所示。

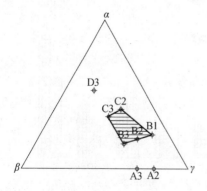

图 4-23　抗碳化性能较好配方区域

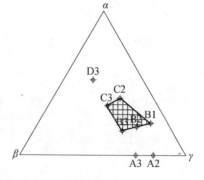

图 4-24　防腐剂的最佳配方区域范围

在硫酸钠溶液与干湿循环作用下，抗硫酸盐混凝土的抗压强度表现为先上升后下降。抗硫酸盐混凝土的耐蚀系数达到 KS150 等级，抗硫酸盐侵蚀效果显著。

4.4　大掺量矿物掺合料海工混凝土制备技术

4.4.1　海工混凝土配制技术

海工混凝土通常是采用大掺量矿物掺合料配制的，但如果混凝土的抗硫酸盐腐蚀不能满足要求，则可以通过使用抗硫酸盐防腐剂来提高混凝土的抗硫酸盐腐蚀性能。

为了解决海洋环境混凝土结构的抗硫酸盐腐蚀和抗氯盐腐蚀，通常可采用如下混凝土配制技术：

（1）严格控制原材料的质量

海工混凝土所用原材料除了严格满足相应的标准之外还应满足：水泥最好选用硅酸盐水泥（可以大幅度提高矿物掺合料掺量），水泥熟料中的 C_3A 含量宜控制在 6% ~ 12% 范围内；磨细矿粉应满足 S95 级或 S105 级要求；粉煤灰为 I 或 II 级粉煤灰；河（江）砂的细度模数 2.4 ~ 3.0，无碱 - 骨料反应，含泥量 ≤ 2.0%；碎石：5 ~ 25mm 连续级配碎石，无碱 - 骨料反应，含泥量 ≤ 1.0%，针片状颗粒含量 ≤ 10%，压碎指标 ≤ 10%；聚羧酸高性能减水剂的减水率不得低于 30%（对应厂家推荐掺量下限）；此外，因钢筋表面的氯离子浓度临界值约为混凝土量的 0.07%（胶凝材料用量的 0.4%），因此应尽量减少混凝土中氯离子含量，所有混凝土中氯离子含量不得超过胶凝材料用量的 0.15%，所有混凝土中最大碱含量不得超过 3kg/m³；拌合用水及养护用水：不得采用海水、污水和 pH 值小于 5 的酸性水，水中的氯离子含量不应大于 200mg/L，硫酸盐含量 SO_4^{2-} 不大于 500mg/L。

（2）适当提高混凝土的强度等级

混凝土的强度等级不仅取决于荷载作用，更主要是由环境作用决定，即取决于耐久性要求的混凝土最低强度等级。通常混凝土的强度越高，混凝土的孔隙率越低，混凝土的抗渗透性越好，耐久性也越好。

（3）使用聚羧酸高性能减水剂

内掺有机硅防水剂可以显著提高混凝土的耐久性，但是成本较高，一般每 1m³ 混凝土将增加成本 250 ~ 300 元，不便于在海工混凝土结构中应用。使用高效减水剂不仅可以显著改善混凝土的施工性能，也可以改善混凝土的孔结构，从而改善混凝土的耐久性。与传统的萘系减水剂相比，聚羧酸高性能减水剂的性能较好，成本不是很高，最适合在海工混凝土中应用。

（4）使用大掺量复合矿物掺合料

大掺量矿物掺合料（40%~60%）可以提高混凝土的耐腐蚀性能，粉煤灰与矿渣复合使用效果更好。本课题系统研究了粉煤灰与矿渣按照1:1复掺的情况下，矿物掺合料掺量对混凝土性能的影响。

（5）其他辅助措施

根据所处部位、腐蚀环境和施工养护的具体条件，可采用必要防裂措施。如采用抗裂纤维、抗裂防水剂、使用渗透性模板和合理配筋来控制混凝土的开裂。本项研究总体思路是利用"大掺量矿物掺合料混凝土"来解决混凝土的防腐阻锈问题。根据《混凝土结构耐久性设计规范》（GB/T 50476—2008），大掺量矿物掺合料混凝土是指"胶凝材料中含有较大比例的粉煤灰、硅灰、磨细矿渣等矿物掺合料，需要采取较低的水胶比和特殊施工措施的混凝土"，但并没有给出具体的掺量范围；可以参考中国土木工程学会标准《混凝土结构耐久性设计与施工指南》（CCES 01—2004）的图 4.0.3 给出的不同环境作用下胶凝材料品种与掺合料用量的限定范围。

4.4.2　海工混凝土的性能

利用42.5普通硅酸盐水泥、粉煤灰、矿粉、聚羧酸高性能减水剂，通过矿物掺合料复掺技术，制备出 C40、C45 和 C50 系列海工混凝土。

4.4.2.1　混凝土参考配合比

C40、C45 和 C50 系列海工混凝土的参考配合比和28d 抗压强度，见表4-13。

表 4-13　C40、C45 和 C50 混凝土配合比

强度等级	掺合料		配合比					28d 抗压强度（MPa）
	品种	掺量（%）	胶凝材料（kg/m³）	水泥（kg/m³）	FA(kg/m³)	S95(kg/m³)	W/B	
C40	FA + S95	50%	397	199	99	99	0.38	47.5
C45	FA + S95	50%	445	223	111	111	0.34	54.2
C50	FA + S95	50%	509	255	127	127	0.30	58.5

4.4.2.2　混凝土的渗透性

采用《普通混凝土长期性能和耐久性能试验方法标准》（GB/T 50082—2009）的快速氯离子迁移系数法（RCM 法）评价混凝土的氯离子渗透性。混凝土强度等级与氯离子扩散系数之间的关系如图 4-25 所示。

混凝土的抗氯离子渗透性能和混凝土的致密程度密切相关，随着胶凝材料用量的增加，混凝土中浆体能较密实地填充骨料之间的空隙，使得混凝土结构更加密实，同时随着胶凝材料用量的增加还会显著降低水胶比，使混凝土中毛细孔隙减少，从而进一步提高混凝土的抗渗性。

4.4.2.3　混凝土的抗碳化性能

按照《普通混凝土长期性能和耐久性试验方法标准》（GB/T 50082—2009）进行碳化试验，每组应以碳化 28d 的碳化深度算术平均值作为该组混凝土试件碳化测定值。碳化试验结果如图 4-26 所示。

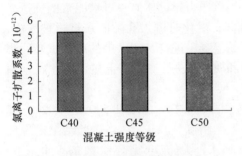

图 4-25　扩散系数与强度等级之间的关系

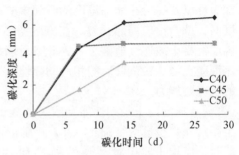

图 4-26　碳化时间和碳化深度关系

随着胶凝材料用量的增加，混凝土密实度增加，CO_2 不易向混凝土内部渗透，而且增加水泥用量可以改善混凝土的和易性和密实性，提高碱储备量，直接影响混凝土吸收 CO_2 的量，胶凝材料用量越大，混凝土抗碳化能力就越强，碳化速度就越慢，碳化深度逐渐减小，混凝土的抗碳化能力提高。

4.3.2.4　混凝土的收缩性能

混凝土结构的收缩开裂是影响结构耐久性的主要原因，也是长期困扰工程人员的技术难题，结构的腐蚀、破坏和倒塌几乎都是从裂缝的扩展开始的。以荷载为主引起的裂缝只占 20% 左右，而以变形为主引起的占 80% 以上。变形作用则包括湿度变化、温度变化、不均匀沉陷等，其中湿度变化引起的收缩裂缝又占主要部分。普通混凝土的自收缩在总收缩中所占比例较小，但在高性能混凝土中比例增大，与掺合料、外加剂的选择有关；塑性收缩与水胶比、水泥用量、养护条件等有关；碳化收缩一般在相对湿度 50% 左右发生，干湿交替可加剧碳化收缩反应。本试验主要研究自由状态下不同配合比混凝土的干燥收缩性能。

每组应取 3 个试件收缩率的算术平均值作为该组混凝土试件的收缩率测定值。混凝土龄期与收缩率的关系如图 4-27 所示。

试验表明，混凝土早期收缩率增长较快，随着胶凝材料用量的增加，收缩率较大，随着龄期的增长，收缩率变化较小。利用聚羧酸高性能减水剂和大矿物掺合料制备的高性能混凝土的

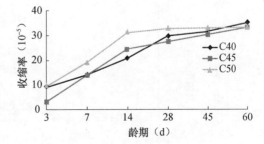

图 4-27　龄期与收缩率的关系

收缩值较小，仅为普通混凝土的50%左右，因此混凝土具有良好的抗裂性能。

4.3.2.5 混凝土的抗冻性能

混凝土冻融循环破坏的主要原因是由于水泥浆中毛细孔内的水受冻膨胀，当膨胀后的体积大于所容许的空间时，空隙中多余的水被膨胀压力排出。这一毛细孔水压的大小，取决于水分的饱和程度、水泥浆的渗透度和最近气孔的距离、冷却速度以及保持在冰冻温度的时间多少；当该压力超过任何一点水泥浆的抗拉强度时，就会出现局部开裂。在冻融循环期间，融化时进入孔隙的水将再被冰冻，因而混凝土被连续地破坏。为此，对制备的混凝土进行其在水中的冻融试验，测定混凝土经冻融试验后的相对动弹性模量和质量损失，评价研制的混凝土在水中的抗冻融能力。

《普通混凝土长期性能和耐久性能试验方法标准》（GB/T 50082—2009）规定相对动弹模量均精确到0.1%，质量损失率精确到0.1%，当试验结果出现负值时，应取0。相对动弹性模量和质量损失率随冻融循环次数的变化值如图4-28～图4-29所示。试验结果表明本研究提供的混凝土的抗冻性极好，相对动弹模量和质量损失率随冻融循环次数增加的变化缓慢。

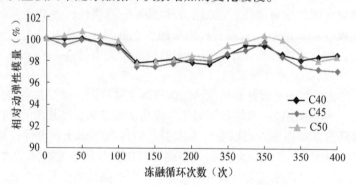

图4-28　相对动弹性模量与冻融循环次数的关系

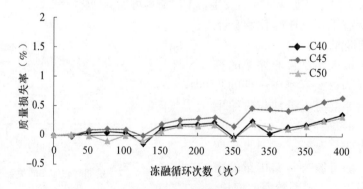

图4-29　质量损失率与冻融循环次数的关系

混凝土在 400 次冻融循环后相对动弹性模量最小值 $DF=97.11\%$，质量损失最大值为 0.648%，表明混凝土抗冻性较好，可用于抗冻性要求更高地区（严寒地区）的海工混凝土。

4.5　海工混凝土的应用

以我国北方某电厂海水冷却塔工程为例，介绍海工混凝土的应用情况。随着我国经济建设和环保的要求，我国在滨海地区修建大容量发电机组工程项目越来越多，大容量发电机组工程采用海水二次循环供水系统，海水冷却塔是二次循环供水系统的重要装备。修建特大型冷却塔，不仅可以避免冷却温水排放对水体的不利影响，满足环境保护的要求，同时具有节约淡水资源的优势。

然而，这些特大型海水冷却塔均使用循环海水冷却，其服役地点在滨海地区，海水及盐雾中的高浓度腐蚀离子将会对海水冷却塔的材料防腐蚀性能和耐久性提出更高的要求；考虑到特大型海水冷却塔的建造难度及重要性，一般要求其服役寿命达到 50 年。然而，当前的调查表明，我国及世界范围内的海洋工程，其钢筋混凝土结构的耐久性能仍存在许多问题，也是世界范围内面临的科学技术难题。此外，特大型海水冷却塔的海水浓度最高会达到普通海水的 3～5 倍左右，其最大含盐量将能达到 $100g/L$ 左右。海岸、港口的混凝土尤其是浪花飞溅区遭受长期的海水的冲刷和干湿交替侵蚀，除遭受氯盐腐蚀外，硫酸盐类侵蚀也较严重，对我国特大型海水冷却塔结构材料的防腐蚀性能及耐久性研究刻不容缓，且意义重大。

4.5.1　海水冷却塔的国内外研究现状

4.5.1.1　普通海水冷却塔概况及国内外研究现状

由于淡水资源的紧缺，滨海电厂一般采用海水作为冷却水，且普遍是海水直流冷却方式，海水直流冷却具有取水温度低、冷却效果好、不需要其他冷却水构筑物、运行管理简单等优点，但取水量大，大量的排水对环境造成污染。因为 $1m^3$ 直流排水有 $10^6\sim10^8J$ 热量，热污染非常严重。在沿海城市淡水资源日益短缺和环保要求愈来愈高的今天，与海水直流冷却和淡水循环冷却技术相比，海水循环冷却技术在投资、环保、技术和经济等方面更具优势。

所谓海水循环冷却，是以海水为冷却介质，经换热设备一次冷却后，再经冷却塔冷却，并循环使用的冷却水处理技术。海水冷却塔是海水循环冷却水系统必不可少的关键设备，冷却塔的形式很多，根据空气进入塔内的情况分机械通风和自然通风两大类。自然通风最常见的是风筒式冷却塔，而机械通风型又分为抽风式和鼓风式两种。根据空气流动方向机械通风型又可分为横流式和逆流式。作为

1000MW 机组配套的特大型海水冷却塔多采用自然通风逆流式双曲线冷却塔（图 4-30），其主体结构材料为钢筋混凝土。

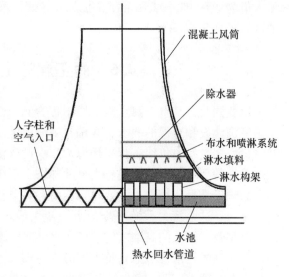

图 4-30　自然通风逆流式双曲线冷却塔结构示意图

与淡水冷却塔相比，海水冷却塔的技术关键是耐海水腐蚀，有效地防止盐沉积和盐雾飞溅以及良好的热力性能。海水含盐量高，腐蚀性远高于淡水，设计时需要充分考虑塔体结构材料、紧固件、布水器、喷头、风机等的耐海水腐蚀性能；同时，由于海水的强腐蚀性，考虑对周围环境的影响，海水冷却塔的盐雾飞溅（飘水率）要求远低于淡水；另外，浓缩海水的物理特性对热传导的影响亦不同于淡水，浓缩海水的蒸汽压、比热、密度等因素导致海水的冷却能力低于淡水。这些因素在海水冷却塔设计时都必须加以考虑。

我国在海水循环冷却技术研究及应用方面起步较晚，国家海洋局天津海水淡化与综合利用研究所自"九五"开始承担国家海水循环利用课题，取得了一系列研究成果，并于"十五"期间主持完成了天津碱厂 2500m³/h 机械通风海水冷却塔示范工程和深圳福华德电厂 2×14000m³/h 海水冷却示范工程，对我国海水循环冷却技术在沿海地区的推广应用起到了示范作用。从福华德电厂 2×14000m³/h 海水冷却塔的运行和调研情况来看，目前的研究多集中在水处理工艺方面，对冷却塔结构材料和防腐蚀研究则较少。

腐蚀问题是影响海水冷却塔寿命的重要因素，为保证钢筋混凝土结构海水冷却塔的结构耐久性，国外在结构材料方面做了较多地研究和应用工作，取得了大量的研究及应用成果，但相关资料较少。为提高混凝土结构耐久性，混凝土采用抗硫酸盐水泥或普通硅酸盐水泥，通过添加粉煤灰、硅灰及微细矿渣粉，控制水灰比，以提高密实性；通过添加钢筋阻锈剂、使用环氧涂层钢筋等，提高钢筋的耐蚀性；提高钢筋外混凝土保护层厚度，表面采用防腐防渗涂层，进一步提高致密性，防止碳化和氯离子渗透；对接触海水区域混凝土中钢筋采用阴极保护等。

对于特大型自然通风双曲线海水冷却塔，在国内尚无成熟经验的情况下，青岛理工大学课题组设计了海水冷却塔混凝土的配合比；提出海水冷却塔的防腐蚀附加措施，获得的结果应用于实际工程，取得良好效果。

4.5.1.2 烟塔合一海水冷却塔的国内外研究现状

烟塔合一技术是利用冷却塔巨大的热湿空气对脱硫后的净烟气形成一个环状气幕,对脱硫后净烟气形成包裹和抬升,增加烟羽的抬升高度,从而促进烟气中污染物的扩散。其工艺流程如图 4-31 所示。采用该技术不但省略了湿法烟气脱硫系统的烟气再热器,而且可以取消烟囱,不仅提高了火电厂的能源利用效率,而且大大简化了火电厂的烟气系统,减少了设备投资,因此,烟塔合一技术的推广应用对我国火电机组的建设具有重要意义。

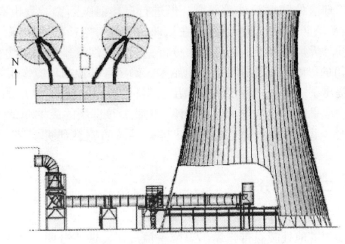

图 4-31 烟塔合一冷却塔流程示意图

烟塔合一技术首先是从德国发展起来的,目前最大的单机容量已达到978MW。1977 年德国研究技术部和 SaarbergwergwerkeAG 公司联合设计了 Volklin-gen 电厂,该厂的烟塔合一机组于 1982 年 8 月开始运行,1985 年完成一系列测评。自此,烟塔合一技术在德国新建厂广泛采用,并对一批老机组也进行了改造。目前,德国采用烟塔合一技术运行的电厂有 20 多座,装机总容量超过12000MW,并且结合工程实际制定了烟塔合一的相关技术标准和评价准则。

烟塔合一技术在国内的许多电厂也开始被广泛采用。辽宁大唐国际锦州热电厂、河北三河电厂、天津国电东北郊热电项目等新建机组均采用烟塔合一技术进行脱硫后实现低温烟气的排放。华能北京热电厂引进国外技术,对一期四台830t/h 超高压塔式直流锅炉进行脱硫技术改造,每一台炉配一座吸收塔,同时新建一座 120m 高的自然通风冷却塔进行烟气排放。截止到 2006 年底,4 台机组脱硫系统和烟塔合一工程全部投入运行,华能北京热电厂成为我国首个可取消烟囱的火电厂,该项工程是亚洲首个烟塔合一工程。其中,三河电厂是第一个采用国产化烟塔合一技术的机组。

目前,烟塔合一技术在淡水冷却塔上得到了很好的应用。如果将烟塔合一技术应用于沿海发电工程中，以海水作为循环冷却补充水的海水冷却塔，则称为烟塔合一海水冷却塔。海水冷却塔和烟塔合一海水冷却塔在我国的起步与环境保护是分不开的，二者在基本形式上和普通的冷却塔没有区别，但是塔内流动气流的性质发生了变化，将对冷却塔通风筒壳体的混凝土产生不利的影响。

我国烟塔合一海水冷却塔结构的设计、施工、运行尚处于起步阶段，技术研究、设计经验、工程实践均较少，仍无规范可遵循。课题组成员虽然未进行过烟塔合一海水冷却塔的防腐蚀试验研究，但进行过华能陕西秦岭发电有限公司的"排烟间接空冷塔防腐蚀试验研究"，在该课题中针对空冷塔不同部位所处的运行环境和不同外界风条件下，通过数值分析，确定了烟气排放污染物特别是 SO_x 和 CO_x 对塔筒的影响范围，并结合分析结果，确定各部位的环境作用等级。根据上述结果，提出了适合该工程的防腐涂层材料种类，并进行了涂层的比选试验，该项目获得的成果获得业主的肯定和好评。因此，该课题的成果和试验经验对于本项目烟塔合一海水冷却塔的混凝土结构材料及防腐蚀研究具有很好的借鉴意义。

4.5.2　工程条件分析

4.5.2.1　寒冷地区海水冷却塔的气象条件

某海水冷却塔地处暖温带，属于温带季风气候，四季分明。冬季寒冷干燥，夏季炎热多雨，春秋两季比较温和。本地区多年平均气温为 12.5℃，一月份平均气温 –4.0℃，七月份平均气温为 26.0℃。降雨主要受太平洋东南季风影响，一般雨量偏丰，多年平均降雨量为 592.1mm，但年际变化量大，年最大降雨量可达 1343.5mm，年最小降雨量仅 300mm，相差约 4.5 倍；并且年内降雨量分配极不均匀，降雨主要集中在 6~8 月份，约占全年降雨量的 70%~80%。

该地区气象站站址海拔高度为 6.6m，是距离工程地点最近的气象站，对工程地点具有较好的代表性。该站始建于 1956 年，存有较长的资料数据，本次采用该气象站资料进行统计，累年最冷月月平均气温的平均值及近 10 年最多冻融交替循环次数统计见表 4-14，历年最冷月月平均气温统计见表 4-15。

表 4-14　气象站气象要素统计成果表

项目	统计值	统计年限	单位
累年最低气温月月平均气温的平均值	–3.8	1960~2009	℃
近 10 年最多冻融交替循环次数	3	1999~2000 2001~2002 2003~2004	次

表 4-15　气象站历年最冷月月平均气温

年份	月份	平均气温（℃）	年份	月份	平均气温（℃）
1960	1	−4.4	1985	1	−5
1961	1	−4.2	1986	1	−4.1
1962	1	−3.6	1987	1	−4.1
1963	1	−5.3	1988	1	−3.6
1964	2	−5.4	1989	1	−2.2
1965	1	−3.1	1990	1	−5.2
1966	1	−4.6	1991	1	−3
1967	12	−5.7	1992	1	−2.8
1968	1	−5.5	1993	1	−3.7
1969	1	−6.1	1994	1	−2.4
1970	1	−5.6	1995	1	−1.8
1971	1	−4.1	1996	1	−3
1972	1	−4.2	1997	1	−4
1973	1	−3	1998	1	−3.8
1974	1	−3.9	1999	1	−1.6
1975	1	−2.9	2000	1	−5.1
1976	1	−4	2001	1	−4.2
1977	1	−7	2002	12	−1.9
1978	1	−3.2	2003	1	−3.3
1979	1	−3.6	2004	1	−2.3
1980	1	−4.5	2005	1	−2.9
1981	1	−5.4	2006	1	−1.8
1982	1	−4.6	2007	1	−2.1
1983	1	−3	2008	1	−2.9
1984	1	−5.5	2009	1	−2.4

4.5.2.2　地下水、土腐蚀性分析

厂区浅层地下水位埋深为 0.40～1.20m（标高为 1.99～2.65m），年变幅在 0.5m 左右。场地土腐蚀性离子含量分析，主要离子含量见表 4-16。为最终判定拟建厂区范围内浅层地下水对建筑材料的腐蚀性，曾于 2009 年 1 月、3 月和 7 月先后三次取 9 件地下水试样进行了腐蚀性分析，结果见表 4-16。

表 4-16　场地土腐蚀性分析成果表

土样编号	取土深度	离子含量（mg/kg）					
		SO_4^{2-}	Mg^{2+}	NH_4^+	OH^-	Cl^-	矿化度
C10-1	0.00m	4778.9	860.6	0	0	11345.0	25280.6
C10-2	0.25m	893.0	264.4	0	0	5885.2	11076.8
C10-4	1.00m	2885.7	824.2	0	0	15953.9	30941.2
C10-5	1.50m	3137.9	1086.7	0	0	20917.3	38783.6
C10-6	2.00m	2946.3	902.0	0	0	19853.7	37498.1
C10-7	2.50m	3897.8	860.6	0	0	24994.4	47165.3

4.5.2.3　海水水质

该电厂海水水源取自渤海，沉淀后送至冷却塔，海水水质检测报告，见表4-17。循环水系统浓缩倍率暂按 1.8~2.0，冷却塔内涂料工作温度 -10℃~60℃，沟道内水流速最高为 3m/s，淋水构件承受最高 15m 水头的水流冲刷。

表 4-17　海水水质检测报告

序号	检测项目	单位	检测结果
1	钙	mg/L	380.59
2	镁	g/L	1.20
3	钠	g/L	9.86
4	钾	mg/L	329.40
5	硫酸盐	g/L	2.63
6	氯离子	g/L	17.83
7	溶解总固体	g/L	31.67

4.5.2.4　烟气成分及其对混凝土结构的腐蚀作用

进入水塔烟气量及成分见表4-18。

表 4-18　烟气参数

项目	成分	单位	设计煤种	校核煤种
标准状态湿基	CO_2	Vol%	12.463	12.626
	O_2	Vol%	5.411	5.464
	N_2	Vol%	73.770	74.504
	H_2O	Vol%	8.251	7.327
标准状态干基	CO_2	Vol%	13.585	13.623
	O_2	Vol%	5.898	5.896
	N_2	Vol%	80.410	80.391
标准状态 $\alpha=1.4$	CO_2	Vol%	13.402	13.44
	O_2	Vol%	6.100	6.099
	N_2	Vol%	80.384	80.368

烟气中 SO_2 含量为 263.02mg/Nm^3，粉尘含量为 29.68mg/Nm^3，排烟温度约为 49.08℃，还有大量的一氧化碳、一氧化硫等有害成分，即使是湿法脱硫后的净烟气，仍含有一定量的二氧化硫（SO_2）、三氧化硫（SO_3）、一氧化氮（NO）、氯化物（XCl）、二氧化碳（CO_2）等有害气体。湿法脱硫后的净烟气进入冷却塔后在塔内上升过程中与饱和热湿空气接触，部分水蒸气遇冷凝结成雾滴，其中一些雾滴会在冷却塔塔壁上聚集成较大的液滴，这些液滴因含有烟气所带的酸性气体而呈现出较强的酸性（pH 值最高可达 1）。

4.5.3　海水冷却塔的环境类别和作用等级分析

4.5.3.1　基于《混凝土结构耐久性设计规范》的腐蚀环境分析

根据《混凝土结构耐久性设计规范》（GB/T 50476—2008）对海水冷却塔混凝土环境作用等级进行分析。规范中对混凝土结构所处的腐蚀环境进行分类，并划分了腐蚀环境对混凝土结构的作用等级，具体见表 4-1 ~ 表 4-4。

考虑海水冷却塔结构及腐蚀环境的复杂性，将冷却塔分为四个部分，并对每个部分进行腐蚀等级评定。

（1）除水器以上塔筒内壁部分

海水冷却塔除水器以上塔筒内壁部分为湿热水蒸气盐雾环境，腐蚀较重。海洋氯化物环境对混凝土的作用等级应按重度盐雾区考虑（III-E）。化学腐蚀环境对海水冷却塔塔筒内壁部分混凝土的作用等级应按含盐大气考虑（V-C）；对于烟塔合一海水冷却塔，蒸汽中含有大量的无机酸，pH 值甚至小于 1，因此化学腐蚀环境对海水冷却塔塔筒内壁部分混凝土的作用等级应按 V-E 考虑。海水冷却塔所处地区最冷月份平均气温 –3.8℃，为寒冷地区，但是海水冷却塔工作环境温度较高，正常工作时，筒体基本不存在受冻问题，只有冬季停产检修时才有可能受冻，考虑到筒体内部有涂层作用和冻融频率不会太高，因此暂按 II-C 考虑。海水冷却塔除水器以上塔筒内壁环境分析见表 4-19。

表 4-19　除水器以上塔筒内壁环境分析

冷却塔形式	环境类别	环境作用等级	腐蚀条件
普通海水冷却塔	海洋氯化物环境	III-E	海水盐雾腐蚀作用
	化学腐蚀环境	V-C	含盐大气的腐蚀作用
	冻融环境	II-C	考虑冬季频繁检修情况
烟塔合一海水冷却塔	海洋氯化物环境	III-E	海水盐雾腐蚀作用
	化学腐蚀环境	V-E	冷凝液的酸腐蚀作用 pH≤4.5
	冻融环境	II-C	考虑冬季频繁检修情况

（2）除水器以下塔筒内壁部分

该部分主要包括筒内壁、环梁、人字柱、水槽，淋水构架，为盐雾、飞溅、冲刷环境，腐蚀比海洋浪溅区严重。海洋氯化物环境对混凝土的作用等级应按浪溅区考虑（III-F）。海水中的硫酸盐约为 2.63g/L，循环水系统浓缩倍率暂按 1.8～2.0，因此化学腐蚀环境对海水冷却塔塔筒内壁部分混凝土的作用等级应按 V-D 考虑；对于烟塔合一海水冷却塔，蒸汽中含有的无机酸，会导致海水溶液的 pH 值降低，甚至小于 4.5，因此化学腐蚀环境对海水冷却塔塔筒内壁部分混凝土的作用等级也应按 V-D 考虑。冻融环境仍按 II-C 考虑。海水冷却塔除水器以下塔筒内壁部分环境分析见表4-20。

表4-20　除水器以下塔筒内壁环境分析

冷却塔形式	环境类别	环境作用等级	腐蚀条件
普通海水冷却塔或烟塔合一海水冷却塔	海洋氯化物环境	III-F	浓缩海水腐蚀作用
	化学腐蚀环境	V-D	浓缩海水中的硫酸盐腐蚀作用
	冻融环境	II-C	考虑冬季频繁检修情况

（3）塔筒外壁

由于建设区离海岸约5km，为一般大气区，主要为碳化作用和冻融作用，腐蚀较轻，其环境分析见表4-21。

表4-21　塔筒外壁环境分析

冷却塔形式	环境类别	环境作用等级	腐蚀条件
普通海水冷却塔或烟塔合一海水冷却塔	一般环境	I-C	碳化作用
	盐雾环境	III-D	距离水池表面15m以下部位
	冻融环境	II-C	考虑冬季频繁检修情况

（4）环基部分

环基部分内壁全浸海水，可按海水水下区考虑，外壁与土壤接触，通常腐蚀轻，但考虑到盐渍土环境和地下水中的氯离子和硫酸根含量较高，因此腐蚀作用相当严重。地下水的 pH 为 6.87～7.60，水中 SO_4^{2-} 离子含量为 135.0～8396.5mg/L，Cl^- 离子含量为 13188.5～65230.7mg/L，Mg^{2+} 离子含量为 265.0～5047.2mg/L，总矿化度为 23109.0～114915.2mg/L。场地土的 pH 值为 8.23～8.32，SO_4^{2-} 离子含量在 893.0～4778.9mg/kg 之间，Cl^- 离子含量在 5885.2～24994.4mg/kg 之间，Mg^{2+} 离子含量在 267.4～1086.7mg/kg 之间，总矿化度在 11076.8～47165.3mg/kg 之间。冷却塔环基部分的环境分析见表4-22。

表 4-22 环基部分环境分析

冷却塔形式	环境类别	环境作用等级	腐蚀条件
普通海水冷却塔或烟塔合一海水冷却塔	海洋氯化物环境	III-C IV-C	水下区和土中区，周边永久浸没于海水或埋于土中
	化学腐蚀环境	V-D	无干湿交替的高浓硫酸盐腐蚀作用
	冻融环境	II-D	部分位于冰冻线以上；寒冷地区的有盐环境混凝土高度保水

4.5.4 海水冷却塔混凝土结构耐久性设计参数的确定

根据上述对海水冷却塔所处的环境技术条件及各部位环境作用等级分析，结合《混凝土结构耐久性设计规范》（GB/T 50476—2008），混凝土耐久性要求见表 4-23。

表 4-23 海水冷却塔混凝土耐久性要求

冷却塔部位	冷却塔形式	环境作用等级	耐久性要求		
			强度等级	最大水胶比	最小保护层厚度（mm）
除水器以上筒体	普通海水冷却塔	III-E	C45 ≥C50	0.40 0.36	55 50
		V-C	C40 ≥C45	0.45 0.40	40 35
		II-C	C45	0.40	30
	烟塔合一海水冷却塔	III-E	C45 ≥C50	0.40 0.36	55 50
		V-E	C50	0.36	40
		II-C	C45	0.40	30
除水器以下筒体（含筒体、环梁、人字柱、淋水构架）	普通海水冷却塔或烟塔合一海水冷却塔	III-F	C50 ≥C55	0.36 0.36	65 60
		V-D	C45 ≥C50	0.40 0.36	45 40
		II-C	C45	0.40	30
塔筒外壁	普通海水冷却塔或烟塔合一海水冷却塔	I-C	C35 C40 ≥C45	0.50 0.45 0.40	35 30 25
		III-D	C40	0.42	50
		II-C	C45	0.40	30

续表

冷却塔部位	冷却塔形式	环境作用等级	耐久性要求		
			强度等级	最大水胶比	最小保护层厚度（mm）
环基	普通海水冷却塔或烟塔合一海水冷却塔	IV-C	C40	0.42	
		V-D	C45	0.40	
			≥C50	0.36	
		II-D	Ca35（引气）	0.50	

根据表 4-23，对冷却塔的耐久性设计参数原则如下：

（1）海水冷却塔的使用寿命按照 50 年考虑；

（2）依据标准为《混凝土结构耐久性设计规范》（GB/T 50476—2008）；

（3）将海水冷却塔划分除水器以上筒体、除水器以下筒体和环基三大部分；

（4）多种环境因素作用时，按照最强作用等级考虑；

（5）塔筒内壁、环梁、人字柱、水槽、淋水构架有涂料保护作用，相应部位的混凝土保护层厚度相应减少 5～10mm，但是保护层厚度是指所有钢筋外侧至混凝土表面的厚度。冷却塔混凝土材料指标如下：

①塔筒：C40、F250、W10；

②人字柱、人字柱支墩：C45、F250、W10；

③淋水构架、中央竖井、压力水沟：C45、F250、W8；

④环基、水池：C45、F200、W8 大掺量矿物掺合料混凝土。

考虑工程造价和多重防护措施的共同作用，在系统的科研工作基础上最终确定海水冷却塔混凝土主要耐久性参数如下：

除水器以上部分的筒体混凝土采用了 C40 的大掺量矿物掺合料混凝土，混凝土最小保护层厚度内侧为 45mm、外侧为 30mm，28d 氯离子扩散系数 $D_{RCM} \leq 6 \times 10^{-12} m^2/s$；人字柱、人字柱支墩、淋水构架、中央竖井、压力水沟及除水器以下部分的筒体混凝土采用配合比 C45 的大掺量矿物掺合料混凝土，混凝土最小保护层厚度筒壁外侧（15m 以下）50mm、其他部分为 55mm，28d 氯离子扩散系数 $D_{RCM} \leq 6 \times 10^{-12} m^2/s$；环基、水池等部位混凝土采用配合比 C45 的大掺量矿物掺合料混凝土，混凝土最小保护层厚度为 45mm，28d 氯离子扩散系数 $D_{RCM} \leq 10 \times 10^{-12} m^2/s$。

第5章　自密实混凝土

5.1　自密实混凝土简介

自密实混凝土（Self-Compacting Concrete，简称为 SCC）又称自流平混凝土、免振捣混凝土，是一种在浇筑时不需要振捣，仅通过自重即能充满配筋密集的模板，并且保持良好匀质性的混凝土。SCC 被认为是几十年来结构工程最具革命性的进步，其工作性较同水灰比的振动密实混凝土明显提高。自密实混凝土技术可以达到如下技术效果：

①易于浇筑，施工快速，减少现场人力，提高劳动生产率，降低工程费用；

②可以改善混凝土工程的施工环境，减少噪声对环境的污染；

③设计灵活，减小混凝土断面，达到更好的表面装饰效果，满足特殊施工需要，如钢筋密集、截面复杂而间隙过于狭窄等情况。

SCC 可用于预制混凝土工程或现浇混凝土工程；可以现场搅拌生产也可以由预拌混凝土公司生产并用卡车运送到现场。它可以通过泵送或倾倒的方式浇筑到水平或竖直的结构中。

自密实混凝土所用原材料与普通混凝土基本相同，而有所区别的是必须选择合适的骨料粒径（一般不超过 20mm）、砂率，并掺入大量的超细物料与适当的高效减水剂及其他外加剂，如提高稳定性的黏度调节剂、提高抗冻融能力的引气剂、控制凝结时间的缓凝剂等等，有时其中还会使用钢纤维来提高混凝土的机械性能（如抗弯强度、韧度），使用聚合物纤维来减小离析和塑性收缩并提高耐久性。

自密实高性能混凝土成本比普通高性能混凝土要高，配比设计要考虑的因素也较为复杂。SCC 技术最初从 20 世纪 80 年代起在日本获得发展，现在，已经引起了整个世界的关注，无论是预制还是现浇混凝土工程中都有应用。

5.1.1　工作性

5.1.1.1　自密实混凝土工作性的特点及测试方法

自密实混凝土工作性的特点是具有良好的穿透性能、充填性能和抗离析性能。在 SCC 的配合比设计中，所有三个工作性参数都要被评估，以保证所有方面都符合要求。适宜测试自密实混凝土的工作性的各种方法见表 5-1。

表 5-1　自密实混凝土测试方法

方法	测试项目	性能	数值范围	
			最小	最大
坍落流动度法	坍落流动度（mm）	充填性能	650	800
T_{50cm} 坍落流动度法	T_{50cm}（s）	充填性能	2	7
V 型漏斗法	流出时间（s）	充填性能	8	12
Orimet 测试法	流出时间（s）	充填性能	0	5
J-环法	高度差（mm）	穿透性能	0	10
L 型仪法	h_2/h_1	穿透性能/充填性能	0.8	1.0
U 型仪法	$h_2 \sim h_1$（mm）	穿透性能	0	30
填充仪法	填充系数（%）	穿透性能/充填性能	90	100
V 型漏斗 - T_{5min} 法	T_{5min}（s）	抗离析性能	0	+3
筛稳定性仪法	离析率（%）	抗离析性能	0	15

中国建设工程标准化协会制定的《自密实混凝土应用技术规程》（CECS203）采用了坍落扩展度试验、V 型漏斗试验（或 T50 试验）和 U 形箱试验对自密实混凝土的自密实性能进行检测评价，将自密实性能分为三个等级，其指标应符合表 5-2 的要求。其中，一级适用于钢筋的最小净间距为 35~60mm、结构形状复杂、构件断面尺寸小的钢筋混凝土结构物及构件的浇筑；二级适用于钢筋的最小净间距为 60~200mm 的钢筋混凝土结构物及构件的浇筑；三级适用于钢筋的最小净间距 200mm 以上、断面尺寸大、配筋量少的钢筋混凝土结构物及构件的浇筑，以及无筋结构物的浇筑。

表 5-2　混凝土自密实性能等级指标

性能等级	一级	二级	三级
U 型试验填充高度（mm）	320 以上（隔栅型障碍 1 型）	320 以上（隔栅型障碍 2 型）	320 以上（无障碍）
坍落扩展度（mm）	700±50	650±50	600±50
T50（s）	5~20	3~20	3~20
V 型漏斗通过时间（s）	10~25	7~25	4~25

5.1.1.2　自密实混凝土工作性的调整

当采用上述工作性测试方法检测，如果超出标准范围太大时，说明混凝土的工作性存在缺陷，可以通过下述途径来调整自密实混凝土的工作性：

（1）黏度太高。提高用水量，提高浆体量，增加高效减水剂用量；

（2）黏度太低。减少用水量，减少浆体量，减少高效减水剂用量，掺加增稠剂，增加粉料用量，增加砂率；

（3）屈服值太高。增加高效减水剂用量，增加浆体的体积；

（4）离析。增加浆体的体积，降低用水量，增加粉剂；

（5）坍落度损失太大。用水化速度较慢的水泥，加入缓凝剂，选用其他减水剂；

（6）堵塞。降低骨料最大粒径，增加浆体体积。

5.1.2　结构与性能

混凝土组成是影响其微观结构的主要因素，而混凝土微观结构与其宏观性能存在直接的相关性。研究结果表明：自密实混凝土的总孔隙率、孔径分布、临界孔径与高性能混凝土相似；而自密实混凝土中的氢氧化钙含量明显不同于高性能混凝土、普通混凝土。自密实混凝土中骨料与基体过渡区的宽度大约为 30～40，与普通混凝土基本相同。同时发现，自密实混凝土中骨料上方过渡区与骨料下方过渡区的弹性模量几乎相当。而普通混凝土中骨料上、下方过渡区的弹性模量则差别明显。总之，自密实混凝土具有更为密实、均一的微观结构，这对于自密实混凝土的耐久性能具有重要作用。

5.1.2.1　力学性能

硬化混凝土的性能取决于新拌混凝土的质量、施工过程中振捣密实程度、养护条件及龄期等。与普通混凝土相比，自密实混凝土由于具有优异的工作性能，其硬化混凝土的力学性能将能得到保证，其不同部位混凝土强度的离散性要小于普通振捣混凝土构件。

在水胶比相同条件下，自密实混凝土的抗压强度、抗拉强度与普通混凝土相似，强度等级相同的自密实混凝土的弹性模量与普通混凝土的相当。通过拔出实验，研究自密实混凝土中不同形状钢纤维的拔出行为发现：由于自密实混凝土明显改善了钢纤维与基体之间的过渡区结构，使得自密实混凝土中钢纤维的粘结行为明显好于普通混凝土中的情况。另外，与相同强度的高强混凝土相比，虽然自密实混凝土与普通高强混凝土一样呈现出较大的脆性，但自密实混凝土的峰值应变明显偏大，这表明自密实混凝土具有更高的断裂韧性。

5.1.2.2　体积稳定性

自密实混凝土由于浆体含量相对较多，并且粗骨料的最大粒径较小，因而其体积稳定性成为关注的重点之一。研究表明：自密实混凝土的水胶比是影响其收缩、徐变的主要影响因素，矿物掺合料的细度对其收缩与徐变无显著影响；水泥强度等级虽对其收缩无影响，但不可忽视其对自密实混凝土基本徐变和干燥徐变的影响作用；此外，环境条件对自密实混凝土的徐变变形影响显著。一般而言，自密实混凝土采用低水胶比以及较大掺量的矿物掺合料等合理的配合比设计，其体积稳定性可以得到较好地控制。

5.1.2.3 耐久性能

随着混凝土结构耐久性问题的日益突出，自密实混凝土的耐久性能也成为关注的焦点。相关研究表明：相同条件下，不管是引气或非引气自密实混凝土均具有更高的抗冻融性能；自密实混凝土中氯离子的渗透深度要比普通混凝土的小；自密实混凝土由于含有更多的胶凝材料，导致其水化放热增大，且最大放热峰出现更早，矿物掺合料掺入后可以避免过大的水化放热。

5.1.3 配合比设计基本原则

自密实混凝土配合比应首先满足结构物的结构条件、施工条件以及环境条件对混凝土自密实性能的要求，并综合考虑强度、耐久性和其他必要性能，提出实验配合比。宜采用增加粉体材料用量和选用优质高效减水剂或高性能减水剂的措施，改善浆体的粘性和流动性。对于某些低强度等级的自密实混凝土，仅靠增加粉体量不能满足浆体粘性时，可通过试验确认后适当添加增粘剂。自密实混凝土的配合比计算应采用绝对体积法。

1）粗骨料的最大粒径和单位体积粗骨料用量

（1）粗骨料最大粒径不宜大于 20mm；

（2）单位体积粗骨料用量可参照表 5-3 选用。

表 5-3 单位体积粗骨料用量

混凝土自密实性能等级	一级	二级	三级
单位体积粗骨料绝对体积（m³）	0.28~0.30	0.30~0.33	0.32~0.35

2）单位体积用水量、水粉比和单位体积粉体量

（1）单位体积用水量、水粉比（单位体积混凝土中，拌合水与粉体的体积之比）和单位体积粉体量的选择，应根据粉体的种类和性质以及骨料的品质进行选定，并保证自密实混凝土所需的性能；

（2）单位体积用水量宜为 155~180kg；

（3）水粉比根据粉体的种类和掺量有所不同。按体积比控制，宜取 0.80~1.15；

（4）根据单位体积用水量和水粉比计算得到单位体积粉体量。单位体积粉体量宜为 0.16~0.23m³；

（5）自密实混凝土单位体积浆体量宜为 0.32~0.40m³。

3）含气量

自密实混凝土的含气量应根据粗骨料最大粒径、强度等级、混凝土结构的环境条件等因素确定，宜为 1.5%~4.0%。有抗冻要求时，应根据抗冻性确定新拌混凝土的含气量。

4）单位体积细骨料量

单位体积细骨料量应由单位体积粉体量、骨料中粉体含量、单位体积粗骨料量、单位体积用水量和含气量确定。

5）单位体积胶凝材料体积用量

单位体积胶凝材料体积用量可由单位体积粉体量减去惰性粉体掺合料体积量以及骨料中小于 0.075mm 的粉体颗粒体积量确定。

6）水胶比与理论单位体积水泥用量

应根据工程设计的强度计算出水胶比，并得到相应的理论单位体积水泥用量。

7）实际单位体积活性矿物掺合料量和实际单位体积水泥用量。

应根据活性矿物掺合料的种类和工程设计强度确定活性矿物掺合料的取代系数，然后通过胶凝材料体积用量、理论水泥用量和取代系数计算出实际单位体积活性矿物掺合料量和实际单位体积水泥用量。

8）水胶比

应根据单位体积用水量、实际单位体积水泥用量以及单位体积活性矿物掺合料量计算出自密实混凝土的水胶比。

9）外加剂掺量

高效减水剂和高性能减水剂等外加剂掺量应根据所需的自密实混凝土性能经过试配确定。

按照上述步骤和范围，计算出几组配合比进行试配，评价其流变性能，检验其强度，从中选择出符合设计要求的合适的配合比。

5.2 国内外自密实混凝土研究及应用现状

5.2.1 国外研究及应用现状

自密实混凝土因其具有高流动性，不需振捣就能达到密实的效果，减少了因振捣成型而产生的噪声污染，提高了劳动效率，缩短了工期，减少了施工人员及工时数，降低了大量的劳动成本等优点，世界各国各大研究院校从此掀起了一股研究自密实混凝土的热潮，对自密实混凝土材料的物理化学性能、流变性能、力学性能和耐久性性能等进行了研究，并将研究成果纳入到相应的设计施工指南和手册中。经过十几年的发展，在日本、美国、德国、加拿大和英国等西方发达国家，自密实混凝土已得到普遍应用，使用量已占混凝土全部产量的 30% ~ 40%。

对于自密实混凝土的配制方法，一般认为有以下三种：

粉体系：高性能（AE）减水剂 + 水 + 细骨料 + 粗骨料 + 粉体（水泥 + 石灰石粉、矿渣微粉、粉煤灰、硅灰等）。根据粉体成分又可以分为一成分系（粉体仅水泥）；二成分系（粉体有水泥和一种掺合料）；三成分系（粉体有水泥和两种掺合料）。

增粘剂系：高性能（AE）减水剂 + 水 + 细骨料 + 粗骨料 + 水泥 + 增粘剂。

并用系：高性能（AE）减水剂 + 水 + 细骨料 + 粗骨料 + 水泥 + 粉体 + 增粘剂。

从实际应用情况看，由于增粘剂本身的性能尚不够完善，目前自密实混凝土主要以第一种粉体系为其配制的理论基础，即目前较多使用的"双掺"技术。

自密实混凝土对原材料的要求很高，而原材料具有很强的地域性，这就涉及到自密实混凝土配合比设计方法的问题。目前自密实混凝土的配合比设计方法有很多种，但是各自都具有一定的针对性和局限性，而没有一种通用的设计方法。

目前已研发成功的自密实混凝土种类有：建筑自密实混凝土、高强自密实混凝土、大体积自密实混凝土、预制轻质自密实混凝土、补偿收缩自密实混凝土、自密实钢纤维混凝土和再生骨料自密实混凝土等。

5.2.2　国内研究及应用现状

我国自密实混凝土的研究起步相对较晚，始于 1993 年。随着建筑业人士对自密实混凝土优越性认识的加深，我国研究人员对自密实混凝土进行了广泛的研究。在我国普通住宅使用自密实混凝土的案例很少，主要是因为很多建筑商认为自密实混凝土的胶凝材料用量多会提高建设成本，而未考虑自密实混凝土的应用能减少工人数量和工时，提高劳动效率，加快施工进度，不仅能抵消胶凝材料多而增加的费用而且使总的费用降低；另一个原因是我国自密实混凝土的配制技术还处于较低的水平，导致自密实混凝土的某些性能不稳定，很多的混凝土搅拌站还没有独立生产高性能自密实混凝土的能力。但是在大型建筑或特殊用途的建筑中自密实混凝土的使用较多，如厦门怡山商业中心工程采用了 C60 钢管自密实混凝土；跨沪宁铁路和京杭大运河的锡宜高速公路京杭运河大桥采用了 C50 自密实微膨胀混凝土；深圳南方国际广场使用了 C100 自密实钢管混凝土；武汉国际会展中心，其主楼中庭轴的钢管混凝土使用了 C40 高保塑自密实混凝土；窄口水库泄洪洞衬砌工程，施工竖井垂直高度达到 70m，是典型的施工空间狭小、地形复杂的隧洞衬砌工程，在施工中使用了自密实混凝土；武昌地区的标志性建筑—武汉保利文化广场使用了 5000m³C50 ~ C60 的自密实混凝土；青岛极地海洋世界工程的风帆中钢筋数量大且密集，施工中采用了自密实混凝土；长江三峡二期工程在大坝压力钢管槽回填及电站厂房三期衬管回填、右岸大坝引水压力管道槽回填和泄洪坝段导流底孔封堵中使用了自密实混凝土；青岛体育中心综合训练馆的预应力梁、广州西塔工程、宁波博物馆和润扬长江公路大桥北锚碇基础等等都使用了自密实混凝土。

5.3　自密实混凝土工作性评价方法

自密实混凝土工作性国内外的评价指标和试验方法很多（表5-4、表5-5），难以用一种指标来全面反映混凝土拌合物的工作性。根据《自密实混凝土应用技术规程》（CECS 203—2006）和《自密实混凝土设计与施工指南》（CCES 02—2004）中的规定，我国的自密实高性能混凝土的工作性应包含流动性、抗离析性（segregation resistance）、填充性（filling ability）和间隙通过性（passing ability）4 类。

表 5-4　不同标准自密实性能指标

国别	性能指标
英国标准	坍落扩展度、粘聚性、间隙通过性、抗离析性
日本标准	U 型槽填充高度、流动性、抗离析性、抗离析性
欧洲指南	流动性/填充性、粘聚性、间隙通过性、抗离析性
欧洲规程	填充性、间隙通过性、抗离析性
中国标准化协会标准	填充性、流动性、抗离析性
中国土木学会指南	填充性、间隙通过性、抗离析性
台湾标准	U 型槽填充高度、流动性、抗离析性

表 5-5　不同标准自密实混凝土自密实性能测试方法

标准	测试方法
英国标准	坍落扩展度、T_{50}、V 型漏斗、L 型仪、J 环、筛析法
日本标准	坍落扩展度、U 型仪、V 型漏斗、T_{500}
欧洲规程	坍落扩展度、T_{50}、V 型漏斗、J 环、Orimet 漏斗、L 型仪、U 型仪、填充箱、GMT 法
欧洲指南	坍落扩展度、方筒箱、T_{500}、V 型漏斗、O 型漏斗、Orimet 漏斗、L 型仪、U 型仪、J 环、筛析法、针入度、静态沉降柱等
美国标准	坍落扩展度、T_{500}、J 环、静态沉降柱
中国标准化协会标准	坍落扩展度、U 型仪、V 型漏斗、T_{50}
中国土木学会指南	坍落扩展度、T_{500}、L 型仪、U 型仪、拌合物跳试试验
台湾标准	坍落扩展度、U 型仪、V 型漏斗、T_{50}

5.3.1　自密实混凝土拌合物流动性评价方法

5.3.1.1　坍落扩展度试验

自密实混凝土拌合物的流动性可以用坍落度试验来表征。自密实混凝土拌合物的坍落度试验按《普通混凝土拌合物性能测试方法》（GB/T 50080—2002）标准测定，但不分层插捣。混凝土试件成型时，不经振动成型，将混凝土拌合物在1m 高度处自由落入模具内，装满即可。

坍落度是用来评价混凝土拌合物流动性的最常用的方法，但是当混凝土拌合物的坍落度大于 250mm 时，就无能为力了。因此，《自密实混凝土应用技术规程》（CECS 203—2006）规定可以采用坍落扩展度方法测量高流动性的混凝土的流动性。

1）仪器应符合的要求

混凝土坍落度筒应符合现行行业标准《混凝土坍落度仪》（JG 3021）相关规定。底板应为硬质不吸水的光滑正方形平板，边长为 1000mm，最大挠度不超过 3mm。在平板表面标出坍落度筒的中心位置和直径分别为 500mm、600mm、700mm、800mm 及 900mm 的同心圆，如图 5-1 所示。

2）试验步骤

（1）润湿底板和坍落度筒，在坍

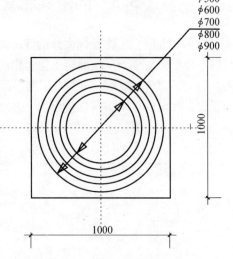

图 5-1 坍落扩展度测试

落度筒内壁和底板上应无明水；底板应放置在坚实的水平面上，并把筒放在底板中心，然后用脚踩住两边的脚踏板，坍落度筒在装料时应保持在固定的位置。

（2）在混凝土拌合物不产生离析的状态下，利用盛料容器一次性使混凝土拌合物均匀填满坍落度筒。自开始入料至填充结束应在 1.5min 内完成，且不施以任何捣实或振动。

（3）用刮刀刮除坍落度筒顶部及周边混凝土余料，使混凝土与坍落度筒的上缘齐平后，随即将坍落度筒沿铅直方向匀速地向上快速提起 300mm 左右的高度，提起时间宜控制在 2s 左右。待混凝土停止流动后，测量展开圆形的最大直径，以及与最大直径呈垂直方向的直径，测定直径时量测一次即可。自坍落度筒提起至测量拌合物扩展直径结束应控制在 40s 内完成。

（4）测定扩展度达 500mm 的时间 T_{50} 时，应自坍落度筒提起离开地面时开始，至扩展开的混凝土外缘初触平板上所绘直径 500mm 的圆周为止，以秒表测定时间，精确至 0.1s。

（5）混凝土的扩展度为混凝土拌合物坍落扩展终止后扩展面相互垂直的两个直径的平均值，测量精确至 1mm，结果修约至 5mm。观察最终坍落后的混凝土状况，如发现粗骨料在中央堆积或最终扩展后的混凝土边缘有较多水泥浆析出，表示此混凝土拌合物抗离析性不好。

5.3.1.2　坍落度与坍落扩展度的关系

坍落度和坍落扩展度试验结果可作混凝土拌合物初步控制用。坍落扩展度与坍落度存在一定的关系，一般而言，坍落扩展度随着坍落度的增大而增大。为了研究坍落扩展度和坍落度的关系，作者进行了以下试验：胶凝材料总量为 500kg/m³，以 P·O42.5 普通硅酸盐水泥和粉煤灰和矿粉为胶凝材料，粗骨料为 5～20mm 和 5～10mm 的碎石按 6:4 混合，砂为中砂，砂率为 50%，聚羧酸高效减水剂用量为胶凝材料总量的 1.5%。试验配合比和试验结果见表5-6。

表5-6　试验配合比与试验结果

水泥 （kg/m³）	矿粉 （kg/m³）	粉煤灰 （kg/m³）	碎石 （kg/m³）	砂 （kg/m³）	水灰比	坍落度 （mm）	坍落扩展度 （mm）
250	125	125	900	900	0.331	230	580
250	125	125	900	900	0.335	234	580
250	125	125	900	900	0.339	235	595
250	125	125	900	900	0.343	240	598
250	125	125	900	900	0.347	245	600
250	125	125	900	900	0.351	247	600
250	125	125	900	900	0.355	248	580
250	125	125	900	900	0.359	240	550
250	125	125	900	900	0.363	270	640
250	125	125	900	900	0.367	260	660
250	125	125	900	900	0.371	263	650
250	125	125	900	900	0.375	265	670
250	125	125	900	900	0.379	271	680
250	125	125	900	900	0.383	273	700
250	125	125	900	900	0.387	268	720
250	125	125	900	900	0.391	273	710

表5-6 表明，坍落度和坍落扩展度随着用水量的增加而增大，坍落度也随着坍落扩展度的增大而增大。自密实混凝土坍落度与坍落扩展度的关系曲线如图 5-2 所示。坍落扩展度与扩展度的关系曲线呈抛物线状，坍落扩展度随着坍落度的增大而增大，但增大的幅度越来越小；随着坍落度的增加曲线趋向于水平，坍落度当增大到一定值时将不再继续增大；混凝土坍落度为 260mm 时，

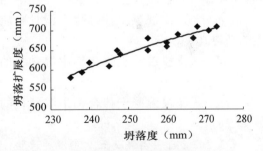

图 5-2　坍落度与坍落扩展度的关系

坍落扩展度为 650mm，此时的自密实混凝土的工作性最好。

5.3.2　自密实混凝土拌合物抗离析性评价方法

自密实混凝土拌合物中各种组分保持均匀分散的性能。抗离析性可采用跳桌

试验和 V 型漏斗试验结果来表征。

5.3.2.1　拌合物稳定性跳桌试验

跳桌试验设备：检测筒由硬质、光滑、平整的金属板制成，检测筒内径为 115mm，外径为 135mm，分三节，每节高度均为 100mm，并用活动扣件固定，如图 5-3 所示；跳桌振幅为 25 ± 2mm；辅助工具为抹刀、公称直径为 5mm 的方孔筛、台秤、天平、海绵和料斗等。

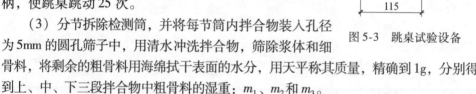

试验步骤：

（1）首先将自密实混凝土拌合物用料斗装入稳定性检测筒内，平至料斗口，垂直移走料斗，静置 1min，用抹刀将多余的拌合物除去并抹平，要轻抹，不允许压抹。

（2）将检测筒放置在跳桌上，每秒钟转动一次摇柄，使跳桌跳动 25 次。

（3）分节拆除检测筒，并将每节筒内拌合物装入孔径

图 5-3　跳桌试验设备

为 5mm 的圆孔筛子中，用清水冲洗拌合物，筛除浆体和细骨料，将剩余的粗骨料用海绵拭干表面的水分，用天平称其质量，精确到 1g，分别得到上、中、下三段拌合物中粗骨料的湿重：m_1、m_2 和 m_3。

（4）粗骨料振动离析率应按下式计算：

$$f_{\mathrm{m}} = \frac{m_3 - m_1}{\overline{m}} \times 100\% \qquad (5-1)$$

式中　f_{m}——粗骨料振动离析率（%），精确到 0.1%；

　　　$\overline{m}$——三段混凝土拌合物中湿骨料质量的平均值（g）；

　　　m_1——上段混凝土拌合物中湿骨料的质量（g）；

　　　m_3——下段混凝土拌合物中湿骨料的质量（g）。

5.3.2.2　自密实混凝土 V 型漏斗试验

该试验可用于测量自密实混凝土的粘稠性和抗离析性。

1）试验工具

V 型漏斗的形状如图 5-4 所示，漏斗的容量约为 10L，内表面加工修整呈平滑状。

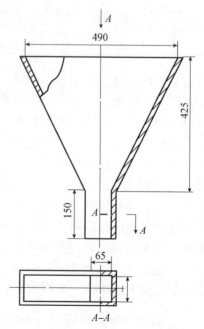

图 5-4　V 型漏斗的形状和尺寸

漏斗出料口部位应附设快速开启具有水密性的底盖。漏斗上端边缘为加工平整，

构造平滑。支撑漏斗的台架有调整装置，可以保证台架的水平且易于搬运。混凝土的投料容器为约 5L 容量附有把手的塑料桶，接料容器为约 12L 的水桶。其他设备如刮平混凝土的刮刀和精度 0.1 秒的秒表等。

2）试验方法

（1）V 型漏斗经清水冲洗干净后置于台架上，使其顶面水平，本体垂直状态，确保漏斗稳固，用拧过的湿布擦拭漏斗内表面，使其保持湿润状态。

（2）在漏斗出口下方放置承接混凝土的接料容器。混凝土试验填入漏斗前，先确认漏斗流出口的底盖是否关闭。

（3）用混凝土投料用容器承装混凝土试样，由漏斗上端平稳填入漏斗内至满。

（4）用刮刀沿漏斗上端将混凝土顶面刮平。

（5）混凝土顶面刮平，待静 1min 后，将漏斗出料口的底盖打开，用秒表测量自开盖到漏斗内混凝土全部流出的时间（t_0），精确至 0.1s，同时观察并记录混凝土是否阻塞。

此外，坍落扩展度不但是衡量混凝土拌合物流动性好坏的一个很直观的方法，而且从坍落扩展的过程中，可以目测混凝土拌合物抗离析能力。这是因为，扩展速度是通过从坍落度筒上提开始计时，流至直径为 500mm 时的时间来计量。由于要求很高，实际工程中难以准确测定。从流变力学的角度来看，扩展速度可以反映混凝土拌合物的黏度系数 η。

5.3.3　自密实混凝土拌合物填充性评价方法

自密实混凝土拌合物填充性是指自密实混凝土拌合物在无需振捣的情况下，能均匀密实成型的性能。混凝土填充性可采用坍落扩展度（SF）、T_{50} 扩展时间（《自密实混凝土设计与施工指南》中规定为流动时间 T_{500}。本书中统一使用 T_{50}）表征。T_{50} 扩展时间测试就是在进行坍落扩展度测试时将自坍落度筒提起时开始，至扩展开的混凝土外缘初触平板上所绘直径 500mm 的圆周为止，以秒表测定时间，精确至 0.1s。

此外，自密实混凝土填充性 U 型箱（U 型仪）也用来评定自密实混凝土拌合物的填充性。填充性可通过测量比较 U 形仪两腔混凝土的高度差来实现。当混凝土在 U 型仪中流动时，U 型仪底部的障碍钢筋可仿真现场实际构件中钢筋对自密实混凝土的阻碍作用。

（1）U 型箱试验工具要求

填充装置由一个容器组成，容器被中间的隔墙分为两个腔，箱的形状和尺寸如图 5-5 所示，材料为钢质或者有机玻璃，内表面平滑。两部分之间设一个带滑门的通道。在中间放置格栅式障碍，如图 5-6 所示。1 型为安装 10mm

的光圆钢筋，而 2 型为安装有直径为 13mm 的光圆钢筋，组成净间距为 35mm 的隔栅。

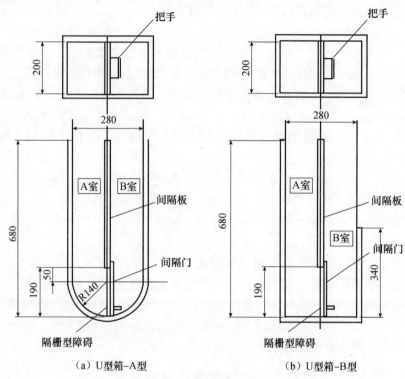

（a）U型箱-A型　　　　　　　　（b）U型箱-B型

图 5-5　U 型箱形状与尺寸

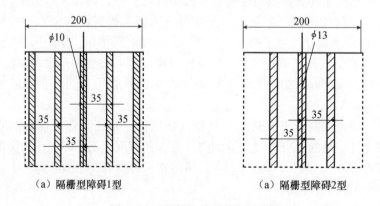

（a）隔栅型障碍1型　　　　　　　　（a）隔栅型障碍2型

图 5-6　U 型箱格栅形状与尺寸

（2）试验过程

试验需要大约 20L 混凝土，按照通常方法取样。将仪器水平放在坚硬地面上，确定滑门可以自由开关。湿润装置内表面，排除多余水后将装置的 A 箱充满混凝土静止 1min 提起滑门，使混凝土流入另外一边混凝土静止后，测量 B 箱体内的混凝土的填充高度 Bh（mm），精确至 1mm，在三个试验点测量后取评价值，整个试验要在 5min 内完成。

5.3.4　自密实混凝土间隙通过性

间隙通过性指自密实混凝土拌合物均匀通过狭窄间隙的性能。坍落度试验无法测试新拌混凝土的钢筋间隙通过性和充填性。间隙通过性可通过 J 环扩展试验和 L 形仪（H_2/H_1）试验进行检测。

5.3.4.1　J 环扩展度试验

1）仪器应符合下列要求

（1）J 环由钢或不锈钢制得，并由 16 个直径为 16mm 的圆钢组成，其尺寸应符合图 5-7 要求。

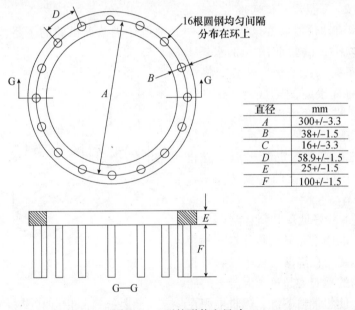

直径	mm
A	300+/−3.3
B	38+/−1.5
C	16+/−3.3
D	58.9+/−1.5
E	25+/−1.5
F	100+/−1.5

图 5-7　J 环的形状和尺寸

（2）混凝土坍落度筒应符合现行行业标准《混凝土坍落度仪》（JG 3021）中相关规定。

（3）底板为硬质不吸水的光滑正方形平板，边长为 1000mm，最大挠度不超过 3mm。

2）试验步骤

（1）润湿底板、J 环和坍落度筒，在坍落度筒内壁和底板上应无明水；底板应放置在坚实的水平面上，并把 J 环放在底板中心。

（2）将坍落度筒倒置在底板中心，并与 J 环同心。然后，将混凝土不分层一次填充至满。

（3）用刮刀刮除坍落度筒顶部及周边混凝土余料，使混凝土与坍落度筒的上缘齐平后，随即将坍落度筒沿铅直方向连续地向上提起 300mm 左右的高度，提起时间宜控制在 2s 左右。待混凝土停止流动后，测量展开圆形的最大直径，以及与最大直径呈垂直方向的直径，自开始入料至提起坍落度筒应在 1.5min 内完成。

（4）J 环扩展度为混凝土拌合物坍落扩展终止后扩展面相互垂直的两个直径的平均值，测量精确至 1mm，结果修约至 5mm。

（5）自密实混凝土间隙通过性性能指标（PA）结果为测得混凝土坍落扩展度与 J 环扩展度的差值。

（6）目视检查 J 环加筋杆附近是否有骨料堵塞的现象。

5.4.3.2　L 型流动仪试验

用 L 型流动仪流动性试验（图 5-8）克服了坍落度试验的不足，且受人为因素影响较小。试验前用自来水把 L 型流动仪润湿，置于水平位置，将混凝土拌合物置于距侧箱底部 1m 高度处，任其凭借自重装满侧箱，用抹刀抹平后上提隔板，使新拌混凝土通过钢筋间隙流出，测量混凝土流动静止后 L 型槽两端混凝土的高度 H_1、H_2，并计算 H_2/H_1。

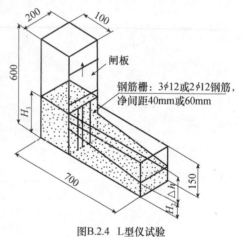

图B.2.4　L型仪试验

图 5-8　L 型仪的形状与尺寸

L 型仪能较好地反映新拌混凝土的工作性，当混凝土充满侧箱并打开侧箱活门后，混凝土在降落过程中，若粗骨料与砂浆间的剪应力超过了混凝土的屈服值，便会使粗骨料下沉，逐步堆积在立筒下部钢筋间隙附近，导致新拌混凝土不能很顺利地通过钢筋间隙而流出，L 型流动仪流动性试验在一定程度上反映了新拌混凝土通过钢筋间隙的能力，H_2/H_1 比值越大，新拌混凝土通过钢筋间隙能力越好，反之则越差。

5.3.4.3　靴型填充测定试验仪

工程中常有坍落度和坍落流动度都很大，且目测无离析的混凝土在浇筑时却发生严重离析的情况。目前，国内测定自密实混凝土间隙通过性的试验仪器主要是 L 型仪、U 型仪与坍落扩展度相结合来综合评价自密实混凝土拌合物的工作性。然而，在实际工程中混凝土构件往往在双向或三向上配置钢筋，混凝土穿过多向配置的钢筋的能力比单向钢筋难得多，而上述几种仪器只设置了单向钢筋，不能很好地测定自密实混凝土真实的通过钢筋的能力。为此，用改进型靴型填充测定试验仪来评价自密实混凝土的填充性。靴型填充测定试验仪是在一个外表呈靴型的槽道上布置多条螺纹钢筋，用来测定混凝土的填充性（简称"靴型"试验仪）。改进型靴型试验仪在靴型填充测定仪的基础上设置了纵向钢筋，并且纵向钢筋间距可以根据实际情况进行灵活调整。"靴型"试验仪中横向钢筋的竖直与水平间距都为50mm，净距为35mm，钢筋的直径为15mm，纵向钢筋设置于活动式插板上，如图5-9所示。

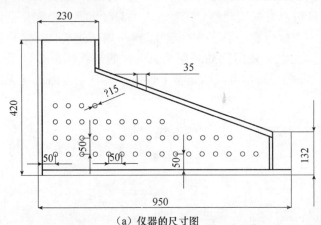

（a）仪器的尺寸图

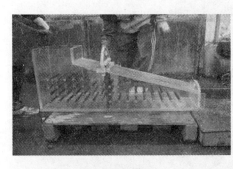

（b）仪器全景图

（c）仪器插板

图5-9 "靴型"试验仪

我们制备了胶凝材料总量为450kg/m³、500kg/m³和550kg/m³的三种体系的自密实混凝土拌合物，研究自密实混凝土通过钢筋间隙的能力，试验用混凝土配合比见表5-7。

表 5-7　间隙通过性试验混凝土配合比

胶材总量 （kg/m³）	水泥 （kg/m³）	矿粉 （kg/m³）	粉煤灰 （kg/m³）	碎石 （kg/m³）	砂 （kg/m³）	减水剂 （kg/m³）
450	315	67.5	67.5	930	900	6.75
500	350	75	75	900	900	7.5
550	385	82.5	82.5	870	900	8.25

　　试验用粗骨料为粒径为 5～20mm 的碎石，试验过程如图 5-10 所示。当插板钢筋净距离为 25mm 时，只有砂浆和少量的粗骨料通过，大量碎石因浆体的流失而沉到仪器底部，使混凝土无法完全充满整个实验仪器，混凝土停止流动后再拔出插板，混凝土还可以继续填充整个仪器，表明混凝土通过单向钢筋的能力大于通过双向钢筋的能力；当插板钢筋净距离为 35mm 时，进料口远端一侧被混凝土拌合物填充的量远远大于使用钢筋净距为 25mm 的插板的量；当用钢筋净距为 40mm 的插板时，混凝土基本可以填充整个仪器，只有上方因空气无法排出没有被完全填满。

（a）插板钢筋净距25mm

（b）钢筋净距25mm插板撤掉后

（c）插板钢筋净距35mm

（d）插板钢筋净距40mm

图 5-10　混凝土填充性试验过程

　　根据碎石最大堆积密度的原则，将 5～20mm 的碎石与 5～10mm 的碎石按照 6:4 的比例混合使用时，碎石具有最大堆积密度。我们继而通过增加 5～10mm 连续级配的碎石，用 5～20mm 的碎石和 5～10mm 的碎石按 6∶4 的比率进行混合，试验配合比仍按照表 5-7。将以上三种胶凝材料总量的自密实混凝土分别通过钢筋净距为 35mm 和 25mm 的模具，试验结果如图 5-11 所示

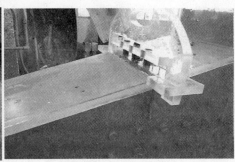

（a）钢筋净距为25mm　　　　　　　　（b）钢筋净距为35mm

图 5-11　混合碎石自密实混凝土填充性试验

经过对碎石的调配，自密实混凝土穿过钢筋的能力大大增加。从图 5-11 看出，自密实混凝土都能顺利通过钢筋净距为 35mm 的插板，无离析现象发生；自密实混凝土仍很难穿过钢筋净距为 25mm 的插板。

从图 5-10 和图 5-11 的对比可以看出，相对于用 5～20mm 的碎石自密实混凝土，利用最大堆积密度原则混合的碎石配制的自密实混凝土的钢筋间隙通过性大大提高，能顺利通过钢筋净距为 35mm 的插板，并且穿过钢筋后自密实混凝土无离析现象。

5.4　自密实混凝土的性能研究

为了保证自密实混凝土的各项性能，特别是工作性能满足施工要求，在自密实混凝土的制备中要掺加各种矿物掺合料。有时将硅灰作为矿物掺合料制备高性能自密实混凝土。但由于硅灰价格较高，无法显著降低混凝土成本，所以本书介绍利用粉煤灰、S95 级矿粉等工业废弃物替代硅灰制备自密实混凝土。同时采用粒型好的骨料，使用高效减水剂降低混凝土水胶比，通过不同的掺量、不同胶凝材料体系制备工作性良好、强度较高、耐久性较好的绿色高性能自密实混凝土。

5.4.1　试验方案

根据前期大量的试验数据和研究结果，并结合自密实混凝土工程应用的相关要求。试验采用 P·I 52.5 水泥、粉煤灰、矿粉按不同的比例组合成三种胶凝材料体系：1. 粉煤灰系列；2. 矿粉系列；3. 粉煤灰 - 矿粉系列。

混凝土的胶凝材料用量分别控制为 450kg/m³、500kg/m³、550kg/m³，砂率

控制在48%~50%，掺入占胶凝材料总量为1.5%的聚羧酸高效减水剂，通过控制坍落度在230~270mm来调整用水量。粉煤灰系列、矿粉系列和粉煤灰–矿粉系列自密实混凝土配合比见表5-8~表5-10。

表5-8　粉煤灰系列自密实混凝土配合比（kg/m³）

水泥	粉煤灰	碎石	砂	减水剂	胶凝材料
315	135	900	930	6.75	
270	180	900	930	6.75	450
225	225	900	930	6.75	
350	150	900	900	7.5	
300	200	900	900	7.5	500
250	250	900	900	7.5	
385	165	900	870	8.25	
330	220	900	870	8.25	550
275	275	900	870	8.25	

表5-9　矿粉系列自密实混凝土配合比（kg/m³）

水泥	矿粉	碎石	砂	减水剂	胶凝材料
315	135	900	930	6.75	
270	180	900	930	6.75	450
225	225	900	930	6.75	
350	150	900	900	7.5	
300	200	900	900	7.5	500
250	250	900	900	7.5	
385	165	900	870	8.25	
330	220	900	870	8.25	550
275	275	900	870	8.25	

表5-10　粉煤灰–矿粉系列自密实混凝土配合比（kg/m³）

水泥	粉煤灰	矿粉	碎石	砂	减水剂	胶凝材料
315	62.5	62.5	900	930	6.75	
270	90	90	900	930	6.75	450
225	112.5	112.5	900	930	6.75	
350	75	75	900	900	7.5	
300	100	100	900	900	7.5	500
250	125	125	900	900	7.5	
385	82.5	82.5	900	870	8.25	
330	110	110	900	870	8.25	550
275	137.5	137.5	900	870	8.25	

5.4.2　自密实混凝土工作性

根据所做大量配合比试验得到的数据，对自密实混凝土工作性进行了规律性分析，得到图5-12~图5-15所示关系图。

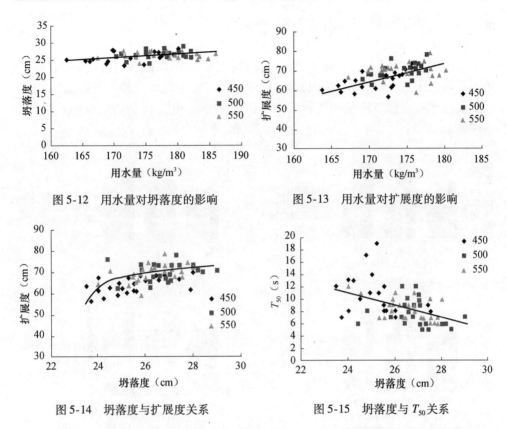

图 5-12　用水量对坍落度的影响　　　　　图 5-13　用水量对扩展度的影响

图 5-14　坍落度与扩展度关系　　　　　图 5-15　坍落度与 T_{50} 关系

　　由图 5-12 可知，无论是哪一种胶凝材料体系，混凝土的坍落度达到 25cm 以上时，用水量对坍落度影响并不显著。由图 5-13 可知，随着用水量的增大，自密实混凝土的坍落扩展度也随之增大，但是数据离散性较大。由图 5-14 可知，当自密实混凝土坍落度小于 26cm 时，坍落扩展度随坍落度增大而增加，增加幅度较为明显；当坍落度大于 26cm 时，随坍落度增加，坍落扩展度增长趋势变缓。由图 5-15 可知，当坍落度增大时，自密实混凝土的 $T50$ 时间总体上呈现减小趋势，但是二者之间的线性关系较差。

　　由上述分析可知，由于坍落度和坍落扩展对用水量的增加或减少不敏感，在达到相同工作性时，用水量的波动范围较大。因此，造成了试验中用水量值较为离散，在控制自密实混凝土坍落度时，尽量将其控制在 26cm 左右，此时的混凝土工作性综合指标较好。

5.4.3　自密实混凝土力学性能试验研究

　　按照《普通混凝土力学性能试验方法标准》（GB/T 50081—2002）测试了粉煤灰系列、矿粉系列和粉煤灰 – 矿粉系列自密实混凝土的 3d、7d、28d、56d 的抗压强度，混凝土的配合比见表5-8～表5-10。

5.4.3.1 粉煤灰对自密实混凝土抗压强度的影响

由图5-16可以看出，随着自密实混凝土中的粉煤灰掺量由30%增加到50%，混凝土的3d、7d、28d和56d抗压强度都逐渐降低。粉煤灰掺量为50%时，混凝土抗压强度降低幅度较大，与掺量30%时相比28d抗压强度最大降低幅度达到28%。

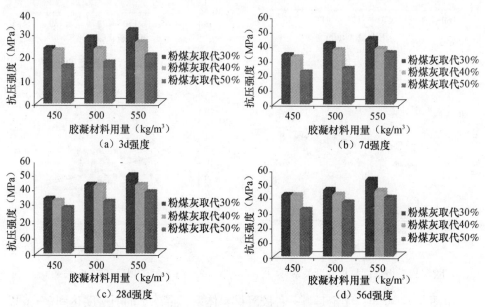

图5-16 粉煤灰掺量对自密实混凝土强度的影响

5.4.3.2 矿粉对自密实混凝土抗压强度的影响

由图5-17可以看出，当胶凝材料用量较少时，掺加矿粉系列混凝土的3d、7d、28d、56d抗压强度均随着矿粉掺量的增加逐渐降低；胶凝材料用量较大时，混凝土强度随着矿粉的掺量降低幅度显著下降，矿粉掺量由30%增加到50%时，28d强度最大幅度仅为18%左右，56d强度降低幅度则进一步减小。

5.4.3.3 粉煤灰和矿粉复掺对自密实混凝土强度的影响

由图5-18可知，粉煤灰和矿粉1:1复掺时，自密实混凝土的抗压强度较单掺粉煤灰系列有较大提高，胶凝材料用量和掺量相同条件下，最大提高幅度可达38%；随着胶凝材料的增加，掺40%～50%复合矿物掺合料的混凝土28d抗压强度达到单掺粉煤灰系列混凝土抗压强度1.1～1.3倍。从经济性和力学性能出发，建议二者复掺时最佳总掺量为40%。

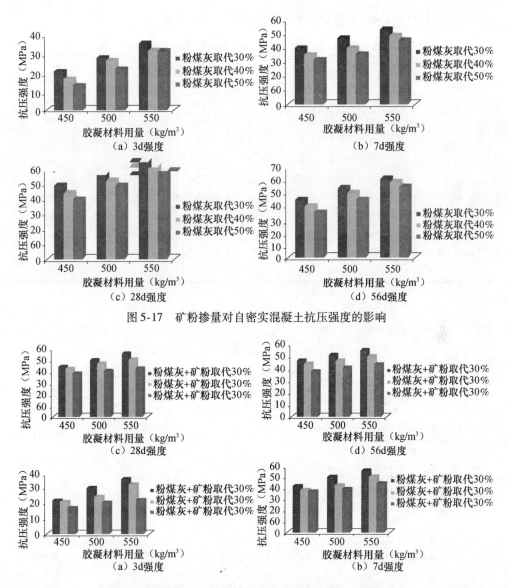

图 5-17 矿粉掺量对自密实混凝土抗压强度的影响

图 5-18 粉煤灰和矿粉复掺对自密实混凝土抗压强度的影响

5.4.4 自密实混凝土抗碳化性能试验研究

按照《普通混凝土长期性能和耐久性能试验方法》研究了上述三种胶凝材料系列自密实混凝土的抗碳化性能。碳化箱中 CO_2 的浓度为 17% ~23%，湿度为 65% ~75%，温度控制在 15 ~25℃范围内。粉煤灰系列、矿粉系列和粉煤灰－矿粉系列自密实混凝土的 14d 和 28d 碳化实验结果如表 5-11，其中粉煤灰系列和粉煤灰－矿粉系列

121

自密实混凝土的 14d 和 28d 碳化深度趋势见图 5-19 ~ 图 5-20。

表 5-11　粉煤灰、矿粉对自密实混凝土碳化性能的影响结果 （mm）

系列	胶凝材料 （kg/m³）	矿物掺合料掺量（%）					
		30		40		50	
		14d	28d	14d	28d	14d	28d
FA	450	4.3	6.3	4.6	7.5	5.4	10.7
	500	0.0	4.9	2.8	5.1	4.0	6.2
	550	0.0	0.0	0.0	2.0	2.5	4.9
S95	450	0.0	0.0	0.0	0.0	0.0	0.0
	500	0.0	0.0	0.0	0.0	0.0	0.0
	550	0.0	0.0	0.0	0.0	0.0	0.0
FA + S95	450	3.0	5.2	3.8	6.0	4.5	8.1
	500	0.0	3.3	1.5	3.5	3.0	5.3
	550	0.0	0.0	0.0	1.3	0.0	3.9

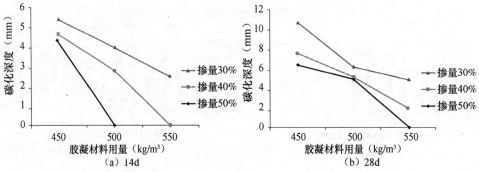

图 5-19　FA 系列自密实混凝土碳化深度

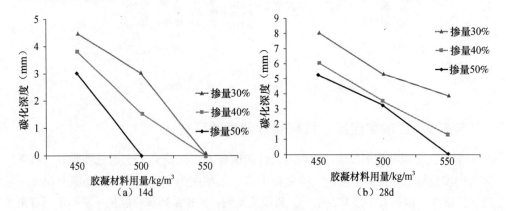

图 5-20　FA + S95 系列自密实混凝土碳化深度

试实验结果表明：

（1）粉煤灰自密实混凝土的抗碳化性能随粉煤灰掺量的增加逐渐降低，掺量为50%时与掺量为30%时的混凝土碳化深度最大相差4mm；

（2）相同掺量的情况下，矿粉系列混凝土的碳化深度要远小于单掺粉煤灰系列的碳化深度，矿粉能有效地提高混凝土的抗碳化能力；

（3）与单掺粉煤灰相比，粉煤灰与矿粉复掺减少了混凝土碳化深度，提高了自密实混凝土的抗碳化能力；

（4）各类混凝土的碳化深度均随着矿物掺合料掺量的增加逐渐增大，但总体碳化深度较小，表明自密实混凝土具有良好的抗碳化能力。

5.4.5　自密实混凝土的抗裂性能试验研究

自密实混凝土的收缩变形与普通混凝土有明显不同。在制备自密实混凝土时为了达到良好的工作性要求，需要增大胶凝材料用量，提高砂率，降低粗骨料用量，掺加一定量的矿物掺合料，这也会给混凝土带来一些负面的影响，如早期自收缩加大、水化放热高，这些对高强自密实混凝土的早期体积稳定性非常不利。所以系统地研究自密实混凝土的早期开裂性能，对于自密实混凝土的推广有重要的意义。

混凝土开裂主要由于限制条件下的收缩造成的。收缩可分为早期塑性收缩（其中包括塑性沉降收缩）、干缩、冷缩、化学收缩和自收缩。混凝土开裂要考虑到混凝土自身的原因以及环境条件，从以下几个方面考虑：

（1）混凝土拌合物拌合后，水泥和水发生化学反应，水泥水化反应消耗部分自由水，但水化产物体积要小于水泥和水的体积之和，所以在混凝土的内部形成毛细管，当毛细管的张力超过了混凝土本身的抗拉强度，将导致混凝土的裂缝。

（2）水泥水化反应是放热反应，将导致混凝土内部的温度升高，造成表层的水分散失大于泌水速度，从而表面产生张力；同时内部由于温度的升高，可产生体积膨胀，造成混凝土内外部产生压力差，所以早期混凝土很容易出现这种由于水分散失较多造成的表面开裂。

（3）混凝土中含有缓慢水化成分，水泥中存有的 CaO、MgO 等，在混凝土硬化后期才开始水化，水化产物的体积要大于原来的固体体积，造成混凝土的不均匀体积膨胀从而引起混凝土的开裂。

（4）混凝土配合比不当。当水泥用量较大时，水化热比较大，砂率不当，骨料种类不佳等，均会造成混凝土的开裂。有研究表明，水泥用量每增加10%，混凝土的收缩增加5%。

（5）混凝土所处的环境。混凝土有热胀冷缩以及湿张干缩的特性。当环境的温度和湿度与混凝土本身的参数相差较大时，其表面容易发生较大的膨胀和收缩，但是内部变化不大，这种差异最终导致混凝土的表层开裂。在工程中由于环境的湿度小于混凝土的湿度造成的混凝土的干缩裂缝十分常见。

混凝土收缩开裂试验方法一般为以下四种：自由收缩试验方法、轴向约束试验方法、环形约束试验方法和平板约束试验方法。前一种为间接评价法，后三种为直接评价法。

间接评价法（自由收缩试验方法）从单一因素来评价混凝土的抗裂性能，不够全面。直接评价法（轴向约束、环形约束以及平板约束试验方法）通过直接测定混凝土的开裂行为（开裂时间、开裂应力等）来评价抗裂性能，不仅考虑混凝土的收缩，同时考虑弹性模量、徐变以及抗拉强度等因素的影响。因此，直接评价法能较正确地模拟受约束混凝土的实际情况，从而得到有参考价值的试验结果。

本试验采用直接评价法中的环形约束试验方法对自密实混凝土的早期开裂性能进行研究。圆环开裂试验方法是将混凝土浇筑在钢环外，混凝土环的收缩受到内部钢环的限制，产生环向拉应力而开裂。由于装置简单，操作方便，几何和边界条件对试验结果产生的影响小，故圆环抗裂试验方法常被研究人员采用。圆环抗裂试验中，混凝土环从初裂时间到裂纹宽度随龄期的发展，体现了混凝土收缩、弹性模量、抗拉强度及徐变等因素的综合作用。

试件内外均为钢模。内侧钢环外径 390mm，厚度 40mm，试件高度 150mm，厚度 70mm。将成型好的抗裂试模放入温度为 20±2℃ 的环境中养护 24h 后拆模。拆模后的抗裂试件立即放入温度为 30±2℃、相对湿度为（50±5）% 的环境中，

并在试件顶面涂上硅胶进行密封处理。用应变仪或放大镜观察环立面上是否有裂缝产生，用裂缝观测镜和裂缝显微观测仪记录裂缝产生部位、长度与宽度及裂缝产生的时间。计算环立面第一条贯穿裂缝出现的间隔时间，试验情况如图 5-21 所示。

图 5-21　成型后抗裂试件

试验结果表明，粉煤灰系列、矿粉系列和粉煤灰-矿粉系列自密实混凝土试件均未出现开裂，说明自密实混凝土的抗裂性能优秀。

5.4.6　自密实混凝土的抗氯离子渗透性能

试验参照《普通混凝土长期性能和耐久性能试验方法标准》（GB/T 50082—2009），采用 RCM 方法测定复掺粉煤灰和矿粉的自密实混凝土抗氯离子渗透系数（D_{RCM}），试验混凝土配合比见表 5-10，试验结果见表 5-12。

表 5-12　自密实混凝土氯离子扩散系数（$10^{-12}\,m^2/s$）

胶凝材料（kg/m^3）	水泥（kg/m^3）	粉煤灰（kg/m^3）	矿粉（kg/m^3）	碎石（kg/m^3）	砂（kg/m^3）	减水剂（kg/m^3）	D_{RCM}
	315	62.5	62.5	900	930	6.75	7.32
450	270	90	90	900	930	6.75	7.61
	225	112.5	112.5	900	930	6.75	7.96
	350	75	75	900	900	7.5	6.89
500	300	100	100	900	900	7.5	7.45
	250	125	125	900	900	7.5	7.67
	385	82.5	82.5	900	870	8.25	6.53
550	330	110	110	900	870	8.25	6.68
	275	137.5	137.5	900	870	8.25	5.75

从表 5-12 可以看出，氯离子扩散的规律与碳化性能基本一致，自密实混凝土的氯离子扩散系数随胶凝材料的增加而降低，但降低幅度较小；自密实混凝土的氯离子扩散系数随矿物掺合料掺量的增加而增大，但增大的幅度也较小。

5.4.7　自密实混凝土水化热

随着现代技术的发展，混凝土结构越来越趋于大体积化，在大体积混凝土应用中，由于水泥的水化反应（放热反应）导致混凝土体积的膨胀或收缩，从而造成混凝土内部或外部产生温度应力。这种大体积混凝土水泥水化热而产生结构的温度变化和因此而产生的温度应力是结构物产生裂缝的重要原因，可以引起混凝土表面和内部温差不同而产生表面裂缝，以及混凝土温度的先升后降而带来的收缩受到外界约束时的贯通裂缝。因此对结构的承载力、防水性能、耐久性等都会产生很大影响，这也是降低结构的耐久性和结构稳定性的重要原因。而采用绿色自密实混凝土，减少了水泥用量，降低混凝土的温升，防止了混凝土早期由于温升造成的温度裂缝。

本试验主要对掺加不同掺合料的胶凝材料体系的水化热进行研究，试验采用溶解热法，通过胶凝材料在酸中的溶解热来测定其水化热。主要测定了矿粉体系和粉煤灰体系水化放热，包括单掺 10%、20%、30% 的粉煤灰、S95 矿粉。

5.4.7.1　试验方案及方法

试验采用溶解热法，按照《水泥水化热测定方法（溶解热法）》（GB/T 12959—2008）测试不同胶凝材料体系的水化热。试验装置如图 5-22 所示。溶解热法是依据热化学的盖斯

图 5-22　SHR-650Ⅱ水泥水化热测定仪

定律，即化学反应的热效应只与体系的初态和终态有关而与反应的途径无关提出的。它是在热量计周围一定的条件下，用未水化的水泥与水化一定龄期的水泥分别在一定浓度的标准酸中溶解，测得溶解热之差，此即为水泥在规定龄期内所放出的水化热。该方法适用于硅酸盐水泥、普通水泥、矿渣水泥、火山灰水泥、粉煤灰水泥、中热水泥及低热矿渣水泥等水泥水化热的测定。

5.4.7.2 粉煤灰对水化热的影响

胶凝材料体系中掺入10%、20%和30%粉煤灰，测试其水化热，其结果如图5-23所示。显然，掺加粉煤灰以后，胶凝材料的水化热降低，且随着粉煤灰掺量增加水化热的逐渐减少；3d时，随着粉煤灰掺量10%的递增，水化热以15%的速率降低；掺量30%，3d时的水化热只有基准材料的43%，7d时则为52%。

5.4.7.3 矿粉对水化热的影响

胶凝材料体系中掺加10%、20%和30%的S95矿粉，测试其水化热，其结果如图5-24所示。掺加S95矿粉以后，胶凝材料的水化热降低，且随着S95矿粉的掺量增加水化热的逐渐减少；掺30%矿粉3d的水化热只有基准材料的68%，7d则为66%。

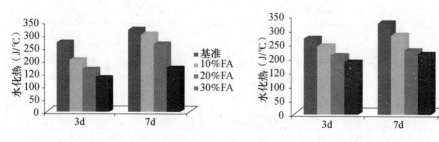

图5-23　粉煤灰掺量对水化热的影响　　　　图5-24　矿粉不同掺量体系水化热

5.5　含气量对自密实混凝土性能的影响

高效减水剂是自密实混凝土的必要条件，而减水剂中往往含有引气组分，在混凝土的搅拌过程中能引入较多的气泡。普通混凝土经振捣成型，不规则有害气泡可以被排出，使气泡在混凝土内部分布较均匀，而自密实混凝土在成型过程中靠自重和高流动性达到密实的效果，在搅拌过程中生成的有害气泡大部分残留在混凝土内部，并且分布不均匀，有害气泡的含量、特征及类型对强度及其他性能产生很大的影响。消泡剂和引气剂可以改变混凝土拌合物的含气量，振动成型也可改变混凝土的含气量以及气泡的尺寸和分布，含气量和气泡的尺寸及分布都会影响到自密实混凝土的力学性能。为了研究气泡对自密实混凝土性能的影响，我们通过在混凝土中掺入不同的消泡剂和引气剂以及不同的成型方式来调整自密实混凝土拌合物中气泡含量、大小及分布，并设计研究相关试验，通过普通混凝土、自密实混凝土和振动成型自密实混凝土的性能来比较含气量对自密实混凝土各性能的影响。

5.5.1　有害气泡对自密实混凝土强度离散性的影响

自密实混凝土的抗压强度具有较大的离散性，而普通混凝土的抗压强度离散性较小。自密实混凝土强度离散性是由混凝土内部有害气泡的残留量及气泡特征决定的。本节对此进行了相关试验，通过普通混凝土、自密实混凝土和振动成型自密实混凝土的抗压强度与水胶比的关系来对比研究。

5.5.1.1　试验方案

为了研究振动成型对自密实混凝土性能的影响，本试验在自密实混凝土成型时分为两组：一组非振动成型，另一组振动成型。普通混凝土和自密实混凝土的矿物掺合料（粉煤灰和普通矿粉按 1∶1 复掺）掺量为胶凝材料总量的 30%、40% 和 50%；普通混凝土的减水剂掺量为胶凝材料总量的 1.2%，自密实混凝土的减水剂掺量为胶凝材料总量的 1.5%；在混凝土搅拌过程中通过控制混凝土的坍落度或坍落扩展度来调整用水量。普通混凝土试验配合比见表 5-13，自密实混凝土的试验配合比见表 5-14。

表 5-13　普通混凝土试验配合比（kg/m³）

水泥	粉煤灰	矿粉	碎石	砂	减水剂	水
245	52.5	52.5	1155	770	4.20	154
210	70.0	70.0	1149	766	4.20	154
175	87.5	87.5	1143	762	4.20	154
273	58.5	58.5	1130	753	4.68	156
234	78.0	78.0	1124	749	4.68	156
195	97.5	97.5	1118	745	4.68	156
301	64.5	64.5	1104	736	5.16	159
258	86.0	86.0	1098	732	5.16	159
215	107.5	107.5	1092	728	5.16	159

表 5-14　自密实混凝土的试验配合比（kg/m³）

水泥	粉煤灰	矿粉	碎石	砂	减水剂	水
315	67.5	67.5	900	930	6.75	175
270	90	90	900	930	6.75	175
225	112.5	112.5	900	930	6.75	175
350	75	75	900	900	7.50	180
300	100	100	900	900	7.50	180
250	125	125	900	900	7.50	180
385	82.5	82.5	900	870	8.25	182
330	110	110	900	870	8.25	182
275	137.5	137.5	900	870	8.25	182

5.5.1.2 抗压强度与水胶比的关系

普通混凝土的水胶比与 28d 抗压强度关系如图 5-25 所示,自密实混凝土及振动成型自密实混凝土的水胶比和 28d 抗压强度关系如图 5-26 所示和图 5-27 所示。

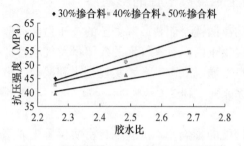

图 5-25 普通混凝土胶水比与抗压强度关系

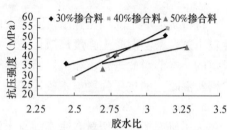

图 5-26 自密实混凝土胶水比与抗压强度关系

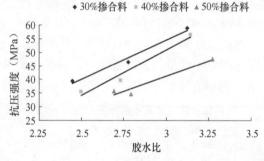

图 5-27 自密实混凝土(振动成型)胶水比与抗压强度关系

由上述三个图可以看出,对于普通混凝土和振动成型自密实混凝土而言,胶凝材料用量越多、矿物掺合料掺入比率越小、水胶比越小混凝土的抗压强度越大,强度与水胶比之间的关系符合保罗米公式。然而,自密实混凝土的强度与矿物掺合料掺量之间的关系较为混乱,其中矿物掺合料掺量为 40% 的自密实混凝土的强度大于掺量为 30% 的自密实混凝土的强度。自密实混凝土的胶水比与强度的关系曲线上某些点偏离直线的距离大于普通混凝土和振动成型自密实混凝土,自密实混凝土的强度离散性大,致使胶水比与强度关系曲线互相交叉。而经过振动成型自密实混凝土的强度离散性降低;矿物掺合料掺入比率为 50% 的混凝土的强度离散性大于其他两种掺合料掺入比率的混凝土。

表 5-15 是根据图 5-25 ~ 图 5-27 得到的混凝土强度与胶水比的曲线拟合方程,可以看出,自密实混凝土的 R^2 值小于普通混凝土和振动成型自密实混凝土的 R^2 值,矿物掺合料掺量为 50% 时 R^2 值小于其他两种掺量的 R^2 值,自密实混凝土最为明显。经过振动成型,自密实混凝土的强度离散性降低,说明了振动成型使自密实混凝土内部有害气泡减少、含气量降低、抗压强度提高。可见自密实混凝土中的含气量及其气泡尺度对自密实混凝土影响十分显著。振动成型前后的自密实混凝土的混凝土试块内部剖面如图 5-28 所示。

表 5-15 胶水比与强度回归曲线方程与 R^2 值

混凝土类型	掺合料掺量	胶水比与强度回归曲线方程	R^2 值
普通混凝土	30%	$y = 35.656B/W - 36.141$	0.9780
	40%	$y = 27.159B/W - 17.998$	0.9508
	50%	$y = 19.031B/W - 2.4996$	0.8940
自密实混凝土	30%	$y = 21.844B/W - 17.994$	0.9426
	40%	$y = 39.646B/W - 69.394$	0.9860
	50%	$y = 14.922B/W - 3.6555$	0.6928
振动成型 自密实混凝土	30%	$y = 28.623B/W - 31.425$	0.9803
	40%	$y = 33.500B/W - 49.621$	0.9669
	50%	$y = 22.439B/W - 26.169$	0.9454

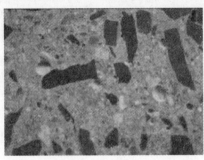 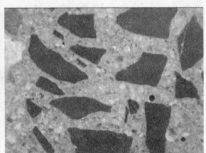

（a）振动成型前气孔结构（含气量3.0%） （b）振动成型后气孔结构（含气量1.2%）

图 5-28 振动成型前后混凝土内部剖面上的气孔结构

5.5.2 含气量对自密实混凝土性能影响

从上面分析可以看出，自密实混凝土含气量和气泡结构的不确定性导致了自密实混凝土强度的离散性。可以通过在混凝土中掺入外加剂（消泡剂和引气剂）或改变混凝土的成型方式来调整混凝土的含气量与气泡结构，来研究其自密实混凝土性能的影响。

5.5.2.1 试验原材料

水泥：山水水泥厂生产的 P·O 42.5 普通硅酸盐水泥。

矿粉：青岛产 S95 级矿粉。

粉煤灰：青岛四方电厂生产的 Ⅱ 级粉煤灰。

粗骨料：玄武岩碎石，粒径为 5~20mm 和 5~10mm 连续级配的碎石按 6∶4 进行混合使用。

细骨料：细度模数为 2.4 的中粗河沙，含泥量 2.1%。

外加剂：山东建科院生产的聚羧酸高效减水剂，减水率 ≥30%。

水：自来水。

5.5.2.2 试验方案

通过外加剂和成型方式来调节自密实混凝土的含气量。将试验配合比分为基准系列、消泡系列、引气系列和"消泡+引气"（目的是先消除尺度较大的不良气泡，再引入细小的气泡）系列；$450kg/m^3$、$500kg/m^3$ 和 $550kg/m^3$ 三种胶凝材料总量；（粉煤灰和普通矿粉按 $1:1$ 复掺）掺量为胶凝材料总量的 30%、40% 和 50%；减水剂用量为胶凝材料总量的 1.5%；消泡剂和引气剂的使用量均为减水剂用量的 $2‰$。试验配合比见表 5-16。

表 5-16　自密实混凝土试验配合比

系列	胶材量(kg/m^3)	矿物掺合料(%)	水泥(kg/m^3)	矿粉(kg/m^3)	粉煤灰(kg/m^3)	碎石(kg/m^3)	砂(kg/m^3)	减水剂(kg/m^3)	消泡剂(kg/m^3)	引气剂(kg/m^3)
（Ⅰ）	450	30	315	67.5	67.5	900	930	6.75		
			315	67.5	67.5	900	930	6.75	0.0135	
			315	67.5	67.5	900	930	6.75		0.0135
			315	67.5	67.5	900	930	6.75	0.0135	0.0135
		40	270	90	90	900	930	6.75		
			270	90	90	900	930	6.75	0.0135	
			270	90	90	900	930	6.75		0.0135
			270	90	90	900	930	6.75	0.0135	0.0135
		50	225	112.5	112.5	900	930	6.75		
			225	112.5	112.5	900	930	6.75	0.0135	
			225	112.5	112.5	900	930	6.75		0.0135
			225	112.5	112.5	900	930	6.75	0.0135	0.0135
（Ⅱ）	500	30	350	75	75	900	900	7.5		
			350	75	75	900	900	7.5	0.015	
			350	75	75	900	900	7.5		0.015
			350	75	75	900	900	7.5	0.015	0.015
		40	300	100	100	900	900	7.5		
			300	100	100	900	900	7.5	0.015	
			300	100	100	900	900	7.5		0.015
			300	100	100	900	900	7.5	0.015	0.015
		50	250	125	125	900	900	7.5		
			250	125	125	900	900	7.5	0.015	
			250	125	125	900	900	7.5		0.015
			250	125	125	900	900	7.5	0.015	0.015
（Ⅲ）	550	30	385	82.5	82.5	900	870	8.25		
			385	82.5	82.5	900	870	8.25	0.0165	
			385	82.5	82.5	900	870	8.25		0.0165
			385	82.5	82.5	900	870	8.25	0.0165	0.0165
		40	330	110	110	900	870	8.25		
			330	110	110	900	870	8.25	0.0165	
			330	110	110	900	870	8.25		0.0165
			330	110	110	900	870	8.25	0.0165	0.0165
		50	275	137.5	137.5	900	870	8.25		
			275	137.5	137.5	900	870	8.25	0.0165	
			275	137.5	137.5	900	870	8.25		0.0165
			275	137.5	137.5	900	870	8.25	0.0165	0.0165

　　混凝土在搅拌过程中，先加入总用水量的 1/2 至 3/4，然后再加入水与外加

剂的混合液，最后再加水直至混凝土拌合物达到试验所要求的坍落扩展度，坍落扩展度控制在 600 ~ 700mm 之间，自密实混凝土振动成型时振捣时间为 20s。

5.5.3　含气量对抗压强度的影响

含气量对自密实混凝土强度影响试验的胶凝材料总量取 550kg/m³，试验配合比见表 5-16（Ⅲ），其中不同外加剂条件下各龄期强度对比如图 5-29 所示；掺合料比率为 50% 时自密实混凝土振动成型对 28d 抗压强度的影响如图 5-30 所示；相同配合比不同掺合料的自密实混凝土的 56d 抗压强度与含气量的关系如图 5-31 所示。

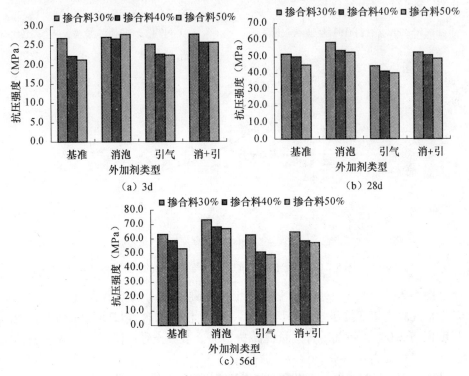

图 5-29　550kg/m³ 胶凝材料总量自密实混凝土强度对比

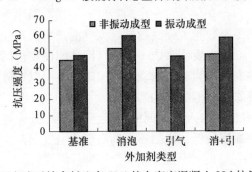

图 5-30　成型方式对掺合料比率 50% 的自密实混凝土 28d 抗压强度的影响

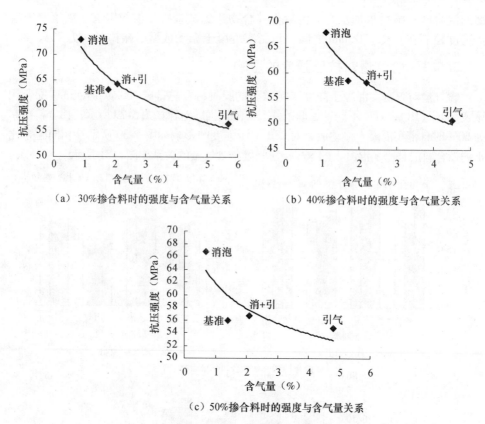

（a）30%掺合料时的强度与含气量关系　　（b）40%掺合料时的强度与含气量关系

（c）50%掺合料时的强度与含气量关系

图 5-31　混凝土 56d 抗压强度与含气量的关系

从图 5-29 看出，相对于基准混凝土，混凝土振动成型后含气量平均降低 0.91%，混凝土 28d 抗压强度平均提高 7.0%，消泡后含气量降低 0.67%，混凝土强度提高 9.0%，引气后含气量提高 3.27%，混凝土强度降低 14.5%，先消泡后引气含气量提高 0.26%，混凝土强度提高 3.5%。

从图 5-30 可以看出，振动成型的自密实混凝土的 28d 抗压强度普遍高于非振动成型的。这是因为，在含气量一定的条件下，气泡间距系数的大小对混凝土强度的影响较大，间距系数越大强度越低。大气泡在水泥浆体结构中起缺陷的作用，是混凝土强度降低的主要因素之一。大气泡还能使气泡间距系数增大，而分布均匀的小气泡对混凝土的强度影响较低。振动成型可以排除大量具有危害的大型气泡，并均匀未排除的气泡的结构和分布。

从图 5-31 可以看出，掺入消泡剂的混凝土和掺入引气剂的混凝土的强度较大，而基准混凝土的强度最低，说明掺入消泡剂或引气剂对自密实混凝土的强度是有利的。

5.5.4　含气量对自密实混凝土耐久性性能的影响

在自密实混凝土中单掺或复掺消泡剂和引气剂改变了混凝土内部的气孔结构和气泡特征，除了对混凝土的强度产生影响之外，也对混凝土的耐久性能产生一定的影响。气泡有助于减轻由渗透和液态水与冰的蒸汽压差而产生的压力，降低水的渗透。本节主要研究含气量、气孔结构和气泡特征对混凝土耐久性性能的影响。

5.5.4.1　自密实混凝土的抗碳化性能

为了研究含气量对自密实混凝土的抗碳化能力的影响，做了相关的试验，试验配合比见表 5-16，自密实混凝土的 28d 碳化深度值见表 5-17。各系列自密实混凝土的碳化深度对比如图 5-32 所示。

表 5-17　自密实混凝土 28d 碳化深度（mm）

450kg/m³ 胶材			500kg/m³ 胶材			550kg/m³ 胶材		
矿物掺合料	深度	振后深度	矿物掺合料	深度	振后深度	矿物掺合料	深度	振后深度
	6.6	5.8		5.4	4.8		4.1	3.8
30	2.8	2.5	30	3.1	2.9	30	2.6	2.2
	8.1	7.7		6.9	5.2		5.5	4.8
	6.2	5.4		5.2	4.7		3.8	3.6
	8	6.7		5.8	4.2		5.5	4.1
40	5.2	4.8	40	4.3	3.2	40	4.4	3.8
	8.8	8.4		7.5	5.9		7.2	7.1
	9.1	8.2		5.5	4.1		5.2	4.6
	9.2	6.8		6.1	5.5		6.1	5.4
50	6.3	5.6	50	4.8	4.2	50	4.6	4.1
	13.1	7.9		7.5	6.7		7.4	5.6
	6.7	5.1		5.1	4.5		4.8	4.4

从图 5-32 看出，振动成型的自密实混凝土的碳化深度小于非振动成型的自密实混凝土；自密实混凝土的碳化深度随着胶凝材料的增加而减小，除"消泡 + 引气"系列的碳化深度随着矿物掺合料掺量的增加先增加后减小外，其他系列的碳化深度随着矿物掺合料掺量的增加而减小；自密实混凝土的碳化深度从低到高依次是消泡系列、"消泡 + 引气"系列、基准系列和引气系列混凝土；相对于基准系列，自密实混凝土中掺入引气剂使碳化深度明显增大，掺入消泡剂使碳化深度明显减小，而掺入"消泡剂和引气剂"使碳化深度减小的幅度较小；所有系列的混凝土的碳化深度都较低，28d 最大碳化深度仅达到 13.1mm。

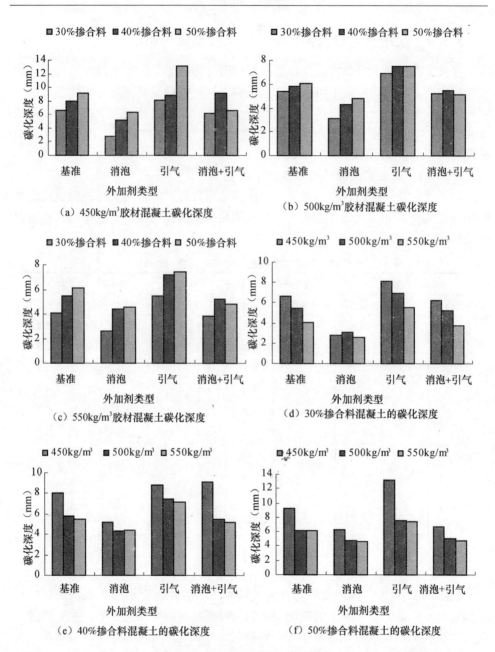

图 5-32　自密实混凝土碳化深度

　　其原因是，振动成型将混凝土内部大量气泡排出，使自密实混凝土更加密实，因而碳化深度降低。掺入消泡剂将混凝土内部大量的不规则的大气泡排出，同时也会排出一些小而规则的气泡，含气量变小，混凝土硬化后总的孔隙率减小，使大量毛细孔被堵塞，渗透性降低，从而阻碍了二氧化碳和水分的进入，碳化深度减小。先消泡后引气，能将混凝土内的不规则的大气泡排出，而引入了较多规则的分布均匀的小气泡，含气量微微大于基准系列，而它的毛细孔被大量的均匀的小气泡所阻断，降低了二氧化碳的渗透速度，因此它的抗碳化能力比基准系列强；虽然一部分毛细孔被阻断，但引气剂的加入使毛细孔的数量增大更多，从而它的碳化深度小于消泡系列。混凝土在搅拌过程中能形成大量的不规则的大气泡，这些气泡对混凝土而言一般是有害气泡，会降低混凝土的强度并加大混凝土的渗透性。自密实混凝土在成型时不需要振捣使这些气泡在混凝土中残留较多，如在基准混凝土的基础上掺入引气剂，就是在这些气泡的基础上引入均匀的小气泡，使有害气泡更多更分布不均，毛细孔的孔隙率大大增加，大大提高了混凝土的渗透性，因此降低了混凝土的抗碳化能力。

5.5.4.2 自密实混凝土的抗氯离子渗透性能

本试验参照《普通混凝土长期性能和耐久性能试验方法标准》（GB/T 50082—2009），采用RCM方法测定混凝土抗氯离子渗透性能。试验配合比见表5-16，各系列自密实混凝土的28d氯离子扩散系数见表5-18。各系列自密实混凝土氯离子扩散系数对比如图5-33所示。

表5-18 自密实混凝土氯离子扩散系数（$10^{-12}\mathrm{m}^2/\mathrm{s}$）

450kg/m³ 胶材			500kg/m³ 胶材			550kg/m³ 胶材		
矿物掺合料	系数	振后系数	矿物掺合料	系数	振后系数	矿物掺合料	系数	振后系数
30	7.32	7.55	30	6.89	6.53	30	6.53	6.02
	5.6	3.28		5.32	4.89		5.12	4.82
	8.33	5.66		8.13	7.89		7.98	6.98
	7.17	4.7		6.89	6.56		5.79	5.23
40	7.61	7.02	40	7.45	4.99	40	6.68	5.12
	5.76	4.12		5.38	5.28		5.26	4.76
	8.78	5.75		8.32	6.21		8.13	4.62
	7.34	6.79		6.88	3.08		5.92	4.26
50	7.96	6.55	50	7.67	6.53	50	5.75	4.83
	6.12	6.49		5.99	5.65		5.66	4.03
	9.02	8.15		8.63	8.12		8.26	4.1
	7.48	6.43		6.15	5.88		5.98	4.96

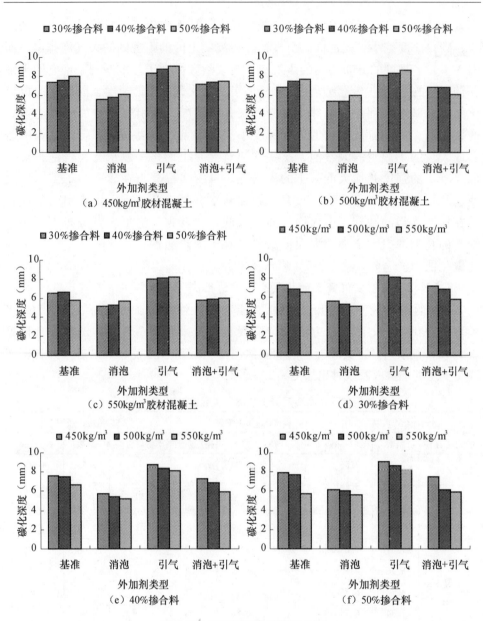

图 5-33　氯离子扩散系数对比图

从图 5-33 可以看出，氯离子扩散的规律与碳化基本一致，振动成型的自密实混凝土的氯离子扩散系数比非振动成型的低；自密实混凝土的氯离子扩散系数随胶凝材料的增加而降低，但降低幅度较小；自密实混凝土的氯离子扩散系数随矿物掺合料掺量的增加而增大，但增大的幅度较小；自密实混凝土的氯离子扩散系数从低到高依次是消泡系列、"消泡 + 引气"系列、基准系列和引气系列；相对于基准系列，自密实混凝土中掺入引气剂使氯离子扩散系数明显增大，掺入消泡剂使扩散系数明显降低，而掺入消泡剂和引气剂使扩散系数降低较小。

5.5.4.3　自密实混凝土抗冻性

试验配合比见表5-16（III）。试件成型后应在28d龄期时开始冻融试验，将试块标准养护24d后放入温度为15～20℃的水中浸泡4d，然后取出试件开始冻融循环试验。冻融循环试验根据《普通混凝土长期性能和耐久性能试验标准方法》（GB/T 50082—2009）完成。冻融循环的平均质量损失见图5-34，相对动弹性模量损失如图5-35所示。

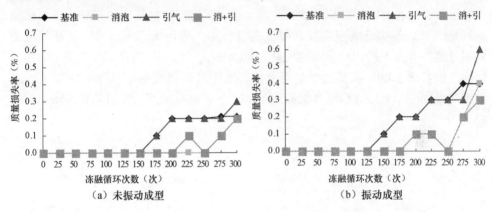

图5-34　550kg/m³胶凝材料总量自密实混凝土冻融循环质量损失率

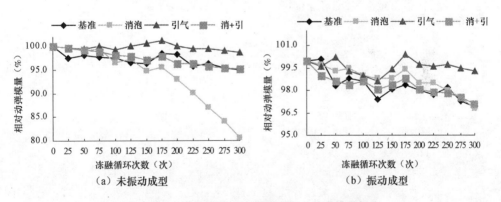

图5-35　自密实混凝土冻融循环相对动弹模量损失

从图5-34可以看出，自密实混凝土试件的质量在冻融循环初期都没有降低，直到冻融循环100次，混凝土试块的质量才开始降低，550kg/m³胶凝材料混凝土经300次冻融循环质量损失很小，其中引气混凝土的质量损失率为0.3%，经振动成型质量损失率为0.6%；基准和消泡混凝土的质量损失率为0.2%，经振动成型质量损失率为 0.4%；"消泡＋引气"混凝土的质量损失率为 0.2%，经振动成型质量损失率为 0.3%。混凝土的质量损失的速率随冻融循环次数的增加而加快，在接近 300 次冻融循环时，混凝土质量损失的速率明显增大。经振动成型混凝土的质量损失率增大；含气量越大，质量损失率越大；随着冻融循环次数的增加，混凝土质量损失的速率增大。

从图 5-35 可以看出，有些试件的相对动弹性模量经冻融循环不降反升，表明其内部的微裂缝的数量减少。混凝土内部水化仍在继续，同时粉煤灰和矿粉的火山灰效应使混凝土实际固相体积增大，使部分微裂缝愈合；冻融循环会使混凝土内部微裂缝增多，但在混凝土冻融初期微裂缝增多的速度小于微裂缝愈合的速度时混凝土的相对动弹性模量就会升高。掺入消泡剂的混凝土的相对动弹性模量达到 80.6%，经振动成型相对动弹性模量提高，达到 96.8%；另一组掺消泡剂和引气剂的混凝土的相对动弹性模量为 80.6%，经振动成型在 250 次循环时相对动弹性模量低于 60%。其他组混凝土试块的相对动弹性模量都在 90% 以上，其中引气系列的相对动弹性模量最高达到 98.7%，振动成型后相对动弹性模量有所提高。

第6章 再生混凝土

再生骨料混凝土（Recycled Aggregate Concrete，RAC）是指再生骨料部分或全部代替天然骨料配制而成的混凝土，简称再生混凝土。

二次世界大战后，整个欧洲成为一片废墟，在他们重建家园时已经注意到废混凝土的再生利用。因为再生骨料循环利用不仅可以降低处理废混凝土的费用，而且可以节约有限资源。因此，各国从自己的实际情况出发，相继开展了这一方面的研究工作。国内再生混凝土的研究起步较晚，生产出的再生骨料性能较差（粒形和级配都不好，表面附有大量砂浆，吸水率大，密实体积小，压碎指标高），多用于低强度的混凝土及其制品，研究工作主要集中在低品质再生骨料及再生混凝土性能方面。再生骨料及再生混凝土的性能与再生骨料的品质密切相关，提高再生骨料的品质对于推广再生混凝土具有重要意义。

6.1 再生细骨料混凝土

再生细骨料混凝土是指以再生细骨料部分或全部取代天然细骨料的混凝土。再生骨料经过处理，各方面性能均有提高，但仍低于天然骨料。而再生细骨料混凝土的影响因素多，质量波动大，不同品质的再生细骨料以及掺合料种类和掺量对用水量、力学性能、收缩和耐久性能的影响较大。

6.1.1 试验原料及方案

6.1.1.1 试验原料

试验用水泥为 P.O42.5 普通硅酸盐水泥；天然砂为符合《普通混凝土用砂、石质量及检验方法标准》（JGJ 52—2006）要求的细度模数为 2.8 的中砂；再生细骨料包括简单破碎再生细骨料、颗粒整形再生细骨料，性能指标见图 6-1；粗骨料为符合 JGJ 52—2006 要求的 5~25mm 连续级配天然碎石；外加剂为上海麦斯特高效聚羧酸减水剂，掺量为 1.2% 时，减水率为 30%。根据国标《混凝土和砂浆用再生细骨料》（GB/T 25176—2010）的要求，试验用再生细骨料的颗粒级配如图 6-1 所示，试验用再生细骨料的性能指标见表 6-1。

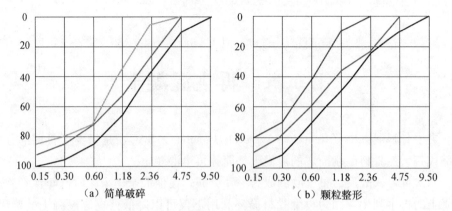

（a）简单破碎　　　　　　　　　（b）颗粒整形

图 6-1　试验用再生细骨料的颗粒级配

表 6-1　试验用再生细骨料的技术指标

砂的种类	简单破碎再生细骨料	颗粒整形再生细骨料
密实密度（kg/m³）	1324（Ⅱ类）	1440（Ⅰ类）
表观密度（kg/m³）	2331（Ⅲ类）	2459（Ⅰ类）
空隙率（%）	45（Ⅰ类）	44（Ⅰ类）
坚固性（%）	15.5（Ⅱ类）	9.2（Ⅱ类）
泥块含量（%）	9.0（Ⅲ类）	4.8（Ⅱ类）
微粉含量（%）	3.8（Ⅱ类）	1.2（Ⅰ类）
细度模数	3.1	2.9
有机物含量	合格	合格
需水量比	Ⅲ类	Ⅰ类
抗压强度比	Ⅲ类	Ⅱ类

由图 6-1 可知，简单破碎再生细骨料的需水量比、抗压强度比、泥块含量和表观密度等指标都为Ⅲ类，而颗粒整形再生细骨料只有坚固性、泥块含量和抗压强度比为Ⅱ类，说明颗粒整形对再生细骨料性能提升作用非常显著。

6.1.1.2　试验方案设计

试验中砂率取为 35%，减水剂掺量为胶凝材料用量的 1.2%，通过调整用水量控制坍落度在 160 ~ 200mm。重点研究再生细骨料种类、再生细骨料取代率、胶凝材料总量对再生细骨料混凝土用水量和力学性能的影响，试验方案见表 6-2。

表 6-2　再生细骨料混凝土的配合比设计方案

水泥 (kg/m³)	碎石 (kg/m³)	细骨料 (kg/m³)	减水剂 (kg/m³)	再生细骨料	
				种类	取代率（%）
300	1222	658	3.6		0
300	1222	658	3.6	简单破碎	40
300	1222	658	3.6	简单破碎	70
300	1222	658	3.6	简单破碎	100
300	1222	658	3.6	颗粒整形	40
300	1222	658	3.6	颗粒整形	70
300	1222	658	3.6	颗粒整形	100
400	1190	640	4.8		0
400	1190	640	4.8	简单破碎	40
400	1190	640	4.8	简单破碎	70
400	1190	640	4.8	简单破碎	100
400	1190	640	4.8	颗粒整形	40
400	1190	640	4.8	颗粒整形	70
400	1190	640	4.8	颗粒整形	100
500	1157	623	6		0
500	1157	623	6	简单破碎	40
500	1157	623	6	简单破碎	70
500	1157	623	6	简单破碎	100
500	1157	623	6	颗粒整形	40
500	1157	623	6	颗粒整形	70
500	1157	623	6	颗粒整形	100

6.1.2　再生细骨料混凝土的用水量

由图 6-2 可以看出：简单破碎再生细骨料混凝土的用水量随再生细骨料取代率的增加而增加，这是因为简单破碎再生细骨料颗粒棱角多，内部有大量微裂纹，粉体含量高，吸水率变大，当再生细骨料取代率为 100% 时，用水量约增加了 15%。

由图 6-3 可知颗粒整形再生细骨料混凝土的用水量随再生细骨料取代率的增加而减少。这是因为颗粒整形再生细骨料在制备过程中打磨掉了部分水泥石，吸水率减小，而且其棱角圆滑，粒形较好。此外，颗粒整形强化过程中，再生细骨料中的微粉被收尘器去除掉，颗粒级配较为合理，使得颗粒整形再生细骨料混凝土的用水量小，工作性良好。

综上所述，简单破碎再生细骨料颗粒棱角多、表面粗糙、组分中含有硬化水泥砂浆，而且在破碎过程中再生细骨料内部产生大量微裂纹，导致简单破碎再生细骨料的空隙率大、吸水率高，因此用水量较天然细骨料高。但是随着胶凝材料的增多，也使填充骨料空隙的胶凝浆体增多，浆体的润滑作用增大了混凝土的流动性，使达到所需坍落度的用水量减少；颗粒整形再生细骨料混凝土的用水量比简单破碎再生细骨料混凝土用水量有较大幅度的降低，并且能明显地提高混凝土的保水性、黏聚性。

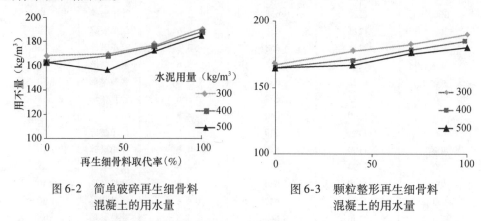

图 6-2　简单破碎再生细骨料
混凝土的用水量

图 6-3　颗粒整形再生细骨料
混凝土的用水量

6.1.3　再生细骨料混凝土的抗压强度

6.1.3.1　简单破碎再生细骨料取代率对抗压强度的影响

图 6-4 ~ 图 6-6 为不同取代率的简单破碎再生细骨料混凝土的抗压强度，由图可以看出简单破碎再生细骨料混凝土的抗压强度随着细骨料取代率的增加而降低。这是因为简单破碎再生细骨料颗粒棱角多，表面粗糙，组分中含有大量的硬化水泥石，破碎过程中在骨料内部形成了大量微裂纹，用水量较多。

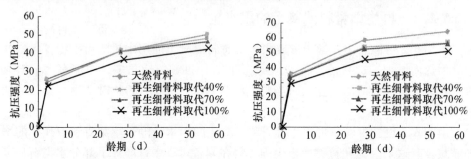

图 6-4　简单破碎再生细骨料混凝土
的抗压强度（C = 300kg/m³）

图 6-5　简单破碎再生细骨料混凝土
的抗压强度（C = 400kg/m³）

6.1.3.2　颗粒整形再生细骨料取代率对抗压强度的影响

由图 6-7 ~ 图 6-9 可以看出，颗粒整形再生细骨料取代率对再生混凝土抗压强度并不显著。这是因为颗粒整形再生细骨料在整形过程中去除了较为突出的棱角和黏附在表面的硬化水泥砂浆，使颗粒趋于球形，用水量减少。

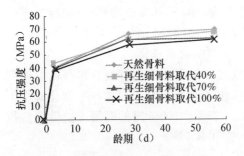

图 6-6　简单破碎再生细骨料混凝土
的抗压强度（C = 500kg/m³）

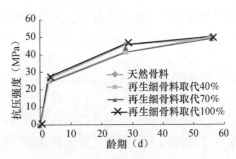

图 6-7　颗粒整形再生细骨料混凝土
的抗压强度（C = 300kg/m³）

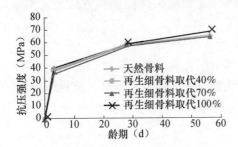

图 6-8　颗粒整形再生细骨料混凝土
的抗压强度（C = 400kg/m³）

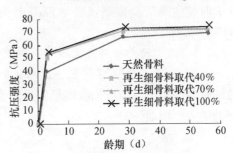

图 6-9　颗粒整形再生细骨料混凝土
的抗压强度（C = 500kg/m³）

6.1.4　再生细骨料混凝土的劈裂抗拉强度

制作 100mm × 100mm × 100mm 的立方体试块，测试 28d 的劈裂抗拉强度，劈裂抗拉强度测定值乘以系数 0.85 换算成标准的劈裂抗拉强度。

6.1.4.1　简单破碎再生细骨料混凝土的劈裂抗拉强度

图 6-10 为简单破碎再生细骨料不同取代率的混凝土的劈裂抗拉强度。由图 6-9 可以看出，简单破碎再生细骨料混凝土的劈裂抗拉强度随着细骨料取代率

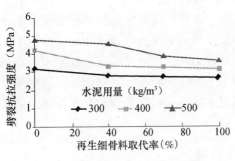

图 6-10　简单破碎再生细骨料混凝土
的劈裂抗拉强度

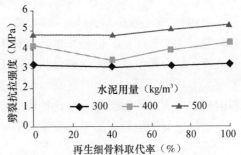

图 6-11　颗粒整形再生细骨料混凝土
的劈裂抗拉强度

的增加而降低。简单破碎再生细骨料取代率为40%、70%、100%时的混凝土的劈裂抗拉强度分别约为天然骨料混凝土的87%、81%和78%。

6.1.4.2　颗粒整形再生细骨料混凝土的劈裂抗拉强度

图6-11为颗粒整形再生细骨料不同取代率时混凝土的劈裂抗拉强度。由图可知：颗粒整形再生细骨料混凝土的劈裂抗拉强度随着细骨料取代率变化幅度不明显，颗粒整形再生细骨料取代率为40%、70%、100%时的混凝土的劈裂抗拉强度分别约为天然骨料混凝土的93%、99%和105%。

6.1.5　再生细骨料混凝土的收缩性能

收缩性能试验按照《普通混凝土长期性能和耐久性能试验方法》（GB/T 50082—2009）进行。

6.1.5.1　简单破碎再生细骨料取代率对收缩性能的影响

由图6-12~图6-14可知，简单破碎再生细骨料混凝土的收缩量前期小于天然细骨料混凝土，但后期收缩量明显高于天然细骨料混凝土，且收缩量随着取代率的增大而增加。

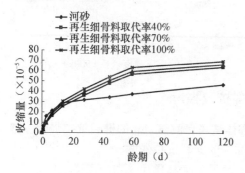

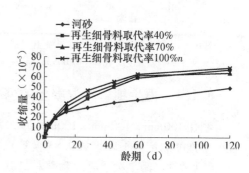

图6-12　简单破碎再生细骨料混凝土
　　　　的收缩（$C = 300kg/m^3$）

图6-13　简单破碎再生细骨料混凝土
　　　　的收缩（$C = 400kg/m^3$）

6.1.5.2　颗粒整形再生细骨料取代率对收缩性能的影响

由图6-15~图6-17可知，颗粒整形再生细骨料混凝土的收缩量大于天然细骨料混凝土的收缩量，但与简单破碎再生细骨料混凝土的收缩量相比，得到了明显改善。结合简单破碎再生细骨料混凝土的收缩量，可以发现天然混凝土早期的收缩大于再生混凝土，但其后期收缩明显小于再生混凝土。这是因为：再生细骨料的吸水率大，能在混凝土水化初期起到保水作用；但随着水化和水分蒸发的进一步进行，会产生较大的干燥收缩。

6.1.6　再生细骨料混凝土的碳化性能

碳化试验按照《普通混凝土长期性能和耐久性能试验方法》（GB/T 50082—

2009) 进行，在碳化箱中调整 CO_2 的浓度在 17% ~ 23% 的范围内，湿度在 65% ~ 75% 范围内，温度控制在 15 ~ 25℃ 范围内。

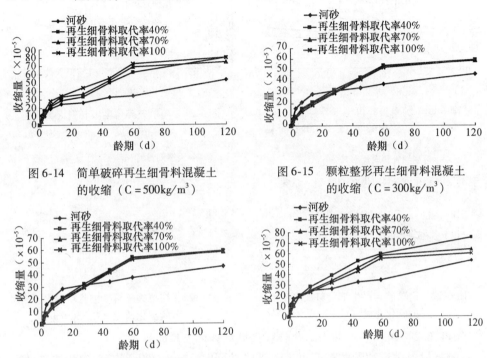

图 6-14　简单破碎再生细骨料混凝土的收缩（$C = 500kg/m^3$）

图 6-15　颗粒整形再生细骨料混凝土的收缩（$C = 300kg/m^3$）

图 6-16　颗粒整形再生细骨料混凝土的收缩（$C = 400kg/m^3$）

图 6-17　颗粒整形再生细骨料混凝土的收缩（$C = 500kg/m^3$）

6.1.6.1　简单破碎再生细骨料取代率对碳化性能的影响

胶凝材料用量和简单破碎再生细骨料对再生混凝土碳化深度和碳化速度的影响，如图 6-18 ~ 图 6-23 所示。

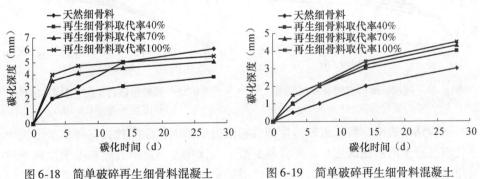

图 6-18　简单破碎再生细骨料混凝土的碳化深度（$C = 300kg/m^3$）

图 6-19　简单破碎再生细骨料混凝土的碳化深度（$C = 400kg/m^3$）

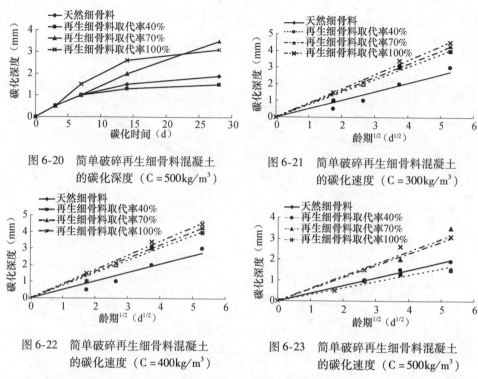

图 6-20　简单破碎再生细骨料混凝土的碳化深度（C = 500kg/m³）

图 6-21　简单破碎再生细骨料混凝土的碳化速度（C = 300kg/m³）

图 6-22　简单破碎再生细骨料混凝土的碳化速度（C = 400kg/m³）

图 6-23　简单破碎再生细骨料混凝土的碳化速度（C = 500kg/m³）

6.1.6.2　颗粒整形再生细骨料取代率对碳化性能的影响

胶凝材料用量和颗粒整形再生细骨料对再生混凝土碳化深度和碳化速度的影响，如图 6-24 ~ 图 6-29 所示。

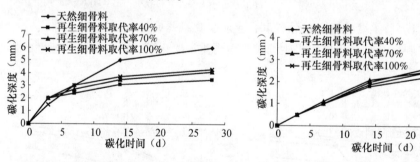

图 6-24　颗粒整形再生细骨料混凝土的碳化深度（C = 300kg/m³）

图 6-25　颗粒整形再生细骨料混凝土的碳化深度（C = 400kg/m³）

试验结果表明，简单破碎再生细骨料混凝土的碳化深度较大，颗粒整形再生细骨料混凝土的碳化深度与天然骨料混凝土大体相当。简单破碎再生细骨料颗粒棱角多，表面粗糙，吸水率大，不利于混凝土的密实性提高，而颗粒整形再生细骨料在整形过程中改善了粒形；去除了较为突出的棱角和黏附在表面的硬化水泥砂浆，粒形更为优化，级配更为合理，使得混凝土的密实度提高，碳化深度降低，抗碳化性能提高。

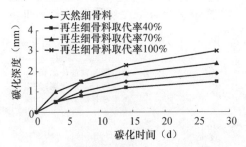

图 6-26　颗粒整形再生细骨料混凝土
的碳化深度（C = 500kg/m³）

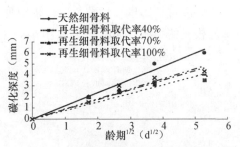

图 6-27　颗粒整形再生细骨料混凝土
的碳化速度（C = 300kg/m³）

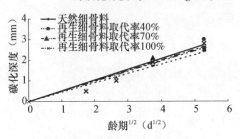

图 6-28　颗粒整形再生细骨料混凝土
的碳化速度（C = 400kg/m³）

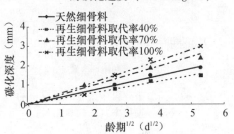

图 6-29　颗粒整形再生细骨料混凝土
的碳化速度（C = 500kg/m³）

6.1.7　再生细骨料混凝土的抗冻性能

抗冻试验按照《普通混凝土长期性能和耐久性能试验方法》（GB/T 50082—2009）中的快冻法进行。

6.1.7.1　简单破碎再生细骨料取代率对抗冻性能的影响

胶凝材料用量和简单破碎再生细骨料对再生混凝土冻融循环质量损失率和动弹性模量的影响，如图 6-30 ~ 图 6-35 所示。

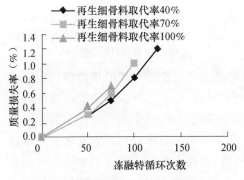

图 6-30　简单破碎再生细骨料混凝土的
质量损失率（C = 300kg/m³）

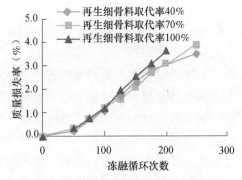

图 6-31　简单破碎再生细骨料混凝土的
质量损失率（C = 400kg/m³）

6.1.7.2 颗粒整形再生细骨料取代率对抗冻性能的影响

胶凝材料用量和颗粒整形再生细骨料对再生混凝土冻融循环质量损失率和动弹性模量的影响，如图6-36~图6-41所示。

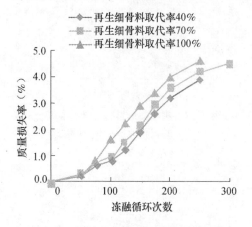

图6-32 简单破碎再生细骨料混凝土的质量损失率（C=500kg/m³）

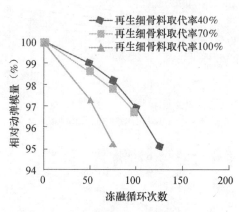

图6-33 简单破碎再生细骨料混凝土的相对动弹性模量（C=300kg/m³）

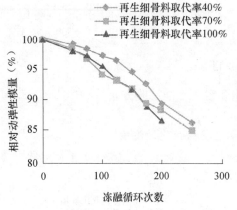

图6-34 简单破碎再生细骨料混凝土的相对动弹性模量（C=400kg/m³）

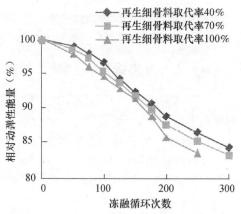

图6-35 简单破碎再生细骨料混凝土的相对动弹性模量（C=500kg/m³）

试验结果表明，颗粒整形再生细骨料混凝土经冻融循环后的质量损失率和相对动弹性模量损失率均低于简单破碎再生细骨料混凝土。其原因为简单破碎再生细骨料在破碎过程中产生大量微裂纹，致使混凝土中孔隙率大，有较多的自由水存积，较易产生冻融破坏。颗粒整形再生细骨料颗粒级配合理、粒形较好，提高了再生混凝土的密实度。颗粒整形再生细骨料混凝土的质量损失率和动弹性模量损失率随着细骨料取代率的增加变化不明显。细骨料100%取代时的质量损失率低于取代率为40%和70%时的损失率，动弹性模量损失率基本相同。

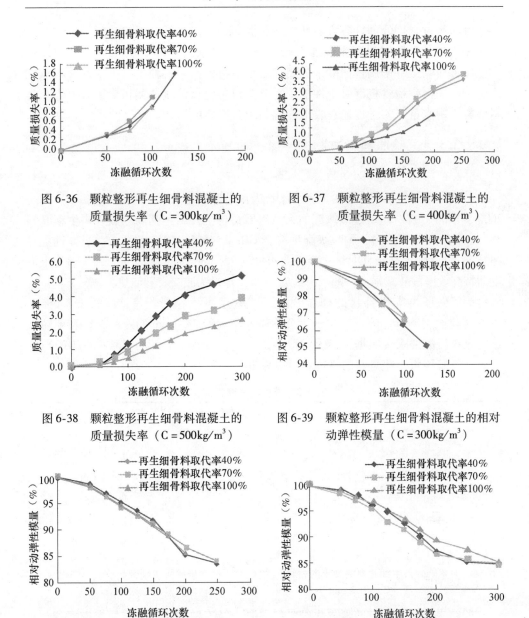

图 6-36 颗粒整形再生细骨料混凝土的
质量损失率（C=300kg/m³）

图 6-37 颗粒整形再生细骨料混凝土的
质量损失率（C=400kg/m³）

图 6-38 颗粒整形再生细骨料混凝土的
质量损失率（C=500kg/m³）

图 6-39 颗粒整形再生细骨料混凝土的相对
动弹性模量（C=300kg/m³）

图 6-40 颗粒整形再生细骨料混凝土的相对
动弹性模量（C=400kg/m³）

图 6-41 颗粒整形再生细骨料混凝土的相对
动弹性模量（C=500kg/m³）

6.2 再生粗骨料混凝土

再生粗骨料混凝土是指以再生粗骨料部分或全部取代天然粗骨料的混凝土。

再生骨料经过强化处理，各方面性能均有提高，但仍然低于天然骨料。另外，全部采用再生骨料会对混凝土性能有较大影响，一般对于粗骨料采用不同的取代率，细骨料则全部采用普通砂来配制混凝土。再生粗骨料种类、再生粗骨料取代率都会影响再生粗骨料混凝土性能。本节探讨再生粗骨料种类和掺量对再生粗骨料混凝土用水量、力学性能、收缩性能和耐久性能的影响。

6.2.1　试验原料与方案

6.2.1.1　试验原料

试验所用原材料中水泥为 P·O 42.5 级普通硅酸盐水泥；粗骨料包括 JGJ 52—2006 要求的 5~31.5mm 连续级配的天然碎石；再生骨料包括简单破碎再生粗骨料和颗粒整形再生粗骨料，颗粒级配都符合 GB/T 14685—2011 的要求。具体性能见图 6-3；细骨料为符合 JGJ 52—2006 要求的河砂，细度模数为 2.8；减水剂为上海麦斯特高效聚羧酸减水剂，减水率约为 32%，掺量为胶凝材料质量 1.2%。

为了保证再生粗骨料的颗粒合理，试验用再生粗骨料参考 GB/T 14685—2011《建设用卵石、碎石》中最大公称粒径不大于 31.5mm 的连续粒级和单粒粒级的颗粒级配要求。跟据国标《混凝土用再生粗骨料》（GB/T 25177—2010）的要求，试验用再生粗骨料的性能指标见表 6-3。

表 6-3　再生粗骨料性能

粗骨料种类	简单破碎再生粗骨料	颗粒整形再生粗骨料
颗粒级配	合格	合格
针片状颗粒含量（%）	5.1（Ⅰ类）	1.5（Ⅰ类）
含泥量（微粉含量），（%）	0.4（Ⅰ类）	0.4（Ⅰ类）
泥块含量（%）	0.2（Ⅰ类）	0.5（Ⅱ类）
压碎指标（%）	16.3（Ⅱ类）	8.3（Ⅰ类）
坚固性（%）	12.0（Ⅲ类）	4.2（Ⅰ类）
有害物质含量（%）	合格	合格
表观密度（kg/m³）	2432（Ⅱ类）	2590（Ⅰ类）
空隙率（%）	53（Ⅱ类）	48（Ⅰ类）
吸水率（%）	4.7（Ⅱ类）	2.9（Ⅰ类）
碱－骨料反应	合格	合格

由表 6-3 可知，简单破碎粗骨料的压碎指标、表观密度、空隙率、吸水率指标都为 Ⅱ 类，而坚固性指标为 Ⅲ 类。颗粒整形粗骨料泥块含量为 0.5%，而国标的指标为 <0.5%，其余指标都为 Ⅰ 类。

6.2.1.2 试验方案

混凝土砂率为35%，减水剂掺量为1.2%，通过调整用水量控制坍落度在160~200mm，具体方案见表6-4。而粗骨料分别为简单破碎再生粗骨料和颗粒整形再生粗骨料，再生粗骨料取代率分别为0%、40%、70%和100%。

表6-4 再生混凝土配合比

水泥 (kg/m³)	细骨料 (kg/m³)	粗骨料 (kg/m³)	再生粗骨料		减水剂 (kg/m³)
			取代率（%）	种类	
300	658	1222	0		3.6
300	658	1222	40	简单破碎	3.6
300	658	1222	70	简单破碎	3.6
300	658	1222	100	简单破碎	3.6
300	658	1222	40	颗粒整形	3.6
300	658	1222	70	颗粒整形	3.6
300	658	1222	100	颗粒整形	3.6
400	640	1190	0		4.8
400	640	1190	40	简单破碎	4.8
400	640	1190	70	简单破碎	4.8
400	640	1190	100	简单破碎	4.8
400	640	1190	40	颗粒整形	4.8
400	640	1190	70	颗粒整形	4.8
400	640	1190	100	颗粒整形	4.8
500	623	1157	0		6
500	623	1157	40	简单破碎	6
500	623	1157	70	简单破碎	6
500	623	1157	100	简单破碎	6
500	623	1157	40	颗粒整形	6
500	623	1157	70	颗粒整形	6
500	623	1157	100	颗粒整形	6

6.2.2 再生粗骨料混凝土的用水量

混凝土的工作性通常用和易性表示。和易性是指混凝土施工操作时便于振捣密实，不产生分层、离析和泌水等现象，它包括流动性、黏聚性、保水性三个指标。和易性是一项综合性能，通常是测试新拌混凝土的流动性，作为和易性的一个评价指标，辅以经验观察黏聚性和保水性。

6.2.2.1 简单破碎再生粗骨料取代率对用水量的影响

简单破碎再生粗骨料混凝土的用水量试验结果如图6-43所示。

由图6-42可见,随着简单破碎再生粗骨料取代率的增加,达到所需坍落度时的用水量相应增加。当胶凝材料用量为300kg/m³、简单破碎再生粗骨料的取代率为100%时,用水量较天然骨料混凝土最大增加20%,这个结果与早期国外的研究结果较为接近。随着胶凝材料用量的增多,简单破碎再生粗骨料混凝土与天然碎石混凝土相比增加的用水量有所下降,当胶凝材料用量为500kg/m³、简单破碎再生粗骨料的取代率为100%时,用水量较天然骨料混凝土增加了10%。

6.2.2.2 颗粒整形再生粗骨料取代率对用水量的影响

由图6-43～图6-45可以看出粗骨料越接近球形,其棱角越少,颗粒之间的空隙越小,达到同样坍落度的用水量就越小。颗粒整形能显著地改善再生粗骨料的各项性能,提高了其堆积密度和密实密度,降低了压碎指标值,使之接近天然粗骨料,对改善再生混凝土的用水量做出了很大贡献。颗粒整形再生粗骨料取代率≤40%时,用水量已经接近天然粗骨料混凝土;颗粒整形再生粗骨料70%取代时用水量比天然粗骨料混凝土增加约5%;颗粒整形粗骨料100%取代的混凝土用水量比相应的天然骨料混凝土用水量仍增多将近10%,但是其坍落度、保水性、黏聚性等已经与天然粗骨料混凝土相差无几,明显优于简单破碎再生粗骨料混凝土。

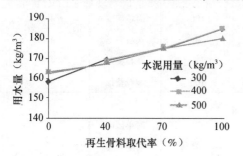

图6-42 简单破碎再生粗骨料混凝土
的用水量

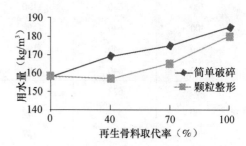

图6-43 颗粒整形对粗骨料混凝土用
水量的影响（C=300kg/m³）

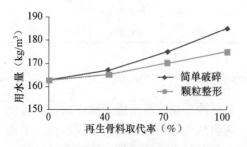

图6-44 颗粒整形对粗骨料混凝土用水量
的影响（C=400kg/m³）

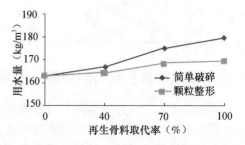

图6-45 颗粒整形对粗骨料混凝土用水量
的影响（C=500kg/m³）

6.2.3　再生粗骨料混凝土的抗压强度

试验方法按照《普通混凝土力学性能试验方法》（GBT 50081—2002）进行，分别测试 3d、28d、56d 的抗压强度。

6.2.3.1　简单破碎再生粗骨料取代率对抗压强度的影响

不同水泥用量、不同取代率的简单破碎再生粗骨料混凝土与天然粗骨料混凝土的抗压强度对比如图 6-46 ~ 图 6-48 所示。

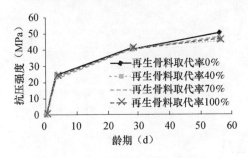

图 6-46　简单破碎再生粗骨料混凝土
抗压强度（C = 300kg/m³）

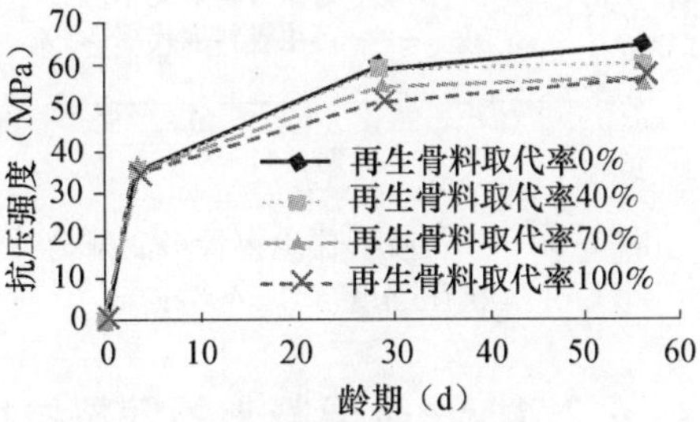

图 6-47　简单破碎再生粗骨料混凝土
抗压强度（C = 400kg/m³）

由上图可以看出，简单破碎再生粗骨料的取代率对再生混凝土的抗压强度影响很大。随着简单破碎再生粗骨料取代率的不断增加，再生混凝土的强度也随之降低。

6.2.3.2　颗粒整形再生粗骨料对抗压强度的影响

不同水泥用量、不同取代率的简单破碎再生粗骨料混凝土与天然粗骨料混凝土的抗压强度对比如图 6-49 ~ 图 6-51 所示。

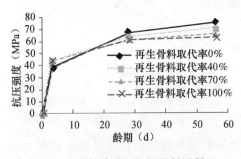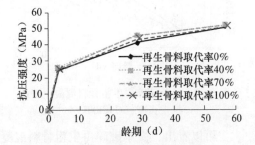

图 6-48　简单破碎再生粗骨料混凝土
抗压强度（C = 500kg/m³）

图 6-49　颗粒整形再生粗骨料混凝土
抗压强度（C = 300kg/m³）

由上图看出，颗粒整形再生粗骨料混凝土的强度与天然骨料混凝土相当。当水泥用量为 400kg/m³、颗粒整形再生粗骨料取代率为 40%、70% 和 100% 时，颗粒整形再生混凝土的 3d 抗压强度分别较普通混凝土增加 2.5%、降低 3.6% 和增加 6.8% 左右；28d 抗压强度分别较普通混凝土增加 3.1%、降低 0.1% 和增加 3.2% 左右；56d 抗压强度分别较普通混凝土降低 1.7%、降低 0.9% 和降低 4.6% 左右。

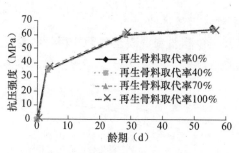

图 6-50　颗粒整形再生粗骨料混凝土
抗压强度（C = 400kg/m³）

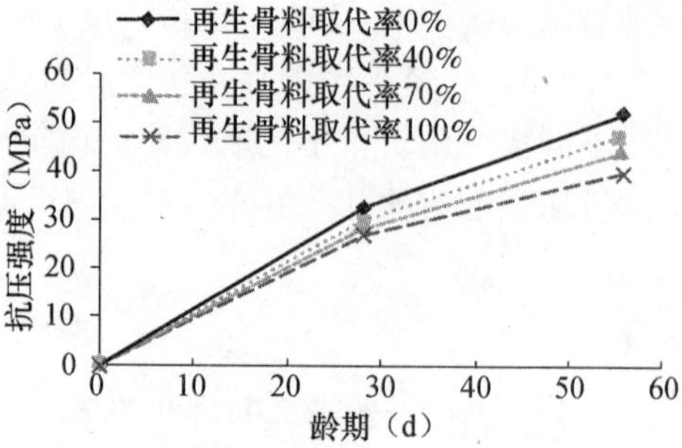

图 6-51　颗粒整形再生粗骨料混凝土
抗压强度（C = 500kg/m³）

6.2.4　再生混凝土的劈裂抗拉强度

6.2.4.1　简单破碎再生粗骨料取代率对劈裂抗拉强度的影响

不同水泥用量、不同取代率的简单破碎再生粗骨料混凝土与天然碎石混凝土的劈裂抗拉强度对比如图 6-52 ~ 图 6-54 所示。

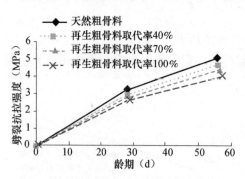
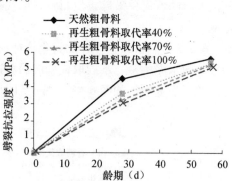

图 6-52　简单破碎再生粗骨料混凝土劈裂
抗拉强度（C = 300kg/m³）

图 6-53　简单破碎再生粗骨料混凝土劈裂
抗拉强度（C = 400kg/m³）

可以看出，简单破碎再生粗骨料混凝土的劈裂抗拉强度比天然碎石混凝土有较大幅度的降低。随着取代率的增加，劈裂抗拉强度下降幅度越来越大。随着单位水泥用量的增多，同样取代率的简单破碎再生粗骨料混凝土的劈裂抗拉强度有所提高。

6.2.4.2　颗粒整形再生粗骨料取代率对劈裂抗拉强度的影响

不同水泥用量、不同取代率的颗粒整形再生粗骨料混凝土与天然碎石混凝土的劈裂抗拉强度对比如图 6-55 ~ 图 6-57 所示。

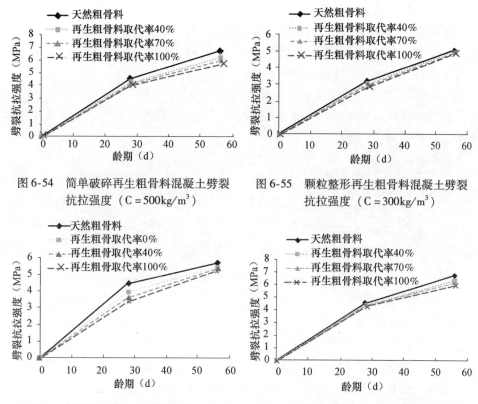

图 6-54　简单破碎再生粗骨料混凝土劈裂抗拉强度（C = 500kg/m³）

图 6-55　颗粒整形再生粗骨料混凝土劈裂抗拉强度（C = 300kg/m³）

图 6-56　颗粒整形再生粗骨料混凝土劈裂抗拉强度（C = 400kg/m³）

图 6-57　颗粒整形再生粗骨料混凝土劈裂抗拉强度（C = 500kg/m³）

由上图可以看出，颗粒整形再生粗骨料混凝土的劈裂抗拉强度比天然碎石混凝土也有一定幅度的降低。随着取代率的增加，劈裂抗拉强度下降幅度越来越大，这点与简单破碎再生粗骨料的劈裂抗拉强度规律相一致，但是相同的水泥用量、相同的再生粗骨料取代率的情况下，颗粒整形再生粗骨料混凝土的劈裂抗拉强度下降要比简单破碎再生粗骨料混凝土下降幅度要小得多。同简单破碎再生粗骨料混凝土的劈裂抗拉强度一样，随着水泥用量的增多，同样取代率的颗粒整形再生粗骨料混凝土的劈裂抗拉强度有所提高，说明颗粒整形效果是十分明显的，能显著地提高再生混凝土的劈裂抗拉强度。

6.2.5　再生粗骨料混凝土的收缩性能

混凝土干燥收缩本质上是水化相的收缩，骨料及未水化胶凝材料则起到约束收缩的作用。对于一般工程环境（相对湿度大于40%），水化相孔隙失水是收缩的主要原因。一定龄期下，水化相的数量及其微观孔隙结构决定了混凝土收缩的大小。再生粗骨料较高的吸水率特征使得再生粗骨料混凝土的干缩变形较为显著，已经引起有关方面的重视。

收缩性能试验按《普通混凝土长期性能和耐久性能试验方法》（GB/T 50082—2009）进行。研究了不同种类再生粗骨料、不同取代率及不同水泥用量对再生骨料混凝土收缩性能的影响。

6.2.5.1 简单破碎再生粗骨料对收缩性能的影响

简单破碎再生粗骨料取代率、水泥用量对再生粗骨料混凝土收缩影响规律如图 6-58 ～ 图 6-60 所示。

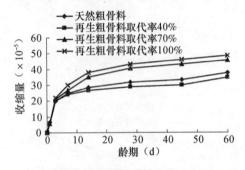

图 6-58　简单破碎再生粗骨料混凝土　　图 6-59　简单破碎再生粗骨料混凝土
　　　　的收缩（C = 300kg/m³）　　　　　　　　的收缩（C = 400kg/m³）

由上图可知，简单破碎再生粗骨料混凝土的收缩值在水泥用量少时前期较小，而后期则相对增加；随着简单破碎再生粗骨料取代率的增加，简单破碎再生粗骨料混凝土的收缩也随之加大。

6.2.5.2 颗粒整形再生粗骨料对收缩性能的影响

颗粒整形再生粗骨料取代率和水泥用量对再生粗骨料混凝土的收缩影响规律，如图 6-61 ～ 图 6-63 所示。

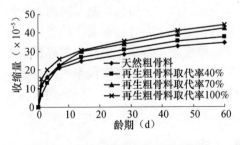
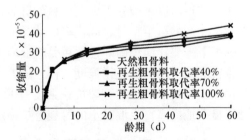

图 6-60　简单破碎再生粗骨料混凝土　　图 6-61　颗粒整形再生粗骨料混凝土
　　　　的收缩（C = 500kg/m³）　　　　　　　　的收缩（C = 300kg/m³）

同简单破碎再生粗骨料混凝土收缩规律一样，随着颗粒整形再生粗骨料取代率的增加，再生粗骨料混凝土的收缩也随之加大，但是增加的幅度较简单破碎再生混凝土减小。由于简单破碎再生粗骨料的吸水率较大，在拌制混凝土时需加入较多的拌合水，致使简单破碎再生粗骨料混凝土的早期收缩应变较小，后期增长较快。再生粗骨料的取代率对再生混凝土的收缩也有较大影响，当再生粗骨料的相对量比较少时，对收缩起主要控制的作用还是天然碎石；当取代率增加，对收缩起主要控制的是再生粗骨料，由于简单破碎再生粗骨料自身的劣化性导致收缩加大。通过颗粒整形去除了再生粗骨料的棱角和附着的多余的水泥砂浆，使其粒形接近球形，而且级配更加合理并且用水量也相对较少，故收缩量也相应减少。

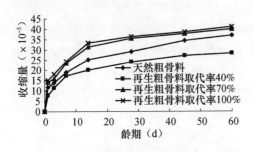

图 6-62　颗粒整形再生粗骨料混凝土
的收缩（$C = 400 kg/m^3$）

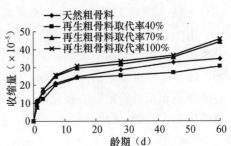

图 6-63　颗粒整形再生粗骨料混凝土
的收缩（$C = 500 kg/m^3$）

6.2.6　再生粗骨料混凝土的碳化性能

试验按照《普通混凝土长期性能和耐久性能试验方法》（GB/T 50082—2009）进行。

6.2.6.1　简单破碎再生粗骨料对混凝土碳化性能的影响

简单破碎再生粗骨料取代率和水泥用量对简单破碎再生粗骨料混凝土的抗碳化性能的影响规律，如图 6-63 ~ 图 6-68 所示。

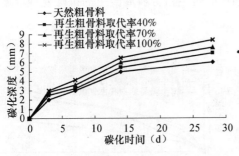

图 6-64　简单破碎再生粗骨料混凝土的
碳化深度（$C = 300 kg/m^3$）

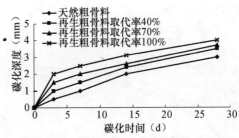

图 6-65　简单破碎再生粗骨料混凝土的
碳化深度（$C = 400 kg/m^3$）

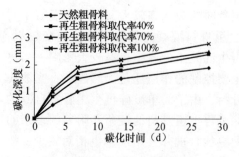

图 6-66　简单破碎再生粗骨料混凝土的
碳化深度（C = 500kg/m³）

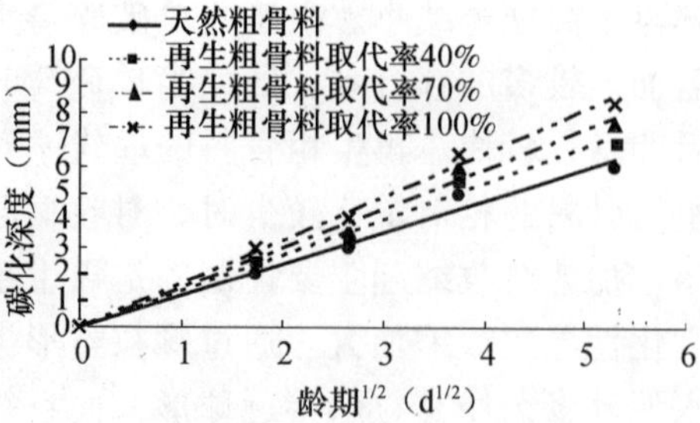

图 6-67　简单破碎再生粗骨料混凝土的
碳化速度（C = 300kg/m³）

由图 6-64 ~ 图 6-69 图可知，简单破碎再生粗骨料混凝土在任何取代率的情况下的碳化深度都高于天然碎石混凝土，而且碳化深度随着取代率的增加不断增加；碳化速度也反映出同样问题。说明在同样水泥用量的情况下，混凝土中粗骨料的种类和相对量是影响碳化深化的主要因素。取代率相同时，随着单位水泥用量的增加，其碳化深度减少。

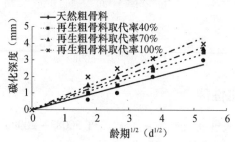
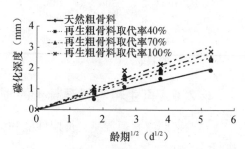

图 6-68　简单破碎再生粗骨料混凝土的
碳化速度（C = 400kg/m³）

图 6-69　简单破碎再生粗骨料混凝土
的碳化速度（C = 500kg/m³）

6.2.6.2　颗粒整形再生粗骨料对混凝土碳化性能的影响

颗粒整形再生粗骨料取代率和水泥用量对再生粗骨料混凝土的抗碳化性能的影响规律，如图 6-70 ~ 图 6-75 所示。

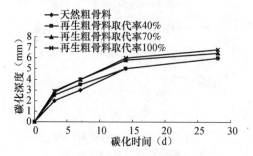
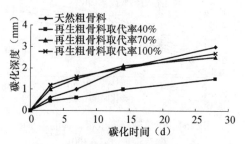

图 6-70　颗粒整形再生粗骨料混凝土
的碳化深度（C = 300kg/m³）

图 6-71　颗粒整形再生粗骨料混凝土
的碳化深度（C = 400kg/m³）

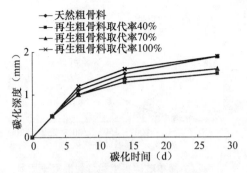

图 6-72　颗粒整形再生粗骨料混凝土
的碳化深度（C = 500kg/m³）

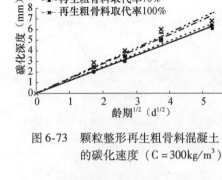

图 6-73　颗粒整形再生粗骨料混凝土
的碳化速度（C = 300kg/m³）

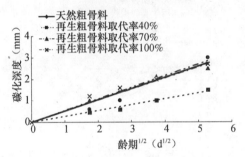

图 6-74　颗粒整形再生粗骨料混凝土
的碳化速度（C = 400kg/m³）

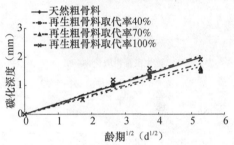

图 6-75　颗粒整形再生粗骨料混凝土
的碳化速度（C = 500kg/m³）

由上图可知，当水泥用量为 300kg/m³ 时，随着颗粒整形再生粗骨料取代率的增加，其抗碳化能力有一定下降。颗粒整形再生粗骨料完全取代天然骨料时的碳化深度仅比天然碎石混凝土增加 0.8mm，但小于简单破碎再生粗骨料混凝土的碳化深度；当水泥用量大于 300kg/m³ 时，颗粒整形再生粗骨料全取代时 28d 的碳化深度小于天然碎石混凝土的碳化深度，说明颗粒整形能显著改善再生混凝土的抗碳化能力，提高再生混凝土的耐久性。

6.2.7　再生粗骨料混凝土的抗冻性能

试验按照《普通混凝土长期性能和耐久性能试验方法》（GB/T 50082—2009）中抗冻性能试验中的快冻法进行。

6.2.7.1　简单破碎再生粗骨料混凝土的抗冻性能

简单破碎再生粗骨料取代率和水泥用量对再生粗骨料混凝土的抗冻性的影响，如图 6-76 ~ 图 6-81 所示。

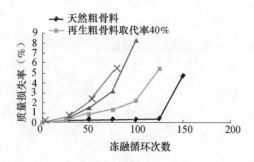

图 6-76　简单破碎再生粗骨料混凝土质量
　　　　损失率（C＝300kg/m³）

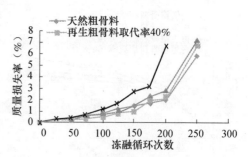

图 6-77　简单破碎再生粗骨料混凝土质量
　　　　损失率（C＝400kg/m³）

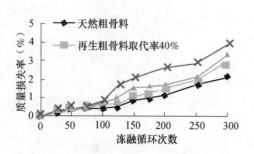

图 6-78　简单破碎再生粗骨料混凝土质量
　　　　损失率（C＝500kg/m³）

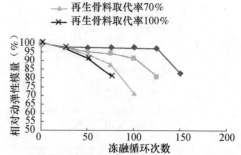

图 6-79　简单破碎再生粗骨料混凝土相对动
　　　　弹性模量（C＝300kg/m³）

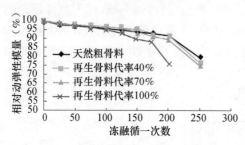

图 6-80　简单破碎再生粗骨料混凝土相对
　　　　动弹性模量（C＝400kg/m³）

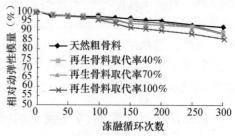

图 6-81　简单破碎再生粗骨料混凝土相对
　　　　动弹性模量（C＝500kg/m³）

　　由上图可知，随着取代率的增加，简单破碎再生粗骨料混凝土的抗冻性能下降，全取代时的抗冻性能最差；当单位水泥用量增加时，其抗冻性有所提高，但仍低于天然粗骨料混凝土。

6.2.7.2　颗粒整形再生粗骨料混凝土的抗冻性能

　　颗粒整形再生粗骨料取代率和水泥用量对再生粗骨料混凝土的抗冻性影响，

如图 6-82 ~ 图 6-87 所示。

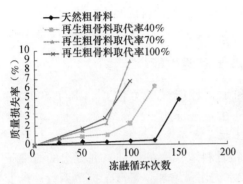

图 6-82　颗粒整形再生粗骨料混凝土
质量损失率（C = 300kg/m³）

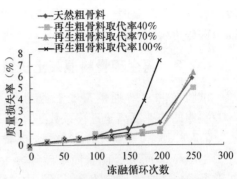

图 6-83　颗粒整形再生粗骨料混凝土
质量损失率（C = 400kg/m³）

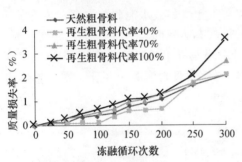

图 6-84　颗粒整形再生粗骨料混凝土质量
损失率（C = 500kg/m³）

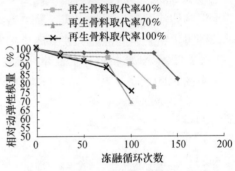

图 6-85　颗粒整形再生粗骨料混凝土相对
动弹性模量（C = 300kg/m³）

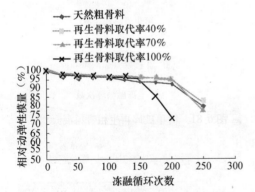

图 6-86　颗粒整形再生粗骨料混凝土相对
动弹性模量（C = 400kg/m³）

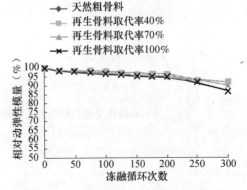

图 6-87　颗粒整形再生粗骨料混凝土相对
动弹性模量（C = 500kg/m³）

　　由上图可知，颗粒整形再生粗骨料全取代时，混凝土的质量损失率比天然粗骨料混凝土大，但取代率为40%、70%时的质量损失率已与天然粗骨料接近。当胶凝材料用量较高时，相同取代率的颗粒整形再生粗骨料混凝土抗冻性明显优于简单破碎再生粗骨料混凝土。

6.2.8 再生粗骨料混凝土抗氯离子渗透性能

试验按照《普通混凝土长期性能和耐久性能试验方法》（GB/T 50082—2009）中的快速氯离子迁移系数法（RCM法）进行。

6.2.8.1 简单破碎再生粗骨料混凝土抗氯离子渗透性能

由图6-88可知，随着简单破碎再生粗骨料取代率的增加，混凝土的氯离子扩散系数也随之增加。随着混凝土中单位水泥用量增加，氯离子扩散系数逐渐变小。由于简单破碎再生粗骨料在使用期间被破坏，或者在解体破碎过程中也可能存在损伤积累，使再生骨料内部存在大量的微裂纹，并且骨料与水泥浆体之间的结合较为薄弱，这些裂缝形成了氯离子渗透通道。当单位水泥用量增加时，多余的水泥浆体使混凝土更加密实，简单破碎再生粗骨料被水泥砂浆包裹，改善了简单破碎再生粗骨料的性能，使氯离子扩散系数有所降低。

6.2.8.2 颗粒整形再生粗骨料混凝土抗氯离子渗透性能

由图6-89图6~91可知，与简单破碎再生粗骨料混凝土相比，颗粒整形再

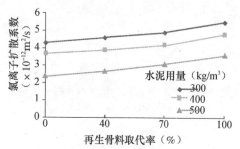

图6-88 简单破碎再生粗骨料混凝土
氯离子扩散系数

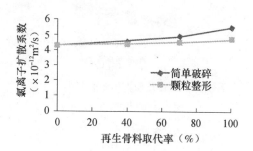

图6-89 再生粗骨料混凝土氯离子
扩散系数（C=300kg/m³）

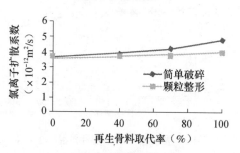

图6-90 再生粗骨料混凝土氯离子
扩散系数（C=400kg/m³）

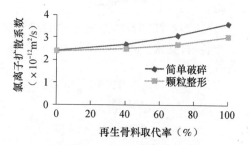

图6-91 再生粗骨料混凝土氯离子
扩散系数（C=500kg/m³）

生粗骨料混凝土的氯离子扩散系数有所降低，当再生粗骨料完全取代时降低更多。这是因为简单破碎粗骨料经过颗粒整形后，去除了骨料表面附着的多余的水泥砂浆，使骨料的微裂纹减少，从而减少了氯离子渗透的通道，经过颗粒整形之后，再生粗骨料的级配更加合理，混凝土更加密实，致使颗粒整形再生粗骨料混凝土氯离子扩散系数较小。

6.3　高性能再生细骨料混凝土

矿物掺合料在改善混凝土的用水量、力学性能和耐久性方面起着重要的作用。胶凝材料混合物颗粒体系的质量提高，可以加快混凝土体系的水化反应进程，改善混凝土的微观结构，从而可以提高混凝土的力学性能和耐久性能。

6.3.1　试验原料与试验方案

本节利用颗粒整形再生细骨料（高品质再生骨料）、聚羧酸减水剂、普通矿粉、粉煤灰、超细矿粉或硅灰等制备高性能再生混凝土。

6.3.1.1　试验原料

水泥：三菱水泥厂生产的 P. II 52.5 硅酸盐水泥。

普通矿粉：青岛产 S95 级矿粉。

粉煤灰：青岛四方电厂生产的 II 级灰。

硅灰：河南巩义生产的硅灰，$SiO_2 > 95\%$。

超细矿粉：济南钢铁公司生产的 P800 超细矿粉。

粗骨料：崂山产 5~25mm 连续级配的花岗岩碎石，符合 JGJ 52—2006 的要求。

细骨料：天然细骨料是符合 JGJ 52—2006 要求的细度模数为 3.1 的中粗河砂；

再生细骨料：将废弃混凝土破碎、颗粒整形、筛分后得到的再生细骨料，具体参数见表 6-5。

外加剂：江苏博特高效聚羧酸减水剂。

水：自来水。

表 6-5　再生骨料的性质

骨料的种类	再生粗骨料	再生细骨料
堆积密度（kg/m³）	1350	1405（I类）
密实密度（kg/m³）	1440	1513
表观密度（kg/m³）	2590（I类）	2553（I类）

骨料的种类	再生粗骨料	再生细骨料
空隙率（%）	48.0（Ⅱ类）	45.0（Ⅰ类）
吸水率（%）	5.98（Ⅲ类）	6.80
压碎指标（%）	11.6（Ⅰ类）	20.0（Ⅰ类）
泥含量（%）	0.3（Ⅰ类）	1.8
泥块含量（%）	0.2（Ⅰ类）	0.4（Ⅰ类）
细度模数	—	2.7
有机物含量	满足要求	满足要求

6.3.1.2　试验方案

主要研究内容包括再生细骨料取代率和胶凝材料体系对再生混凝土用水量、力学性能、收缩性能和耐久性能的影响。根据矿物掺合料种类的不同，试验共设计了六种胶凝材料体系，分别为：

A1—水泥 + 普通矿粉系列（用 S95 表示）；

B1—水泥 + 普通矿粉 + 超细矿粉系列（用 S95 + P800 表示）；

C1—水泥 + 普通矿粉 + 硅灰系列（用 S95 + SF 表示）；

D1—水泥 + 粉煤灰系列（用 FA 表示）；

E1—水泥 + 粉煤灰 + 超细矿粉系列（用 FA + P800 表示）；

F1—水泥 + 粉煤灰 + 硅灰系列（用 FA + SF 表示）。

混凝土的胶凝材料用量均为 480kg/m³，砂率均采用 40%，粗骨料用量为 1095kg/m³，细骨料总量为 730kg/m³，掺入 1.2% 的聚羧酸高效减水剂（掺硅灰的混凝土 1.5%），通过调整用水量使混凝土的坍落度控制在 180 ~ 220mm。每种胶凝材料体系中再生细骨料取代率分别为 0%、40%、70%、100%。基准混凝土配合比见表 6-6。

表 6-6　基准混凝土配合比（再生细骨料混凝土）

组别	体系代号	水泥（kg/m³）	矿粉（kg/m³）	粉煤灰（kg/m³）	超细矿粉（kg/m³）	硅灰（kg/m³）	外加剂（kg/m³）
A1	S95	240	240	0	0	0	5.8
B1	S95 + P800	240	201.6	0	38.4	0	5.8
C1	S95 + SF	240	201.6	0	0	38.4	7.2
D1	FA	240	0	240	0	0	5.8
E1	FA + P800	240	0	201.6	38.4	0	5.8
F1	FA + SF	240	0	201.6	0	38.4	7.2

6.3.2　高性能再生细骨料混凝土用水量

利用坍落度法测定混凝土拌合物的工作性，来评定六种胶凝材料体系和再生细骨料对再生混凝土流动性影响，通过目测来检查混凝土拌合物的黏聚性和保水性。

从图 6-92 可以看出，在坍落度符合要求时，不同胶凝材料的再生细骨料混凝土的用水量随再生细骨料取代率的增加而增加。这主要是由于再生细骨料虽然在整形过程中改善了粒形，但再生细骨料中粉体的主要成分是水泥石、石粉以及未水化充分的水泥矿物，使其吸水率明显高于天然细骨料，所以控制坍落度不变时，再生细骨料混凝土的用水量随再生细骨料取代率的增加而明显增加。

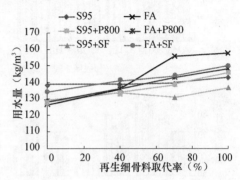

图 6-92　再生细骨料取代率对再生细骨料混凝土用水量的影响

6.3.3　高性能再生细骨料混凝土强度

本试验均按照《普通混凝土力学性能试验方法标准》（GB/T 50081—2002）进行，研究了六种胶凝材料体系 4 种再生细骨料取代率对再生混凝土力学性能的影响。

6.3.3.1　胶凝材料体系和再生细骨料取代率对再生混凝土强度的影响

高品质再生细骨料在整形过程中改善了粒形，去除了较为突出的棱角和黏附在表面的硬化水泥砂浆，粒形更为优化，级配更为合理，不仅可以提高混凝土的密实性，而且还可以降低再生混凝土的用水量，从而可以提高强度。

从图 6-93 中可以看出，A1、B1、C1 三种复合胶凝材料（主要胶凝材料为水泥 + 普通矿粉）的混凝土 3d 强度都随高品质再生细骨料掺量增加而增大，混凝土 28d 和 56d 强度随高品质再生细骨料掺量的增加也呈上升趋势。D1、E1、F1 三种复合胶凝材料（主要胶凝材料为水泥 + 粉煤灰）的混凝土 3d 强度随着高品质再生细骨料取代量的增加变化不明显，当高品质再生细骨料取代量为 40% 时强度最高，当高品质再生细骨料取代量为 100% 时强度略微下降，混凝土 28d、56d 和 150d 强度随细骨料取代量的变化规律与 3d 强度变化规律基本相同。

6.3.3.2　超细矿粉对再生细骨料混凝土强度的影响

由图 6-94 可知，加入超细矿粉后，矿粉体系再生细骨料混凝土和粉煤灰体系再生细骨料混凝土的抗压强度均有所提高。其中，矿粉体系再生细骨料混凝土 3d、28d、56d 抗压强度提高显著。

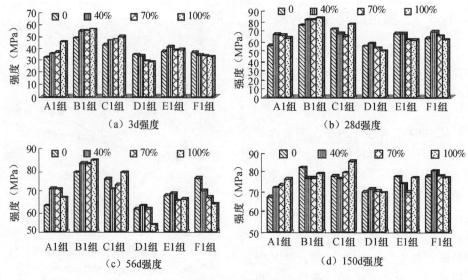

图 6-93 再生细骨料取代量对混凝土强度的影响

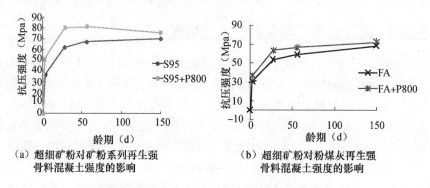

图 6-94 超细矿粉对再生细骨料混凝土强度的影响

6.3.3.3 硅灰对再生细骨料混凝土强度的影响

由图 6-95 可知，掺入硅灰可以有效提高矿粉体系和粉煤灰体系再生细骨料混凝土的抗压强度。超细矿粉对矿粉体系再生细骨料混凝土抗压强度的改善作用要优于硅灰；超细矿粉与硅灰对粉煤灰体系再生细骨料混凝土抗压强度的改善作用基本相同。

6.3.4 高性能再生细骨料混凝土的收缩性能

试验按照《普通混凝土长期性能和耐久性能试验方法》（GB/T 50082—2009）进行。

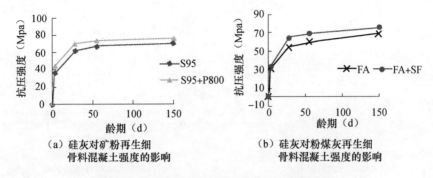

（a）硅灰对矿粉再生细
骨料混凝土强度的影响

（b）硅灰对粉煤灰再生细
骨料混凝土强度的影响

图 6-95　硅灰对再生细骨料混凝土强度的影响

6.3.4.1　普通矿物掺合料对再生细骨料混凝土收缩的影响

为了比较直观地研究矿物掺合料对再生细骨料混凝土收缩性能的影响，取胶凝材料相同而再生细骨料取代率不同的混凝土收缩量的平均值，得到不同胶凝材料的再生细骨料混凝土收缩量的变化曲线，如图 6-95 所示。

由图 6-96 可知，矿粉再生细骨料混凝土的收缩量高于粉煤灰再生细骨料混凝土。这是因为普通矿粉颗粒的无定形性使得混凝土的需水量相对较高，因此增加了再生混凝土的收缩量。

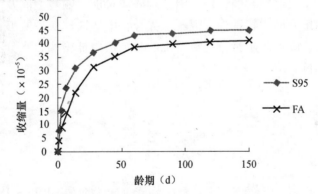

图 6-96　普通矿粉和粉煤灰对再生细骨料混凝土收缩性能的影响

6.3.4.2　超细矿粉对再生细骨料混凝土收缩性能的影响

由图 6-97 可知，掺入超细矿粉可以有效改善矿粉再生细骨料混凝土的中后期收缩量。超细矿粉细度大于普通矿粉，一部分颗粒迅速水化，与水泥的水化产物 $Ca(OH)_2$ 反应生成 C-S-H 凝胶体，填充于混凝土内的孔隙中，另一部分未水化的微细颗粒更易于填充在混凝土的微细孔中，使得混凝土的孔结构更合理，混凝土更密实，增加了混凝土的早期弹性模量。混凝土的毛细孔减小抑制了水分的挥发，从而有效地减小了混凝土干燥收缩。

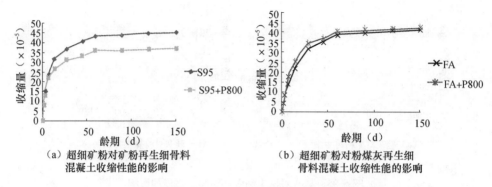

（a）超细矿粉对矿粉再生细骨料
混凝土收缩性能的影响

（b）超细矿粉对粉煤灰再生细
骨料混凝土收缩性能的影响

图 6-97　超细矿粉对再生细骨料混凝土收缩性能的影响

6.3.4.3　硅灰对再生细骨料混凝土收缩性能的影响

由图 6-98 可知，加入硅灰可以有效减少矿粉再生细骨料混凝土和粉煤灰再生细骨料混凝土的收缩量，特别是矿粉再生细骨料混凝土的收缩量。混凝土早期的粗毛细孔含量少，细毛细孔含量多，使混凝土内部自干燥作用明显，混凝土内部孔体系的临界半径迅速降低，引发较大的自收缩。7d 后混凝土自收缩发展变得缓慢，干燥收缩占主导地位。硅灰颗粒的粒径（平均粒径小于0.1μm）远小于水泥颗粒的粒径，因此，硅灰对水泥颗粒之间及水泥颗粒与骨料之间空隙的填充能力特别强。混凝土拌合物中加入硅灰后能够提高混凝土拌合物的黏聚性，降低泌水量，使混凝土的微结构更加密实，水分不易挥发，因此总收缩量降低。

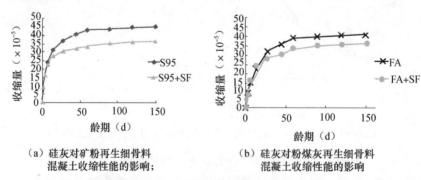

（a）硅灰对矿粉再生细骨料
混凝土收缩性能的影响；

（b）硅灰对粉煤灰再生细骨料
混凝土收缩性能的影响

图 6-98　硅灰对再生细骨料混凝土收缩性能的影响

6.3.5　再生细骨料混凝土抗氯离子渗透性能

试验通过 RCM 氯离子扩散系数试验方法测试六种不同胶凝材料体系中的不同种类的骨料对再生混凝土渗透性能影响。

6.3.5.1　矿物掺合料对再生细骨料混凝土渗透性的影响

由图 6-99 可知，矿粉再生细骨料混凝土的扩散系数随着再生细骨料取代率的增加略有减小；粉煤灰再生细骨料混凝土的扩散系数随着再生细骨料取代率的增加略有增大。矿粉再生细骨料混凝土的扩散系数约比粉煤灰再生细骨料混凝土高两倍，抗渗性明显优于粉煤灰再生细骨料混凝土。

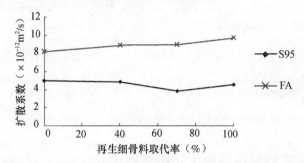

图 6-99　普通矿粉和粉煤灰对再生细骨料混凝土渗透性的影响

6.3.5.2　超细矿粉对再生细骨料混凝土渗透性的影响

由图 6-100 可知，掺入超细矿粉后，矿粉再生细骨料混凝土和粉煤灰再生细骨料混凝土的抗渗性都得到明显改善。其中，随着再生细骨料取代率的提高，超细矿粉对矿粉再生细骨料混凝土抗渗性的改善作用逐渐降低；对粉煤灰再生细骨料混凝土抗渗性的改善作用逐渐提高。

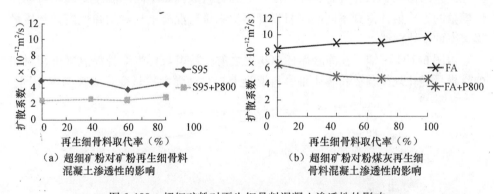

（a）超细矿粉对矿粉再生细骨料
混凝土渗透性的影响

（b）超细矿粉对粉煤灰再生细
骨料混凝土渗透性的影响

图 6-100　超细矿粉对再生细骨料混凝土渗透性的影响

6.3.5.3　硅灰对再生细骨料混凝土渗透性的影响

由图 6-101 可知，掺入硅灰后，矿粉再生细骨料混凝土和粉煤灰再生细骨料混凝土的抗渗性均得到明显改善，其中对粉煤灰再生细骨料混凝土抗渗性的提高作用非常显著。

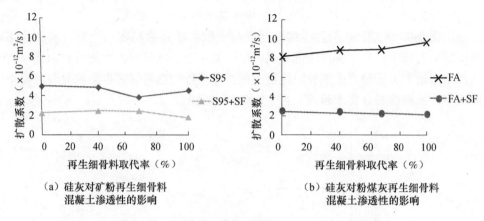

（a）硅灰对矿粉再生细骨料
混凝土渗透性的影响

（b）硅灰对粉煤灰再生细骨料
混凝土渗透性的影响

图 6-101　硅灰对再生细骨料混凝土渗透性的影响

6.3.6　再生细骨料混凝土抗冻性能

试验按照《普通混凝土长期性能和耐久性能试验方法》（GB/T 50082—2009）中的快冻法进行。

6.3.6.1　普通矿物掺合料对再生细骨料混凝土抗冻性的影响

试验研究结果表明，再生细骨料取代率对混凝土的相对动弹性模量和质量损失率影响不大，所以为了比较直观地研究矿物掺合料对再生细骨料混凝土相对动弹性模量的影响，取胶凝材料相同而再生细骨料取代率不同的混凝土的相对动弹性模量的平均值，得到不同胶凝材料的再生细骨料混凝土相对动弹性模量和质量损失率的变化曲线。

由图 6-102 可知，在冻融循环 100 次之前，粉煤灰再生细骨料混凝土相对动弹性模量变化规律与矿粉再生细骨料混凝土相对动弹性模量变化规律基本相同。

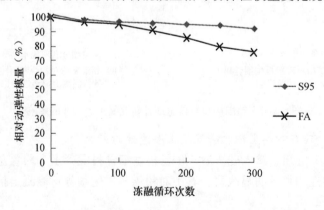

图 6-102　普通矿粉和粉煤灰对再生细骨料混凝土相对动弹性模量的影响

但当冻融循环次数超过 100 次后，粉煤灰再生细骨料混凝土相对动弹性模量下降较大，但是再生细骨料混凝土的抗冻性能均较好。

6.3.6.2　超细矿粉对再生细骨料混凝土抗冻性的影响

由图 6-103 可知，掺入 8% 的超细矿粉对矿粉再生细骨料混凝土的相对动弹性模量无明显影响。掺入 8% 的超细矿粉使粉煤灰再生细骨料混凝土的相对动弹性模量略有提高。

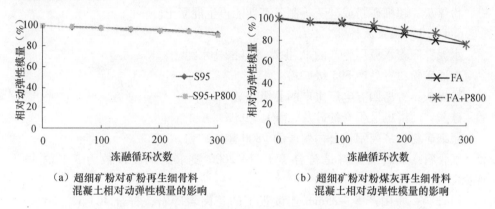

（a）超细矿粉对矿粉再生细骨料
混凝土相对动弹性模量的影响

（b）超细矿粉对粉煤灰再生细骨料
混凝土相对动弹性模量的影响

图 6-103　超细矿粉对再生细骨料混凝土相对动弹性模量的影响

6.3.6.3　硅灰对再生细骨料混凝土抗冻性的影响

由图 6-104 可知，掺入 8% 的硅灰对矿粉再生细骨料混凝土前 200 次冻融循环的相对动弹性模量无明显影响；对 200 次冻融循环后的相对动弹性模量略有降低。掺入的硅灰可使粉煤灰再生细骨混凝土的相对动弹性模量显著提高。

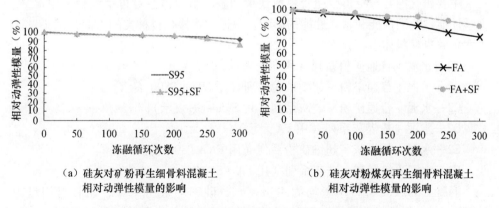

（a）硅灰对矿粉再生细骨料混凝土
相对动弹性模量的影响

（b）硅灰对粉煤灰再生细骨料混凝土
相对动弹性模量的影响

图 6-104　硅灰对再生细骨料相对动弹性模量的影响

6.4 高性能再生粗骨料混凝土

6.4.1 试验原料与试验方案

本节利用颗粒整形再生粗骨料（高品质再生骨料）、聚羧酸减水剂、普通矿粉、粉煤灰、超细矿粉或硅灰等制备高性能再生混凝土。

6.4.1.1 试验原料

水泥：三菱水泥厂生产的 P.Ⅱ52.5 硅酸盐水泥。

普通矿粉：青岛产 S95 级矿粉。

粉煤灰：青岛四方电厂生产的Ⅱ级灰。

硅灰：河南巩义生产的硅灰，$SiO_2 > 95\%$。

超细矿粉：济南钢铁公司生产的 P800 超细矿粉。

细骨料：天然细骨料是符合 JGJ 52—2006 要求的细度模数为 3.1 的中粗河砂。

粗骨料：崂山产 5～25mm 连续级配的花岗岩碎石，符合 JGJ 52—2006 的要求。

高品质再生粗骨料：将废弃混凝土破碎、颗粒整形、筛分后得到的再生粗骨料，具体参数仍见图 6-7。

外加剂：江苏博特高效聚羧酸减水剂。

水：自来水。

6.4.1.2 试验方案

主要研究内容包括再生粗骨料取代率和胶凝材料体系对再生混凝土用水量、力学性能、收缩性能和耐久性能的影响。根据矿物掺合料种类的不同，试验设计了六种胶凝材料体系，分别为：

A2—水泥 + 普通矿粉系列（用 S95 表示）；

B2—水泥 + 普通矿粉 + 超细矿粉系列（用 S95 + P800 表示）；

C2—水泥 + 普通矿粉 + 硅灰系列（用 S95 + SF 表示）；

D2—水泥 + 粉煤灰系列（用 FA 表示）；

E2—水泥 + 粉煤灰 + 超细矿粉系列（用 FA + P800 表示）；

F2—水泥 + 粉煤灰 + 硅灰系列（用 FA + SF 表示）。

混凝土的胶凝材料用量均为 $480kg/m^3$，砂率均采用 40%，粗骨料用量为 $1095kg/m^3$，细骨料总用量为 $730kg/m^3$，掺入 1.2% 的聚羧酸高效减水剂（掺硅灰的混凝土 1.5%），通过调整用水量使混凝土的坍落度控制在 180～220mm。每种胶凝材料体系中再生粗骨料取代率分别为 0%、40%、70%、100%。基准混凝土配合比见表6-7。

表6-7　基准混凝土配合比（再生粗骨粒混凝土）

组别	体系代号	水泥（kg/m³）	矿粉（kg/m³）	粉煤灰（kg/m³）	超细矿粉（kg/m³）	硅灰（kg/m³）	外加剂（kg/m³）
A2	S95	240	240	0	0	0	5.8
B2	S95 + P800	240	201.6	0	38.4	0	5.8
C2	S95 + SF	240	201.6	0	0	38.4	7.2
D2	FA	240	0	240	0	0	5.8
E2	FA + P800	240	0	201.6	38.4	0	5.8
F2	FA + SF	240	0	201.6	0	38.4	7.2

6.4.2　高性能再生混凝土用水量

用坍落度法测定混凝土拌合物的工作性，来评定胶凝材料体系和不同种类骨料取代率对再生混凝土流动性影响。

从图6-105可以看出，在坍落度符合要求时，不同胶凝材料的再生粗骨料混凝土的坍落度随再生粗骨料取代率的增加变化都不明显。这是因为，颗粒整形能明显地改善再生骨料的各项性能，显著地提高了堆积密度和密实密度，降低了压碎指标（粗骨料）和坚固性值（细骨料），使之接近天然粗骨料，改善再生混凝土的用水量。

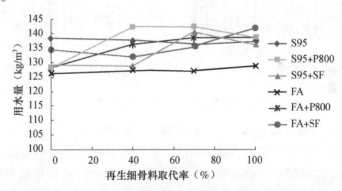

图6-105　再生粗骨料取代率对再生粗骨料混凝土用水量的影响

6.4.3　高性能再生粗骨料混凝土强度

试验均按照《普通混凝土力学性能试验方法标准》（GB/T 50081—2002）进行，研究了六种胶凝材料体系4种再生粗骨料取代率对再生混凝土力学性能的影响。

6.4.3.1 胶凝材料体系和再生粗骨料取代率对再生混凝土强度的影响

从图6-106可以看出，A2组（水泥+普通矿粉）混凝土强度随高品质再生粗骨料取代量的增加而呈上升趋势，B2组（水泥+普通矿粉+超细矿粉）和 D2 组（当水泥+粉煤灰）混凝土强度增长不明显，C2（水泥+普通矿粉+硅灰）混凝土强度随高品质再生粗骨料掺量增加有下降趋势；E2组（水泥+粉煤灰+超细矿粉作为基本胶凝材料）和 F2 组（水泥+粉煤灰+硅灰作为基本胶凝材料）混凝土强度在高品质再生粗骨料取代量为40%时达到最大，然后又随取代量增加而略微下降。

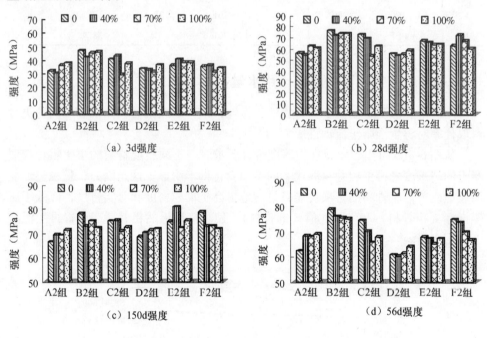

图6-106 再生粗骨料取代量对混凝土强度的影响

6.4.3.2 超细矿粉对再生粗骨料混凝土强度的影响

由图6-107可知，加入超细矿粉后，矿粉体系再生粗骨料混凝土和粉煤灰体系再生粗骨料混凝土的抗压强度均有所提高。其中，矿粉体系再生粗骨料混凝土3d、28d、56d抗压强度提高幅度较大，这与再生细骨料混凝土的规律相同。

6.4.3.3 硅灰对再生粗骨料混凝土强度的影响

由图6-108可知，掺入硅灰可以提高矿粉体系和粉煤灰体系再生粗骨料混凝土的抗压强度，其中，粉煤灰体系的强度提高幅度较大。

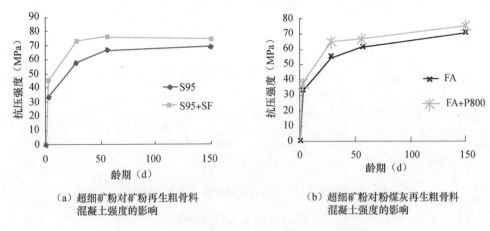

（a）超细矿粉对矿粉再生粗骨料
混凝土强度的影响

（b）超细矿粉对粉煤灰再生粗骨料
混凝土强度的影响

图 6-107 超细矿粉对再生粗骨料混凝土强度的影响

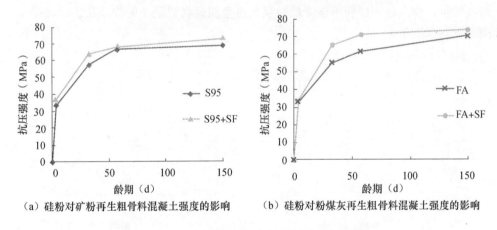

（a）硅粉对矿粉再生粗骨料混凝土强度的影响

（b）硅粉对粉煤灰再生粗骨料混凝土强度的影响

图 6-108 硅灰对再生粗骨料混凝土强度的影响

6.4.4 高性能再生粗骨料混凝土的收缩性能

试验按《普通混凝土长期性能和耐久性能试验方法》（GB/T 50082—2009）中收缩试验的试验方法进行。

6.4.4.1 矿物掺合料对再生粗骨料混凝土收缩的影响

为了比较直观地研究矿物掺合料对再生粗骨料混凝土收缩性能的影响，取胶凝材料相同而再生粗骨料取代率不同的混凝土收缩量的平均值，得到不同胶凝材料的再生粗骨料混凝土收缩量的变化曲线，如图 6-108 所示。

从图 6-109 可知，矿粉再生粗骨料混凝土的收缩量高于粉煤灰再生粗骨料混凝土，且两者之间的差异比再生细骨料试验数据更加明显。

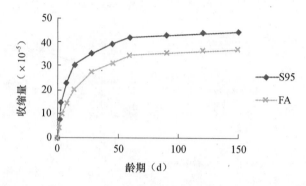

图 6-109　普通矿粉和粉煤灰对再生粗骨料混凝土收缩性能的影响

6.4.4.2　超细矿粉对再生粗骨料混凝土收缩的影响

由图 6-110 可知，掺入超细矿粉可以有效改善矿粉再生粗骨料混凝土的中后期收缩量。掺入超细矿粉不能降低粉煤灰再生粗骨料混凝土的收缩量，反而会略微加大其收缩量。

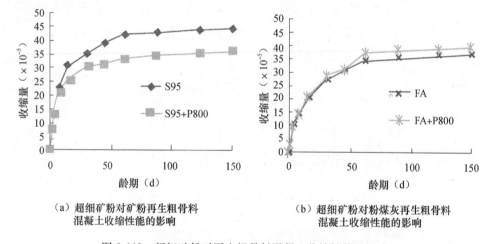

（a）超细矿粉对矿粉再生粗骨料　　　　（b）超细矿粉对粉煤灰再生粗骨料
　　　混凝土收缩性能的影响　　　　　　　　混凝土收缩性能的影响

图 6-110　超细矿粉对再生粗骨料混凝土收缩性能的影响

6.4.4.3　硅灰对再生粗骨料混凝土收缩的影响

由图 6-111 可知，加入硅灰可以减少矿粉再生粗骨料混凝土和粉煤灰再生粗骨料混凝土的收缩量，特别是可以显著降低矿粉再生粗骨料混凝土的收缩量。这与再生细骨料混凝土的情况一致。

6.4.5　再生粗骨料混凝土抗氯离子渗透性能

试验通过 RCM 氯离子扩散系数试验方法测试六种不同胶凝材料体系中的不同种类的骨料对再生混凝土渗透性能影响。

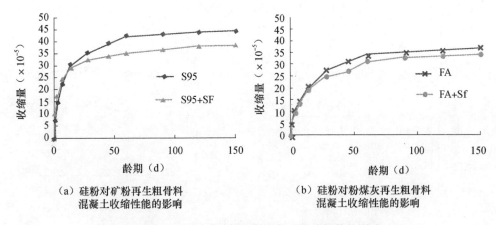

（a）硅粉对矿粉再生粗骨料
混凝土收缩性能的影响

（b）硅粉对粉煤灰再生粗骨料
混凝土收缩性能的影响

图 6-111　硅灰对再生粗骨料混凝土收缩性能的影响

6.4.5.1　矿物掺合料对再生粗骨料混凝土渗透性的影响

由图 6-112 可知，矿粉再生粗骨料混凝土的氯离子扩散系数随着再生粗骨料取代率的增加略有增加，到 70 以上会再降低；粉煤灰再生细骨料混凝土的扩散系数随着再生细骨料取代率的增加没有明显变化。矿粉再生细骨料混凝土的抗渗性明显优于粉煤灰再生细骨料混凝土。

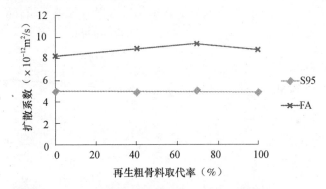

图 6-112　普通矿粉和粉煤灰对再生粗骨料混凝土渗透性的影响

6.4.5.2　超细矿粉对再生粗骨料混凝土渗透性的影响

由图 6-113 可知，超细矿粉能够明显提高混凝土的抗渗性，这是由于超细矿粉的颗粒比较细，具有胶凝性和火山灰活性，对再生混凝土渗透性主要有两个方面的作用：（1）一部分颗粒迅速水化，与水泥的水化产物 $Ca(OH)_2$ 反应生成 C-S-H 凝胶体，填充于混凝土内的孔隙中；（2）另一部分未水化的微细颗粒填充在混凝土的微细孔中，使混凝土的孔结构更合理，混凝土更密实，从而可以有效地提高再生混凝土的抗渗性。

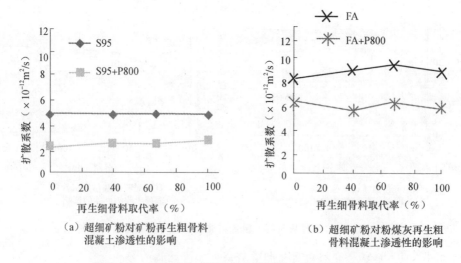

（a）超细矿粉对矿粉再生粗骨料
混凝土渗透性的影响

（b）超细矿粉对粉煤灰再生粗
骨料混凝土渗透性的影响

图 6-113　超细矿粉对再生粗骨料混凝土渗透性的影响

6.4.5.3　硅灰对再生粗骨料混凝土渗透性的影响

由图 6-114 可知，矿物掺合料对再生粗骨料混凝土抗渗性的影响情况与再生细骨料混凝土基本一致。硅灰能够明显提高混凝土的抗渗性，主要是由于硅灰的细度要远大于水泥，且具有火山灰活性，水化后可以有效填充微孔隙。

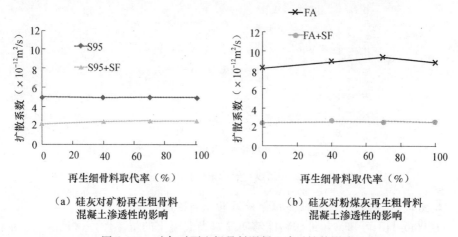

（a）硅灰对矿粉再生粗骨料
混凝土渗透性的影响

（b）硅灰对粉煤灰再生粗骨料
混凝土渗透性的影响

图 6-114　硅灰对再生粗骨料混凝土渗透性的影响

6.4.6　再生粗骨料混凝土抗冻性能

试验按《普通混凝土长期性能和耐久性能试验方法》（GB/T 50082—2009）抗冻性能试验中的快冻法进行，胶凝材料体系和骨料的具体配比与前面章节试验一致。

6.4.6.1　矿物掺合料对再生细骨料混凝土抗冻性的影响

为了比较直观地研究矿物掺合料对再生粗骨料混凝土相对动弹性模量和质量损失率的影响，取胶凝材料相同而再生粗骨料取代率不同的混凝土的相对动弹性模量和质量损失率的平均值，得到不同胶凝材料的再生粗骨料混凝土相对动弹性模量和质量损失率的变化关系。

由图 6-115 可知，普通矿粉和粉煤灰对再生粗骨料混凝土相对动弹性模量影响与再生细骨料混凝土试验结果基本一致。

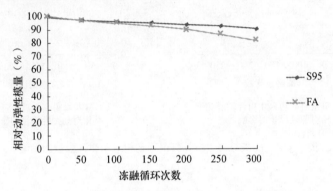

图 6-115　普通矿粉和粉煤灰对再生粗骨料混凝土相对动弹性模量的影响

6.4.6.2　超细矿粉对再生粗骨料混凝土抗冻性的影响

由图 6-116 可知，掺入 8% 的超细矿粉对矿粉再生粗骨料混凝土的相对动弹性模量无明显影响。掺入 8% 的超细矿粉使粉煤灰再生粗骨料混凝土的相对动弹性模量略有降低。

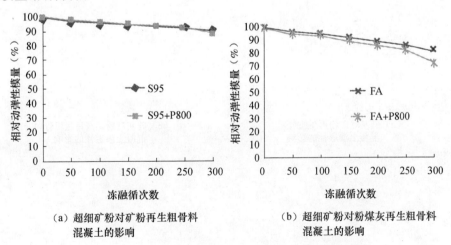

（a）超细矿粉对矿粉再生粗骨料　　　　　（b）超细矿粉对粉煤灰再生粗骨料
　　　混凝土的影响　　　　　　　　　　　　　　混凝土的影响

图 6-116　超细矿粉对再生粗骨料混凝土相对动弹性模量的影响

6.4.6.3 硅灰对再生粗骨料混凝土抗冻性的影响

由图 6-117 可知,掺入硅灰对矿粉再生粗骨料混凝土和粉煤灰再生粗骨料混凝土的相对动弹性模量均无明显影响。

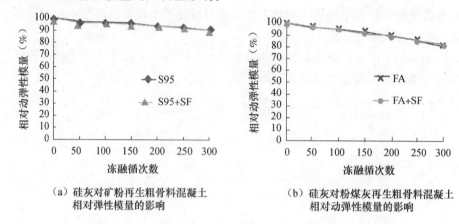

(a) 硅灰对矿粉再生粗骨料混凝土　　　(b) 硅灰对粉煤灰再生粗骨料混凝土
　　相对弹性模量的影响　　　　　　　　　相对动弹性模量的影响

图 6-117　硅灰对再生粗骨料混凝土相对动弹性模量的影响

第7章 透水混凝土

目前，城市的地面有 80% 左右被混凝土覆盖，而混凝土的密实程度较高，透水性和透气性较差，雨水难以渗透到土壤中补充地下水，而且高强度降雨时，地表积水难以渗透，加剧了城市排水系统的负担，造成内涝，影响居民的正常生活和城市交通的顺畅。透水性路面能够使雨水迅速地渗入地下，还原成地下水，保持土壤水分。透水混凝土是一种有利于促进水循环，改善城市生态环境的环保型建筑材料，可用来铺筑透水混凝土地面。用透水性混凝土铺设的透水性路面和地坪，增加了城市中土壤与环境的水、气交换，可以用于新建、扩建、改建的城镇道路工程、室外工程、园林工程中的轻荷载道路、广场和停车场等的路面。目前，透水混凝土路面材料经过多年的研发和应用已初步形成了完整、成熟的设计、施工方法，将成为未来城镇道路的发展趋势。

7.1 透水混凝土简介

透水混凝土又有无砂混凝土、多孔混凝土、多孔连续绿化混凝土、大孔混凝土等名称，英文名称有 Porous Concrete，Pervious Concrete 以及 No Fines Concrete 等。美国混凝土协会 2002 年将透水混凝土描述为"一种由水泥结合而成的开放级配混凝土"。透水混凝土是目前研究与应用最多的生态混凝土之一，它最大的特点是存在很多单独的或连续的孔隙，有良好的透气性与透水性，主要用于道路和地面铺装。

7.1.1 透水混凝土特点

透水混凝土是由特定级配的水泥、水、骨料、外加剂、掺合料和无机颜料等按特定配合比经特殊工艺制备而成的具有连续空隙的生态环保型混凝土。其表观密度一般为 $1600 \sim 2100 kg/m^3$，28d 抗压强度 $10 \sim 30MPa$，抗折强度 $2 \sim 6MPa$，透水系数 $0.5 \sim 20mm/s$。

与普通的水泥混凝土路面相比，透水性道路能够使雨水迅速地渗入地表，还原成地下水，及时补充地下水资源，促进水循环；同时由于孔隙能贮存一定水量，有利于调节城市地表局部空间的温度和湿度，消除热岛现象；还能在大雨时减轻排水设施的负担，控制城市暴雨径流污染；透水混凝土凹凸不平的微表面还能减轻道路打滑和防止反光，提高车辆、行人的通行舒适性与安全性；大量的孔隙能够吸收车辆行驶时产生的噪声，创造安静舒适的交通环境。

7.1.2 透水混凝土的分类与用途

7.1.2.1 透水混凝土的分类

用于道路和地面的透水混凝土主要有三种类型：

（1）水泥透水混凝土

以较高强度的硅酸盐水泥为胶凝材料，采用单一级配的粗骨料，不用或少用细骨料配制的无砂、多孔混凝土。其骨胶比为 $3.0 \sim 4.0$，水灰比为 $0.3 \sim 0.35$，孔隙率为 $15\% \sim 25\%$，表观密度通常为 $1700 \sim 2200\mathrm{kg/m^3}$，抗压强度 $15 \sim 35\mathrm{MPa}$，抗折强度 $3 \sim 5\mathrm{MPa}$，透水系数为 $1 \sim 15\mathrm{mm/s}$。水泥透水混凝土成本低，制作简单，耐久性好。但由于孔隙较多，强度、耐磨性、抗冻性都较低。这类透水混凝土是目前用于道路和地面的透水混凝土的主流产品。

（2）高分子透水混凝土

是采用单一粒级的骨料，以沥青或高分子树脂为胶结材的透水混凝土，与水泥透水混凝土相比，具有强度高，成本高的特点。由于有机胶凝材料耐候性差，在大气环境的作用下容易老化，且具有温度敏感性，当温度升高时，容易软化流淌，阻塞孔隙，使透水性受到影响。

此外，还有透水砖等烧结透水制品，特点是强度高、耐磨性好、耐久性优良。但烧结过程需要消耗能量，成本高，一般用于用量较小的高档地面。

7.1.2.2 透水混凝土的用途

由于透水混凝土强度较低，到目前为止仍然主要应用在强度要求不太高，而要求具有较高的透水效果的场合。例如公园内道路、人行道、轻量级道路、停车场、地下建筑工程以及各种新型体育场地等。表 7-1 列出了目前已有的透水性混凝土制品的种类和应用范围。

表 7-1 透水性混凝土及其制品种类的应用范围

制品种类	用途	应用范围
透水管、U 形槽、水井、现浇混凝土、透水砖、透水联锁砌块	雨水渗透	住宅小区、人行道、公园、道路、广场、停车场、工厂
现浇混凝土、透水砖、透水联锁砌块	透水性铺设	人行道、公园、广场、停车场、道路、池边、球场
透水管	地下水排放	道路、隧道、住宅小区
透水管、砌块	降低水压	码头底垫、引入道底面和侧面、水池底部、挡土墙后
透水管、水井、现浇混凝土	降低地下水位	地下建筑工程

7.1.3　透水混凝土国内外的研究情况

7.1.3.1　国外研究和应用的情况

由于透水混凝土路面材料具有以上诸多生态方面的优良特点，日本、美国和法国等发达国家已经有大量的研究，并且已应用于多个实际工程。

在美国，透水混凝土一般不含细骨料，也称为无砂混凝土。1979 年，美国佛罗里达州 Sarasota 教堂附近，首次使用无砂多孔混凝土建成了具有透水性的停车场，路面混凝土由 P·I 硅酸盐水泥，采用粒径 6 ~ 12.5mm 单粒级粗骨料，以及引气剂拌合而成。在此之后，透水混凝土在美国开始逐步推广使用，从 20 世纪 80 年代开始，美国出现了专门的透水性混凝土搅拌站，对这种混凝土实行商业供应。1991 年在佛罗里达州成立了"透水性波特兰水泥混凝土协会"，对透水性混凝土的使用提供技术指导。

在日本，1987 年开始有透水性混凝土路面材料的专利申请，采用单粒级粗骨料和微细骨料，胶凝材料采用有机高分子树脂，与微细骨料形成砂浆包裹在粗骨料的周围，主要用在停车场、公园、人行道。此外还可用于高速公路的分隔带及路肩，吸收车辆行驶时产生的噪音。对由于粉尘和泥沙的堵塞，造成的路面透水功能下降的问题，日本采用小型高压清洗机清洗路面，可使透水功能恢复到初期的 80% 左右。

在法国，约有 60% 的网球场使用了透水混凝土，此外，透水混凝土还用于温室的地面、近水护坡绿化面等部位，以增加透气、透水面积。在英国，19 世纪 70 年代就开始将无砂透水混凝土浇筑成混凝土路面。该路长 183m，使用效果很好，直到 10 年以后因为冻融循环和水力抽吸造成路面破坏。

总的来说，以日本、美国为代表的国家是世界上透水混凝土路面材料研究与应用较为先进的国家和地区。

7.1.3.2　国内研究和应用情况

国内研究者对透水性混凝土材料已经作了一定的研究工作。例如中国建筑材料科学研究院在原国家建筑材料工业局的资助下，于 1993 年开始进行《透水混凝土与透水性混凝土路面砖的研究》。目前中国建筑材料科学研究院对透水混凝土砖作了较多的研究，取得了一定的成果。清华大学采用小粒径骨料、矿物细掺料和有机增强剂等方法，提高透水混凝土道路材料的强度，研制出了力学性能符合行业标准，具有良好透水性的混凝土材料。东南大学对植被型透水混凝土进行了研究，长安大学也对透水混凝土的排水施工等进行了较多的研究。

但是，国内对透水混凝土的配合比设计方法和成型工艺以及透水系数的测定等研究还不够多，对透水混凝土的生态环保效益的研究也有欠缺。我国因为对生态混凝土的研究起步较晚，在透水性混凝土方面虽然取得了一些研究成果，但技术水平与应用都离发达国家有差距。

7.2 透水混凝土制备方法

7.2.1 原料选择

水泥应采用强度等级不低于42.5级的硅酸盐水泥或普通硅酸盐水泥，质量应符合现行国家标准《通用硅酸盐水泥》（GB175）；透水混凝土拌合用水应符合《混凝土拌合用水》（JGJ 63）的规定；外加剂符合《混凝土外加剂》（GB8076）的规定；透水混凝土采用的碎石料，必须使用质地坚硬、耐久、洁净的碎石料，粒径在2.4~13.2mm，碎石的性能指标应符合《建筑用卵石、碎石》（GB/T 14685）中的二级要求，见表7-2规定。

表7-2　透水混凝土用碎石的性能指标

项目	指标		
	1	2	3
尺寸（mm）	2.4~4.75	4.75~9.5	9.5~13.2
压碎值（%）	<15.0		
针片状颗粒含量（按质量计,%）	<15.0		
含泥量（按质量计,%）	<1.0		
表观密度（kg/m³）	>2500		
紧密堆积密度（kg/m³）	>1350		
空隙率（%）	<47.0		

7.2.2 透水混凝土性能要求

透水混凝土的性能应符合表7-3规定。

表7-3　透水混凝土的性能

项目		要求	
耐磨性（磨坑长度）（mm）		≤35	
透水系数（mm/s）		0.5	
抗冻性（%）	（25次冻融循环后抗压强度损失率）	≤20	
	（25次冻融循环后质量损失率）	≤5	
空隙率（%）		11~17	
强度等级		C20	C30
28d抗压强度（MPa）		≥20.0	≥30.0
28d抗拉强度（MPa）		≥2.5	≥3.0

7.2.3 透水混凝土配合比设计

透水混凝土设计依据式 7-1：

$$(M_g/\rho_g) + (M_c/\rho_c) + (M_w/\rho_w) + (M_z/\rho_z) + P = 1 \qquad (7\text{-}1)$$

式中 M_g——1m³ 透水混凝土中粗骨料的用量（kg）；

M_c——1m³ 透水混凝土中水泥的用量（kg）；

M_w——1m³ 透水混凝土中水的用量（kg）；

M_z——1m³ 透水混凝土增强料的用量（kg）；

P_g——粗骨料的表观密度（kg/cm³）。

P_c——水泥的表观密度（kg/cm³）；

P_w——水的表观密度（kg/cm³）；

P_z——增强料的表观密度（kg/cm³）；

P——设计孔隙率。

每 1m³ 透水混凝土中材料的推荐用量为：胶凝材料：300~450kg（增强料与水泥）；碎石料：1300~1500kg；水胶比：0.28~0.32。

7.2.4 透水混凝土结构设计

根据不同使用环境，《透水混凝土路面技术规程》（CJJ/T 135—2009）对透水混凝土的结构有如表 7-4 要求。

表 7-4 透水混凝土路面基层结构

类别	适应范围	结构层
基层全透水结构	人行道、非机动车道、景观硬地	级配砂砾及级配砾石基层和底基层、级配碎石及级配砾石基层和底基层
基层半透水结构	轴载 4t 以下城镇道路、停车场、广场、小区道路	稳定土基层或石灰、粉煤灰稳定砂砾基层和底基层
基层不透水结构	轴载 6t 以下城镇道路、停车场、广场、小区道路	水泥混凝土基层稳定土底基层或石灰、粉煤灰稳定砂砾底基层

基层全透水结构层的技术要求，形式如图 7-1 所示。级配砂砾及级配砾石基层、级配碎石及级配砾石基层和底基层总厚度 h_2 不小于 150mm。

基层半透水结构层的技术要求，形式如图 7-2 所示。稳定土基层或石灰、粉煤灰稳定砂砾基层和底基层总厚度 h_2 不小于 180mm。

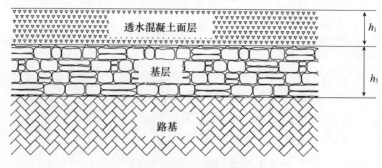

图 7-1　基层全透水结构形式

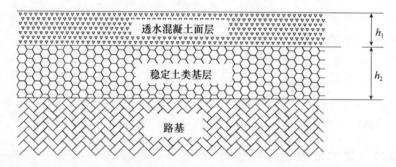

图 7-2　基层半透水结构形式

基层不透水结构层的技术要求，形式如图 7-3 所示。水泥混凝土基层的抗压强度等级不低于 C20，厚度 h_2 等于 $100 \sim 150 \text{mm}$ 稳定土底基层或石灰、粉煤灰稳定砂砾底基层厚度 h_3 不小于 150mm。

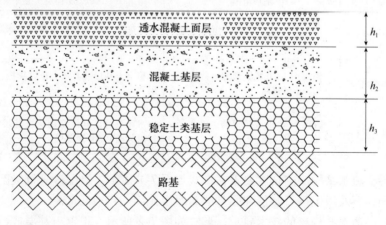

图 7-3　基层不透水结构形式

基层为混凝土结构层时，铺设透水混凝土面层前应做界面处理。透水混凝土面层结构设计，分单色层及双色组合层设计。采用双色组合层时，其表面层厚度应不低于 30mm。根据透水混凝土路面的荷载、功能及地形地貌，选用强度等级及透水系数不同的透水混凝土。设计基层全透水结构时，其透水混凝土面层强度等级应不小于 C20，厚度（h_1）应不小于 60mm；设计基层半透水结构和基层不透水结构时，其透水混凝土面层强度等级应不小于 C30，厚度（h_1）分别不小于 100mm 和 150mm。如基层采用厚度大于 150mm 的混凝土结构时，可适当减小透水混凝土面层厚度（h_1），但不应小于 120mm。设计透水混凝土面层时，应设计纵向和横向接缝。纵向接缝的间距按路面宽度在 3.0～4.5m 范围内确定，横向接缝的间距一般为 4～6m；广场平面尺寸不宜大于 25m²，面层板的长宽比不宜超过 1.30。基层有结构缝时，面层缩缝应与其相应结构缝位置一致，缝内应填嵌柔性材料。透水混凝土面层施工长度超过 30m 或与其他构造物连接处（如侧沟、建筑物、窨井、铺面的连锁砌块、沥青铺面）应设置胀缝。

7.2.5　透水混凝土施工要求

在透水混凝土面层施工前，应对基层作清洁处理，处理后的基层表面应粗糙、清洁、无积水，并保持一定湿润状态，必要时宜进行界面处理。施工现场应配备施工所需的辅助设备、辅助材料、施工工具以及安全防护措施。

7.2.5.1　搅拌和运输

透水混凝土必须采用机械搅拌，搅拌机的容量应根据工程量大小、施工进度、施工顺序和运输工具等参数选择。搅拌地点距作业面运输时间不宜超过 0.5h。进入搅拌机的原材料必须计量准确。每台班拌制前应精确测定骨料中的含水率，根据骨料的含水率，调整透水混凝土配比中的用水量，由施工现场试验确定施工配合比。

透水混凝土原材料（按质量计）的允许误差，不应超过下列规定：水泥 ±1%；增强料 ±1%；骨料 ±2%；水 ±1%；外加剂 ±1%。

采用自落式搅拌机时，宜将配好的石料、水泥、增强料、外加剂投入搅拌机中，先进行干拌 60s 后，再将计量好的水，分 2～3 次加入搅拌机中进行拌合，搅拌时间宜控制在 120～300s。采用强制式搅拌机时，宜先将石料和 50% 用水量加入强制式搅拌机拌合 30s，再加入水泥、增强料、外加剂拌合 40s，最后加入剩余用水量拌合 50s 以上。透水混凝土路面双层设计时，应采用不同搅拌机分别搅拌。透水混凝土拌合物运输时要防止离析，应注意保持拌合物的湿度，必要时采取遮盖等措施。透水混凝土拌合物从搅拌机出料后，运至施工地点进行摊铺、压实，直至浇筑完毕的允许最长时间，由实验室根据水泥初凝时间及施工温度确定，并应符合表 7-5 的规定。

表 7-5　透水混凝土从搅拌机出料至浇筑完毕的允许最长时间

施工气温 t（^{0}C）	允许最长时间（h）
$5 \leqslant t < 10$	2
$10 \leqslant t < 20$	1.5
$20 \leqslant t < 30$	1
$30 \leqslant t < 35$	0.75

7.2.5.2　摊铺、压实的施工要求

1）模板的制作与立模应符合下列规定：

（1）模板应选用质地坚实，变形小、刚度大的材料，模板的高度应与混凝土路面厚度一致；

（2）立模的平面位置与高程，应符合设计要求，模板与混凝土接触的表面应涂隔离剂。

（3）透水混凝土拌合物摊铺前，应对模板的高度、支撑稳定情况等进行全面检查。

2）透水混凝土拌合物摊铺时，以人工均匀摊铺，找准平整度与排水坡度，摊铺厚度应考虑其摊铺系数，其松铺系数宜为 1.1。施工时，对边角处特别注意有无缺料现象，要及时补料进行人工压实。

3）透水混凝土宜采用专用低频振动压实机，或采用平板振动器振动和专用滚压工具滚压。用平板振动器振动时避免在一个位置上持续振动使用振动器振捣，采用专用低频振动压实机压实时应辅以人工补料及找平，人工找平时，施工人员应穿上减压鞋进行操作，并应随时检查模板，如有下沉、变形或松动，应及时纠正。

4）透水混凝土压实后，宜使用机械对透水性混凝土面层进行收面，必要时配合人工拍实、抹平。整平时必须保持模板顶面整洁，接缝处板面平整。透水混凝土拌制浇筑注意避免地表温度在 40℃ 以上施工，同时不得在雨天和冬期施工。透水混凝土面层施工后，宜在 48h 内涂刷保护剂。涂刷保护剂前，面层应进行清洁。

7.2.5.3　养护的要求

透水混凝土路面施工完毕后，宜采用覆盖塑料薄膜和彩条布及时进行保湿养护。养护时间根据透水混凝土强度增长情况而定，养护时间不宜少于 14d。养护期间透水混凝土面层不得行人、通车，养护期间应保护塑料薄膜的完整，当破损时应立即修补。薄膜覆盖后应禁止行人通行，养护期和填缝前禁止一切车辆行驶。拆模时间应根据气温和混凝土强度增长情况确定；拆模不得损坏混凝土路面的边、角，尽量保持透水性混凝土块体完好。透水混凝土路面未达到设计强度前不允许投入使用。透水混凝土路面的强度，应以透水混凝土试块强度为依据。

7.2.6　透水混凝土验收要求

7.2.6.1　一般规定

路基、基层及其他附属工程质量检验和验收可参照《城镇道路工程施工与质量验收规范》（CJJ1）相关条文执行。透水混凝土试块强度的检验与评定，应按现行国家标准《混凝土强度检验评定标准》（GBJ 107）执行。

施工中出现透水混凝土试块缺乏代表性或试块数量不足，或者对透水混凝土试块的试验结果有怀疑、争议时，宜采用钻芯取样检验方法对透水混凝土强度进行原位检测，判断路面透水混凝土强度。透水混凝土试块缺少的试验结果不能满足设计要求，需另行确认透水混凝土的实际强度。路面板面边角应整齐，不得有大于 0.5mm 的裂缝。路面施工缝必须垂直，直线段应顺直，曲线段应弯顺，缝内不得有杂物，所有缝必须上下贯通。

7.2.6.2　透水性混凝土路面面层质量检验标准

1）原材料质量要求

（1）水泥品种、级别、质量、包装、贮存，应符合国家现行有关标准的规定。

检查数量按同一生产厂家、同一等级、同一品种、同一批号且连续进场的水泥，袋装水泥不超过 200t 为一批，散装水泥不超过 500t 为一批，每批抽样 1 次。水泥出厂超过三个月时，应进行复验，复验合格后方可使用。

（2）混凝土中掺加外加剂的质量应符合现行国家标准《混凝土外加剂》（GB 8076）和《混凝土外加剂应用技术规范》（GB 50119）的规定。检查数量按进场批次和产品抽样检验方法确定。每批不少于 1 次。检验方法检查产品合格证、出厂检验报告和进场复验报告。

（3）骨料应采用质地坚硬、耐久、洁净的碎石、砾石、破碎砾石，并应符合表 7-1 的规定。同产地、同品种、同规格且连续进场的骨料，每 400m³ 为一批检查，不足 400m³ 按一批计，每批抽检 1 次。

2）透水混凝土路面面层质量要求。

（1）透水混凝土路面弯拉强度应符合设计规定。

检查数量按每 100m³ 同配合比的透水混凝土，取样 1 次；不足 100m³ 时按 1 次计。每次取样应至少留置 1 组标准养护试件。同条件养护试件的留置组数应根据实际需要确定，最少 1 组。

（2）透水混凝土路面抗压强度应符合设计规定。

检查数量：每 100m³ 同配合比的透水混凝土，取样 1 次；不足 100m³ 时按 1 次计。每次取样应至少留置 1 组标准养护试件。同条件养护试件的留置组数应根据实际需要确定，最少1组。

（3）透水混凝土路面面层透水系数应达到设计要求。检查数量为每500m²抽测1点。

（4）透水混凝土路面面层厚度应符合设计规定，允许误差±5mm。每500m²抽测1点。

透水混凝土路面面层应板面平整，边角应整齐、无裂缝，不应有石子脱落现象。路面伸缩缝应垂直、直顺，缝内不应有杂物。伸缩缝在规定的深度和宽度范围应全部贯通。彩色透水混凝土路面颜色必须均匀一致。露骨料透水混凝土路面面层石子分布应均匀一致，不得有松动现象。透水混凝土路面面层允许偏差应符合表7-6的规定。

表7-6 透水混凝土路面面层允许偏差

项目		允许偏差（mm）		检验范围		检验点数	检验方法
		道路	广场	道路	广场		
高程（mm）		±15	±10	20m	施工单元	1	用水准仪测量
中线偏位（mm）		≤20	—	100m		1	用经纬仪测量
平整度	最大间隙（mm）	≤5	≤7	20m	10m×10m	1	用3m直尺和塞尺连续量两尺，取较大值
宽度（mm）		0 −20		40m	40m	1	用钢尺量
横坡（%）		±0.30%且不反坡		20m		1	用水准仪测量
井框与路面高差（mm）		≤3	≤5	每座		1	十字法，用直尺和塞尺量，取最大值
相邻板高差（mm）		≤5		20m	10m×10m	1	用钢板尺和塞尺量
纵缝直顺度（mm）		≤10		100m	40m×40m	1	用20m线和钢尺量

7.3　透水混凝土性能评价方法

根据标准CJJ/T 135—2009的要求，除力学性能之外，评价透水混凝土质量的主要性能指标为透水系数、耐磨性（磨坑长度）、抗冻性（25次冻融循环后抗压强度损失率和质量损失率）和空隙率（孔隙率）等几项。

7.3.1　透水系数的测定方法

透水混凝土可以在雨季及时排除路面积水，为汽车的安全行驶和居民行走方便创造良好的条件，补充日益缺乏的地下水资源；可以吸收空气中的粉尘，减少粉尘对人体的攻击，这些都与混凝土的透水性分不开，我们用透水系数来表征混凝土的透水性。

7.3.1.1　透水系数测定原理

透水系数是透水混凝土透水性能的重要指标，测定方法基于 Darcy 定律。

Darcy 试验定律是 1856 年 H. Darcy 为研究法国的水资源问题而进行的试验，试验装置如图 7-4 所示。根据 Darcy 定律，流量 Q（单位时间水流的体积）与不变的横截面积 A 及水头差（$h_1 - h_2$）成正比，而与长度 L 成反比，公式如下：

$$Q = KA(h_1 - h_2)/L \qquad (7-2)$$

变形整理可得到：

$$v = K \cdot i \qquad (7-3)$$

其中，$v = Q/A$ 为渗透流速，$i = (h_1 - h_2)/L$ 为水力梯度。式中的系数 K，即为渗透系数，或称水力传导系数。

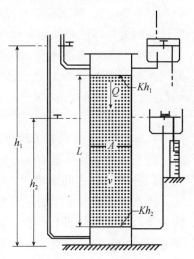

图 7-4　Darcy 试验装置图

7.3.1.2　透水系数测定方法

透水混凝土透水系数测试试验可以参照日本《多孔混凝土性能试验方法草案》，测试装置如图 7-5 所示。

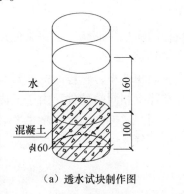

（a）透水试块制作图

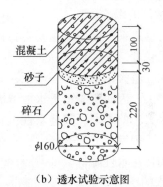

（b）透水试验示意图

图 7-5　混凝土透水性测定装置

试验步骤如下：

（1）用直径为 160mm 的 PVC 管材作为模具。把管材锯成长度为 350mm。

（2）在每个试模中量取尺寸，用黑线标出，为浇筑混凝土做准备。

（3）将试模平放在地面，是长度为 100mm 的一端朝上放置。在试模中填满 220mm 的碎石，并在碎石上铺满砂子。在砂子上放置一个事先剪好的直径为 160mm 的圆硬纸片，在硬质表面涂抹一层隔离剂。

（4）根据配合比进行混凝土拌合物拌合，此次搅拌依然采用人工拌合。拌合均匀后，将拌合物分两次倒入试模中，期间用抹刀、小铁铲振实均匀，并用抹刀将其表面刮平。试件成型后，将试模进行编号，表面应用湿布进行覆盖，以防止水分蒸发，并在 20±5℃ 的条件下静置 7d。

（5）7d 后，将试模竖直提起，将试模中碎石、砂子与硬纸片从试模中倒出。将试模倒置，即已浇筑的 100mm 厚的混凝土一端朝下放置。

（6）试验时先灌水到 200mm 刻度以上，待水位下降到 160mm 刻度时开表计时，水全部渗漏完毕时停表，记录时间 t（单位：s），然后计算混凝土的透水系数：

$$T = 160/t \quad （单位：mm/s） \tag{7-4}$$

7.3.1.3 透水混凝土的透水系数影响因素

透水系数主要受到测试方式、透水试件的饱水程度、试件以及水的影响。

（1）测试方式的影响

透水系数试验采用的水流方向为竖直方向。一般密级配材料的水平渗透系数约为垂直渗透系数的 1.8 倍，如果材料为分层压实或者层理结构比较明显，两者相差要更大一些。而对于大孔隙材料，只要不具有明显的层理结构，两种渗透系数相差无几。此外，采用竖直方向的水流还可以减少混凝土内部气泡，过多的气泡会导致透水系数的降低。

（2）试件的影响

试件对透水系数的影响主要有骨料粒径的大小、形状、水泥浆的用量、试件自身的饱水程度、孔隙结构等。

骨料粒径越大，单位体积内颗粒的比表面积减小，颗粒间的接触点减少，孔径相应的增大，因而混凝土透水性增加。空隙率相同的试件，由于其内部孔隙的分布和孔径大小的不同，其透水性也有所不同。试件的饱水程度主要表现在其内部气泡的排除程度上，当有气泡存在时，由于气体的阻挡作用，致使过水截面积减少，从而使透水性降低。

（3）水的影响

透水性试验所采用的流体介质一般为水，水对试件透水系数的影响主要体现在水的含气量和水的黏度上。

水的含气量的影响主要体现在水、气分离产生的气泡会减少水通过的截面积，降低透水率。但对于孔隙率较大的透水混凝土，在试验中只要采用水流稳定的自来水就可以保证在误差范围内了，在试验允许的条件下采用脱气水效果会更好一些。

水的黏度与水的温度密切相关，因此测定的透水系数要根据要求换算成标准透水系数。日本混凝土工学协会以 15℃ 作为标准温度。计算公式为：

$$K_{15} = K_r \times \eta_T / \eta_{15} \tag{7-5}$$

式中　K_{15}——温度 15℃时的透水系数（cm/s）；

　　η_T、η_{15}——温度 T℃和温度 15℃时的水的黏度比。

7.3.2　孔隙率测定方法

透水混凝土的孔隙包括连通孔隙和封闭孔隙，对透水起作用的只是连通孔隙，目前对孔隙率的测定也只是对连通孔隙进行测定，国内外尚没有可以对封闭孔隙进行测定的方法。

测定孔隙率的方法按原理分为两种：一种为体积法，一种为质量法。体积法的测定使用美国 CoreLok 真空密度仪，此种方法测定结果准确，但操作过程较复杂；质量法采用电子天平，此种方法操作简便快捷，一般用于对透水混凝土孔隙率的快速测定。

7.3.2.1　体积法

体积法测试借用了测试路面沥青混合料空隙率的 CoreLok 仪方法来测试透水混凝土的孔隙率。其原理是利用特别设计的自动真空室和防刺穿的弹性塑料袋，可以保证试件在真空状态下被密封，然后进行分析。

基本步骤如下：

（1）选择大小合适的已知密度的真空袋；

（2）将试件放入袋中；

（3）将装有试件的真空袋放入 CoreLok 真空室；

（4）关闭真空室，真空泵的门自动弹开，试件已经被完全密封，准备进行替代分析；

（5）按照比重计算的相关标准进行水替代分析，并利用袋子的密度纠正测试结果；

（6）利用 CoreLok 可以测量压密试件的毛体积密度和最大表观密度，首先计算经过真空密封的试件连同密封袋的密度 P_1，在水下剪开该试件外面包裹的密封袋，计算得到其水中密度 P_2，由于在水下剪开密封袋之前试件处于完全的真空状态，P_2 相当于压密试件的表观密度，包含不连通孔隙的体积，连通孔隙率 P（%）可以根据 P_1 和 P_2 计算得到。

$$P = \frac{P_1 - P_2}{P_2} \times 100\% \tag{7-6}$$

7.3.2.2　质量法

质量法的测定是使用电子天平，分别称量试件烘干后的质量和在水中的质量，两者之差即可体现出试件因孔隙被水所填充而实际受到的浮力，假定试件无孔隙，用理论上所应受到的浮力减去实际受到的浮力就可得到孔隙率 P 的公式，如式 7-7 所示，此孔隙率包括连通孔隙和试件每个表面的半连通孔隙，不包括封闭孔隙。

$$P = \left[1 - \frac{m_2 - m_1}{V} \right] \times 100\% \tag{7-7}$$

式中　P——孔隙率（%）；

M_1——试件在水中的质量（g）；

M_2——试件在烘箱中烘 24h 后的质量（g）；

V——试件体积（m^3）。

7.3.2.3　透水混凝土孔隙率和透水系数的关系

国内外很多研究人员对于不同组成和状态的排水材料进行了渗透试验，得出渗透系数与空隙率及骨料级配之间存在一定的关系，在此基础上建立了一些可估算渗透性系数的经验关系式。例如 Hazen 提出的渗透系数估算关系式为：

$$K = C_x D_{10}^2 \tag{7-8}$$

式中　K——渗透系数（cm/s）；

C_x——系数，变动于 90～120，通常可取为 100；

D_{10}——材料通过率为 10% 的粒径（cm）。

又如张鹏飞利用遗传算法得出的估算渗透系数的公式：

$$K = \frac{0.84 n^{0.85} \cdot P_{max}^{0.11}}{D_{max}^{7.06}} + 0.05 P_{4.75}^{-6.73} - 0.28 P_{2.36}^{2.33} - 0.14 P_{0.075}^{8.47} \tag{7-9}$$

式中　D_{max}——骨料的最大粒径（cm）；

P_{max}——最大粒径对应的骨料通过量。

还有一些其他的类似经验公式，但是各经验公式使用条件不同，操作起来也不简便。

作者对一组相同骨料配制的透水混凝土进行了连通孔隙率与透水系数的测试，结果见表 7-7。试验结果表明，相同骨料配制的透水混凝土，透水系数与孔隙率有一定的相关性，但不存在明确的线性关系。

表 7-7　生态混凝土的透水系数与连通孔隙率

| 粒径 10～25mm 的碎石 | 配合比（kg/m³） | | | | | 28d 强度（MPa） | 连通孔隙率 P（%） | 透水时间 t（s） | 透水系数 T（mm/s） |
	水泥用量	水用量	矿粉用量	粉煤灰用量	减水剂用量				
1600	280	112	0	0	0	10.1	26.7	3.1	52
	300	120	0	0	0	10.3	25.1	3.5	46
	280	71	0	0	3.36	16.5	26.5	3.2	50

续表

| 粒径 10~25mm 的碎石 | 配合比（kg/m³） | | | | | 28d 强度（MPa） | 连通孔隙率 P（%） | 透水时间 t（s） | 透水系数 T（mm/s） |
	水泥用量	水用量	矿粉用量	粉煤灰用量	减水剂用量				
1600	300	79	0	0	3.36	16.2	24.5	3.4	47
	238	112	12	30	0	9.6	24.6	3.9	41
	255	120	12.8	32.2	0	10.3	23.1	4.6	35
	238	71	12	30	3.36	15.8	24.9	4.3	37
	255	79	12.8	32.2	3.36	17.2	23.2	4.9	32

7.3.3　透水混凝土抗冻性测试方法

混凝土冻融破坏试验分为快冻法和慢冻法。快冻法可以缩短试验时长，慢冻法试验时间相对较长，但是慢冻法更加符合实际冻融状态。由于透水混凝土中含有大量的孔隙，快冻法破坏力过大，所以应采用慢冻法。

试验过程如下：

（1）试验前 4d 把透水混凝土试样从养护室拿出放在温度为 15~20℃的水中浸泡，水面应高于水中试块 20mm。

（2）浸泡 4d 后将试块拿出用湿布擦除取出试件表面多余的水分，对试块编号称重后将其放入冷冻冰箱中进行冻融试验。而将对照试样放在养护室养护，

（3）冻融试验温度维持在 −20~15℃之间，试块在冷冻箱内温度为 −20℃时放入，放入试块后冷冻箱的温度有较大的提升，冷冻时间应该从冷冻箱内温度重新降至 −15℃时开始计时，冷冻时间不低于 4h。

（4）待冻融循环结束后，取出测试试样和对照试样，测重后进行抗压强度测试。

一般研究认为，水胶比、骨料粒径、浆料比、掺合料、引气剂等都是影响透水混凝土抗冻性的重要因素。哈尔滨工业大学等北方地区科研院所对透水混凝土的抗冻性进行了较详细的研究，例如葛勇对透水混凝土盐冻性影响因素和冻融理论进行了研究。试验中发现冻融破坏呈现两种模式，一种与正常混凝土抗冻融破坏类型一致，随着冻融循环次数增加，试件表明逐渐剥离至破坏。少部分透水混凝土制品在冻融循环中试件逐渐剥离破坏，而是在某次循环后剥离迅速增加直至突然性崩坏，并在研究基础上制备了符合北方地区应用的抗冻性良好的透水混凝土制品。此外，樊晓红等也针对无砂透水混凝土的抗冻性能进行试验研究，采用 4.75~9.5mm 粒级碎石，P·O 42.5 普通硅酸盐水泥配制出抗压强度大于 20MPa、抗冻性能优良的无砂透水混凝土。

7.3.4　透水混凝土耐磨性测试方法

耐磨性是路面用混凝土的重要性能之一，透水混凝土作为路面材料时，必须具有一定的耐磨性，以抵抗车辆轮胎摩擦和磨光。耐磨性试验依据标准《水泥混凝土耐磨性试验方法》（T0568—2005），采用旋转磨耗法，以一定时间内试件的质量损失率作为磨损量。

7.3.4.1　仪器设备

（1）混凝土磨耗试验机：应符合《水泥胶砂磨耗试验机》（T0510）附录的相关规定。

（2）磨头和花轮刀片应符合标准 T0510 附录中相关规定

（3）试模：有效容积为 150mm × 150mm × 150mm。

（4）烘箱：调温范围为 50~200℃，控制温度允许偏差为 ±5℃。

（5）电子秤：量程大于 10kg，感量不大于 1g。

7.3.4.2　试验步骤

（1）试件养护至 27d 龄期从养护室取出，擦干水分放在室内空气中自然干燥 12h，再放入 60 ±5℃烘箱中，烘 12h 至恒重。

（2）试件烘干处理后放至室温，刷净表面浮尘。

（3）将试件放至耐磨试验机的水平转盘上（磨削面与成型时的顶面垂直），用夹具将其紧固。在 200N 荷载下磨 30z，然后取下试件刷净表面粉尘称重，记下相应质量 m_1，该质量作为试件的初始质量。然后在 200N 荷载下磨 60z，然后取下试件刷净表面粉尘称重，并记录剩余质量 m_2。

（4）每组花轮刀片只进行一组试件的磨损试验，进行第二组试验时，要更换新的花轮刀片。

（5）按公式 7-10 计算每一个试件的磨损量，以单位面积的磨损量来表示。

$$G_c = \frac{m_1 - m_2}{0.0125} \tag{7-10}$$

式中　G_c——单位面积的磨损量（kg/m²）；

m_1——试件的初始质量（kg）；

m_2——试件磨损后的质量（kg）；

0.0125——试件磨损面积（m²）。

（6）以 3 块试件磨损量的算术平均值作为试验结果，精确至 0.001kg/m²。当其中一块磨损量超过平均值 15% 时，应予以剔除，取余下两块试件结果平均值作为试验结果，如果两块磨损量超过平均值 15% 时，应重新试验。

7.4 透水混凝土的应用

由于透水混凝土强度较低，到目前为止仍然主要应用在强度要求不太高，而要求具有较高的透水效果的场合。例如公园和住宅小区内道路、人行道、轻量级道路、停车场、码头底垫、地下建筑工程以及各种新型场地等。目前，国内透水混凝土研发和应用已取得一定的成果，不同场合的需求和各种功能的透水混凝土材料不断增加。

7.4.1 用于雨水渗透的透水型混凝土材料

近年来，我国频发城市内涝现象。城市中采用的不透水混凝土路面，是造成城市内涝的重要原因之一。而发达国家城市内涝的现象很少见，一方面是由于规划合理，地下管网排水能力强，另一方面，透水路面的广泛使用，也缓解了地下排水管道的压力。我国用于雨水渗透的透水型混凝土材料的研究与运用的起步较晚，但近几年也得到了长足的发展。在北京奥林匹克森林公园、上海世博广场、广州亚运场馆等多个国家重点项目中，都能看到透水混凝土的身影。

近年来比较典型的透水型混凝土材料有泉州市刺桐路透水混凝土工程，泉州市刺桐路位于市中心，道路总长 3.4km。设计考虑到周边的建筑群和不透水的地面，为改变生态环境，使雨水能够渗入地表，减少地下水位的下降；工程所在地属亚热带海洋性季风气候，台风活动频繁，雨水充沛，为避免短时间的集中降雨，造成人行道积水或被淹，对人行道结构进行全透水设计，即面层为铺砂砌C50 彩色透水砖，基层为 C20 透水混凝土，下基层为级配碎石层。施工中取样在标准条件下养护 7d 后平均抗压强度达 19.2MPa，28d 平均抗压强度达 23.7MP，均满足设计要求。

此外，用于场地的透水混凝土也成功地在田径场、室外工程、公园、广场、停车场、轻荷载道路等等工程中得以应用，如图 7-6 所示。最新技术是采用沥青混凝土摊铺机在大面积场地进行水泥透水混凝土的施工，施工过程无需碾压，能显著降低成本，节省工时；具有工艺简单、施工平整度高、透水和透气性好等优点；且可以提高施工速度，减少材料失水，保证铺筑质量和混凝土强度。

7.4.2 用于场地透水性铺设的透水混凝土制品

用于人行道、公园、广场、停车场、道路、池边、球场等场地铺设的透水性地面一般由透水砖、砂垫层、级配碎石基层和夯实土壤组成，其中主要的透水性

图 7-6 透水混凝土路面和透水砖

材料是透水砖，如图 7-6 所示。用于场地透水性铺设的透水砖应具有以下特点：

（1）透水砖用原料为瓷、硬质陶、优质混凝土粒料、橡胶颗粒、破碎玻璃等；

（2）透水地面砖物理性能应符合《透水砖》（JC/T 945—2005）和《混凝土路面砖》（JC/T 446—2006）标准要求；

（3）透水砖铺设的透水地面的透水性取决于砖体透水和砖缝透水两部分，透水砖的平均吸水率不超过 $160kg/m^3$；

（4）透水地面砖在具备一定的透水性的同时，还具备良好的防滑功能和装饰效果；在实际使用过程中还应考虑其透气性、防滑性和装饰效果；

（5）高品质地面砖应具备良好的保色性能，所采用的颜料为氧化铁质无机颜料；

（6）长方形（荷兰长）地砖一般有四种编花方法，不同的铺设方法不仅产生不同的装饰效果，还极大程度上影响地面力学性能，对于重载地面，与车行方向成 45°角的"人字形"铺法力学性能最好，"一字形"和"花篮形"铺设一般仅适用于人行道和自行车道。

第8章　环境修复型海工生态混凝土

环境修复型海工生态混凝土（以下简称海工生态混凝土）是由粗骨料、细骨料（不含或者含有少量）、胶凝材料、水和外加剂等按一定的组成配比和拌合工艺拌制而成的一种多孔混凝土。海工生态混凝土是由一系列连续孔隙和以硬化水泥层包裹的粗骨料为骨架孔隙结构，有着良好的透水透气效果，水与空气能够很容易通过或存在于其连续通道内，可为微小生物或鱼虾幼苗的生存和生长提供相对安全的空间，因此具有很好的生态和环境效益。作为一种与环境和谐相处的新型混凝土，它的出现对目前中国的经济建设环境保护和混凝土科学的发展具有重要的意义。国内对海工生态混凝土的研究时间不长，实际应用的工程也不是很多，但是随着国民经济的发展，国家将会逐步重视这类有利环保的新型多功能建筑材料的开发和应用。本章仅介绍青岛理工大学依托海洋公益性科研专项（201005007）开展的有关海工生态混凝土材料制备与性能方面的相关研究内容。

8.1　试验原料

8.1.1　水泥

海工生态混凝土是骨料颗粒与浆体胶结而成的一种骨架孔隙结构。由胶凝材料形成的浆料层均匀地包裹在粗骨料的表面，骨料之间的粘结界面是混凝土强度的薄弱区域，研究采用的是普通硅酸盐水泥，强度等级为42.5，表观密度为3190kg/m³。

8.1.2　粗骨料

研究使用的粗骨料是青岛产玄武岩成分的碎石。骨料粒径为5~16mm，并严格控制碎石中针片状颗粒含量，其性能符合（JGJ 52—2006）的要求。骨料的具体性能指标见表8-1。

表8-1　粗骨料技术标准

骨料粒级（mm）	压碎值（%）	含泥量（%）	泥块含量（%）	表观密度（kg/m³）	堆积密度（kg/m³）	空隙率（%）	针片状含量（%）
5~16	6.5	0.6	0	2641	1532	42.0	2.1

8.1.3　细骨料

含砂海工生态混凝土的用砂量很少，研究所用的砂是细度模数为 2.38 的中砂，其基本技术指标见表 8-2。

表 8-2　细骨料技术指标

种类	表观密度（kg/m³）	堆积密度（kg/m³）	泥块含量（%）	含泥量（%）	孔隙率（%）
天然砂	2588	1622	0	1.5	37.3

8.1.4　矿物掺合料

粉煤灰：青岛四方电厂生产的 Ⅱ 级灰，满足《水泥和混凝土中的粉煤灰》（GB/T 1596—2005）的相关要求，表观密度为 2370kg/m³。

矿粉：青岛新型建材厂生产的 S95 级矿粉，满足《用于水泥和混凝土的粒化高炉矿渣粉》（GB 18046—2000）的要求，表观密度为 2840kg/m³。

8.1.5　外加剂

研究采用聚羧酸高效减水剂，掺量为 1.2%，其主要技术性能见表 8-3。

表 8-3　减水剂技术性能

密度（g/cm³）	pH 值	固含量（%）	减水率（%）
1.031	5.0	22	30

8.2　试验方法

8.2.1　试样的制备与养护

海工生态混凝土属于干硬性的混凝土，无流动性而言，成型时为了获得较好的包裹状态，试验选用强制式搅拌机且搅拌时间比普通混凝土略长，一般控制在180s 左右。成型方式选用振动成型，振动成型能够增加试件的密实度，提高试件的力学性能和耐久性，但如果振动频率过高，振动时间过长，孔隙率损失较大，容易引起沉浆现象的发生。试验选用频率相对较小的振动台，控制振动时间为9～10s。

海工生态混凝土的投料方式对其混凝土的各方面性能会有所影响，由海工生态混凝土的浆体包裹骨料的特点可知，加料的方式和搅拌的程度对浆体的包裹有很重要的影响。试验采用的加料方式是一次加料法：依次将粗骨料、细骨料、胶凝材料加入到搅拌机中，开始搅拌 30s，待拌合料混合均匀，边搅拌边均匀加入 60% 的拌合用水，形成均匀湿润的拌合物后将部分剩余用水加入到减水剂中与减水剂一起均匀加入，最后根据拌合状态加入剩余用水（如果拌合用水不够，要额外称取用水保证拌合物具有良好的包裹状态），搅拌完成后进行成型。本试验具体流程如图 8-1 所示，新拌混凝土的状态如图 8-2 所示。

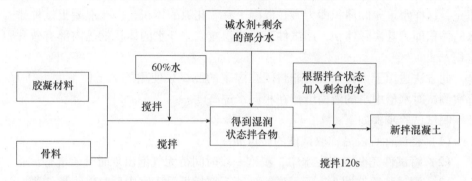

图 8-1　加料流程图

图 8-2　拌合完成后的新拌混凝土

　　海工生态混凝土存在大量的宏观孔隙，水分散失较快，会影响早期的水化效果，因此海工生态混凝土早期养护显得尤为重要。试验采用的养护制度为：试件成型之后，将其直接放入标准养护室中养护 24h，待拆模完成后继续放入标准养护室，温度设定为 20℃，湿度为 95% 以上进行养护至相应的龄期。

8.2.2　孔隙率的测定方法

　　研究海工生态混凝土的主要性能指标有孔隙率、抗压强度和耐久性。大孔混凝土中的孔隙有封闭的孔隙、开放但不连续的孔隙（主要位于试件表面）和贯穿混凝土且连续的孔隙，本章主要对第三种孔隙进行研究。海工生态混凝土的孔隙率可以区分为实测孔隙率和目标孔隙率。

实测孔隙率：是基于浮重法测定的孔隙率，是开放孔隙的总和。

目标孔隙率：在进行生态混凝土孔隙设计过程中，想要达到目标孔隙率分别为15%、20%和25%。

将试件放入水中并使水充分浸透试件表面，这样试件内部的连续孔隙与半连续孔隙即有效孔隙将会完全被水占据，而试件内部的完全闭塞孔隙不会受到水的填充，这样水填充的体积即为多孔混凝土有效孔隙的体积，多孔混凝土试件排开水的体积即为其实际体积，用试件表观体积减去排开水的体积就是内部有效孔隙体积。

此方法适用于大孔混凝土非封闭孔隙率的测试，使用的电子秤精度为0.1g。每次测试时水槽中水的液面维持在相同水位高度。

测试试验步骤如下：

（1）将试件脱模后称取试件的质量 m_1；

（2）将试件完全浸泡在水中，浸泡一段时间待无气泡出现时开始进行试验；

（3）测试装置按图8-3所示进行，待下部托板没入水中后对电子秤清零，然后将步骤（2）中准备好的试件放在托板上，待屏幕示数稳定后读取浮重 m_2；

图8-3　孔隙率测试装置

（4）按式（8-1）进行试件的孔隙率 P 计算（精确到0.1%）；

$$P = \left(1 - \frac{m_1 - m_2}{v}\right) \times 100\% \qquad (8\text{-}1)$$

式中　　m_1——试件在空气中的质量（g）；

m_2——试件在水中的质量（g）；

v——试件的表观体积（cm^3）。

8.2.3　力学性能测试方法

海工生态混凝土的力学性能测试和抗压强度的评定依据《普通混凝土力学性能试验方法标准》（GB/T 50081—2002）。

8.2.4　快速冻融试验方法

快冻法适用于测定混凝土在水冻水溶条件下的抗冻性能，所要求的试件尺寸为 100mm × 100mm × 400mm，以质量损失和相对动弹模量作为评价指标。由于大孔混凝土极为不密实性，相对动弹模量难以正确地反映试件受冻后情况。

慢冻法适用于测定混凝土试件在气冻水融条件下的抗冻性能研究，所需要试件尺寸为 100mm × 100mm × 100mm，以质量损失和抗压强度损失率作为评价冻融好坏的指标。

考虑到海工生态混凝土实际应用时长期浸泡于水中，但又不适合测定动弹性模量的实际情况，参考《普通混凝土长期性能和耐久性能试验方法标准》（GB/T 50082—2009）的要求，本试验的冻融制度和评价方法综合了慢冻法、快冻法两种方法。即试件尺寸采用 100mm × 100mm × 100mm，试验制度采用快冻法、慢冻法两种制度，其中快冻试验中抗冻性能的评价采用了慢冻法的评价标准。

8.2.4.1　混凝土冻融试验步骤

（1）在标准养护室内的试件在养护龄期为 24d 时提前将冻融试验的试件从养护地点取出，随后将冻融试件放在（20 ± 2）℃水中浸泡，在水中浸泡的时间为4d（图 8-4）。

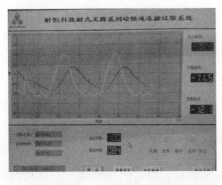

图 8-4　混凝土快速冻融试验系统

（2）浸泡 4d 后，用湿布擦拭表面水分后编号，称重试件初始质量 W_{oi}。

（3）将试件放入橡皮桶内注入清水。在整个试验过程中，橡皮桶内水位高度应始终保持至少高出试件顶面 5mm。每次循环应在 2 ~ 4h 内完成，试件中心最低和最高温度应分别控制在（−18 ± 2）℃和（5 ± 2）℃内。在任意时刻，试件中心温度不得高于7℃，且不得低于 –20℃。

（4）每25次循环对冻融试件进行一次外观检查。然后用抹布拭干试件表面的水分，进行称重。当试件的质量损失率超过5%时，可停止其冻融循环试验。

8.2.4.2　试验结果及分析

试验结果计算及处理应符合下列规定：

（1）强度损失率应按式（8-2）进行计算：

$$\Delta f_c = \frac{f_{co} - f_{cn}}{f_{co}} \times 100\%$$

$$(8-2)$$

式中　Δf_c——N次冻融循环后的混凝土抗压强度损失率（%），精确至0.1MPa；

f_{co}——对比用的一组标准养护混凝土试件的抗压强度测定值（MPa），精确至0.1MPa；

f_{cn}——经N次冻融循环后的一组混凝土试件抗压强度测定值（MPa），精确至0.1MPa

（2）f_{co}和f_{cn}应以三个试件抗压强度试验结果的算术平均值作为测定值。当三个试件抗压强度最大值或最小值与中间值之差超过中间值的15%时，应剔除此值，再取其余两值的算术平均值作为测定值；当最大值和最小值均超过中间值的15%时，应取中间值作为测定值。

（3）单个试件的质量损失率应按式（8-3）计算：

$$\Delta W_{ni} = \frac{W_{oi} - W_{ni}}{W_{oi}} \times 100\%$$

$$(8-3)$$

式中　ΔW_{ni}——N次冻融循环后i个混凝土试件的质量损失率（%），精确至0.01；

W_{oi}——冻融循环试验前第i个混凝土试件的质量（g）；

W_{ni}——N次冻融循环后第i个混凝土试件的质量（g）。

（4）一组试件的平均质量损失率应按式（8-4）计算：

$$\Delta W_n = \frac{\sum_{i=1}^{3} \Delta W_{ni}}{3} \times 100\%$$

$$(8-4)$$

式中　ΔW_n——N次冻融循环后一组混凝土试件的平均质量损失率（%），精确至0.1。

（5）每组试件的平均质量损失率应以三个试件的质量损失率试验结果的算术平均值作为测定值。当某个试验结果出现负值，应取0值，再取三个试件的算术平均值。当三个值中的最大值或最小值与中间值之差超过1%时，应剔除此值，再取其余两值的算术平均值作为测定值；当最大值和最小值与中间值之差均超过1%时，应取中间值作为测定值。

（6）抗冻标号应以抗压强度损失率达到25%或者质量损失率达到5%时的最大冻融循环次数确定。

8.2.5　抗硫酸盐腐蚀性能的试验研究方法

抗硫酸盐侵蚀性能试验采用《普通混凝土长期性能和耐久性能试验方法》（GB/T 50082—2009）中干湿循环加速试验方法。干湿循环试验装置采用混凝土硫酸盐干湿电脑控制循环设备，试件采用尺寸为 100mm × 100mm × 100mm 的立方体试件，每组为 3 块。除制作抗硫酸盐侵蚀试验用试件外，还按照同样方法，同时制作抗压强度对比用试件。

试验采用混凝土抗压强度耐蚀系数来表征混凝土的抗硫酸盐腐蚀性能，混凝土抗压强度耐蚀系数按式 8-5 进行计算：

$$K = \frac{f_{cn}}{f_{ck}} \times 100\% \tag{8-5}$$

式中　K——抗压强度耐蚀系数（%）；

　　f_{cn}——为 N 次干湿循环后受硫酸盐腐蚀的一组混凝土试件的抗压强度测定值（MPa），精确至 0.1MPa；

　　f_{ck}——与受硫酸盐腐蚀试件同龄期的标准养护的一组对比混凝土试件的抗压强度测定值（MPa），精确至 0.1MPa。

8.3　粗骨料紧密堆积填充理论的制备技术

配合比设计是海工生态混凝土制备的一个重要的环节，特定孔隙率海工生态混凝土的制备是一个复杂的过程，是各个参数相互协调的过程。海工生态混凝土配合比设计选用体积法按照不同的填充理论进行试验研究。体积法是以原有粗骨料孔隙率为基础，依据目标孔隙率计算填充浆体的体积，从而得出各种物料用量的相互关系。

孔隙率是海工生态混凝土的关键指标和影响其各项技术性能的主要因素，这与以强度设计为主的普通混凝土配合比设计存在很大的差别。通常从骨料被浆体包裹程度、水泥浆体不会大量的流出来确定浆体量。目前国内外进行透水混凝土配合比设计，一般多采用查表法、图示法及计算公式法。

8.3.1　粗骨料紧密堆积填充理论

①1m³ 海工生态混凝土的表观体积由粗骨料颗粒紧密堆积而成；

②粉体拌合物能够均匀拌合，并且能够按照各自的绝对体积对粗骨料堆积所形成的孔隙进行理想的填充。按照粗骨料紧密堆积的填充理论，1m³ 混凝土的表观体积由粗骨料颗粒紧密堆积而成（图 8-5），水泥、掺合料、砂子等拌合用料按绝对体积对孔隙进行部分填充，而不需要将骨料之间的孔隙填充密实，未被填充部分即为该大孔混凝土所形成的孔隙（图 8-6）。

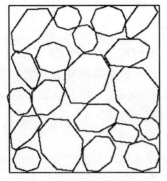

图 8-5　骨料紧密堆积

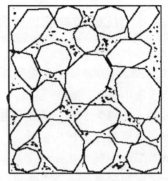

图 8-6　部分填充效果

　　该理论的配合比设计方法是参见普通混凝土配合比设计方法中的体积法而确定。根据海工生态混凝土所要求的孔隙率和结构特征，可以认为 $1m^3$ 混凝土的表观体积由粗骨料颗粒紧密堆积而成。

　　配合比公式见式（8-6）。

$$\frac{m_g}{\gamma_g} + \frac{m_c}{\gamma_c} + \frac{m_f}{\gamma_f} + \frac{m_w}{\gamma_w} + \frac{m_s}{\gamma_s} + p + p_0 = 1 \qquad (8-6)$$

式中　m_g、m_s、m_c、m_f、m_w——分别为 $1m^3$ 混凝土中粗骨料、细骨料、水泥、
　　　　　　　　　　　　掺合料、水的质量（kg）；

　　　　　　γ_c、γ_f、γ_w——分别为水泥、掺合料、水的密度（kg/m^3）；

　　　　　　γ_s、γ_g——粗骨料、细骨料的表观密度（kg/m^3）；

　　　　　　　　　p——大孔混凝土的连通孔隙率（%）；

　　　　　　　　　p_0——考虑减水剂有一定的引气作用，形成一定数量
　　　　　　　　　　　　的封闭孔，试验中 p_0 取 2%。

8.3.2　配合比设计主要参数确定

　　采用粗骨料紧密堆积填充理论进行大孔混凝土配合比设计的关键是对主要参数的确定。

　　①在紧密堆积状态下粗骨料的空隙率

　　测得自然状态下粗骨料紧密堆积密度、表观密度，从而求得粗骨料的空隙率，$1m^3$ 混凝土中粗骨料的用量为紧密堆积状态下的质量。

　　②目标孔隙率

　　目标孔隙率要根据实际使用要求来确定，主要是满足孔隙使用要求，同时还要结合强度要求进行设定。

　　③水胶比

　　水胶比既影响强度，又影响孔结构和孔隙率。不同颗粒形状的骨料，合理水胶比有所不同。水胶比太小则水泥浆过稠，水泥浆较难均匀地包裹在粗骨料颗粒

表面，不利于强度的提高；水胶比过大则水泥浆过稀，水泥浆又会从骨料颗粒表面滑下，包裹粗骨料颗粒表面水泥浆过簿，不利于强度的提高，同时由于水泥浆流动性过大，水泥浆可能把孔隙部分或全部堵实，出现沉浆（图 8-7）。这既对孔隙率不利也对整体强度的提高不利。合适的水胶比能使得混凝土拌合物有金属光泽，而不会积聚在骨料下面（图 8-8）。

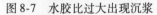

图 8-7　水胶比过大出现沉浆　　　　图 8-8　合理水胶比下拌合物的状态

海工生态混凝土的适宜水胶比范围比较小，本试验的水胶比控制在 0.20 左右，加砂大孔混凝土的水胶比要比无砂大孔混凝土的略大。水胶比根据拌合时的工作性做微调整，保证配制大孔混凝土的工作性，骨料表面呈现金属光泽，成型后无沉降现象发生。

8.3.3　粗骨料紧密堆积填充理论的验证研究

8.3.3.1　试验配合比设计

基于上述粗骨料紧密堆积填充理论，设计了水泥－粉煤灰无砂大孔混凝土，试验中分别取水泥用量 250kg/m³、300kg/m³、350kg/m³ 和 400kg/m³ 利用粉煤灰对孔隙率进行调整，具体配合比见表 8-4。

表 8-4　水泥－粉煤灰无砂海工生态混凝土的配合比

配比编号	粗骨料（kg/m³）	水泥（kg/m³）	控制孔隙率（%）	粉煤灰（kg/m³）	胶凝材料总量（kg/m³）	水（kg/m³）	W/B
F1			25	127	377	86.7	0.230
F2		250	20	209	459	107.1	0.233
F3			15	300	550	133.6	0.243
F4			25	95	395	91.6	0.232
F5		300	20	170	470	112.9	0.240
F6			15	257	557	119.6	0.213
F7	1390		25	54	404	83.3	0.206
F8		350	20	121	471	106.4	0.226
F9			15	193	543	116.2	0.214
F10			25	16	416	79.8	0.192
F11		400	20	81	481	93.4	0.194
F12			15	154	554	115.2	0.208

8.3.3.2 试验结果分析

试验结果如图 8-9 所示，其中理论填充孔隙率是大孔混凝土基于粗骨料紧密堆积状态下，其他拌合用料按照绝对体积填充后得到的孔隙率。

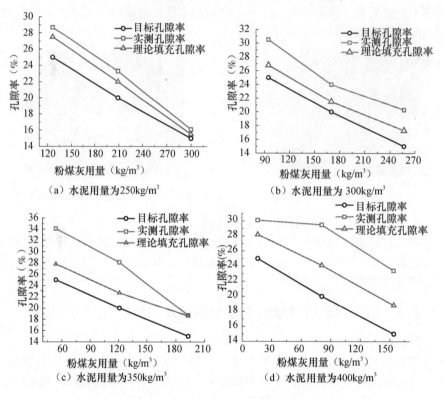

(a) 水泥用量为250kg/m³　　　　(b) 水泥用量为 300kg/m³

(c) 水泥用量为350kg/m³　　　　(d) 水泥用量为400kg/m³

图 8-9　粉煤灰用量对孔隙率的影响

从图 8-9 中可以看出，实测孔隙率与理论填充孔隙率随着粉煤灰用量的变化走势基本相同，同时也可以看出实测孔隙率、理论填充孔隙率均比目标孔隙率要大。实测孔隙率与目标孔隙率相差较大，最大偏差为 9.5%，平均偏差为 5.6%，其中一个主要原因是设计配合比时，用水量很难准确给出（与粉煤灰用量有关）。理论填充孔隙率虽然与目标孔隙率相差要小，但两者也有 3% 的平均偏差。按照该填充理论难以制备出目标孔隙率的大孔混凝土。同时从图中还看以看出，随着胶凝材料总量的增加，实测孔隙率与理想填充孔隙率、目标孔隙率的偏差有增大的趋势。

8.3.3.3 实测孔隙率与目标孔隙率的偏差来源分析

通过试验发现，在海工生态混凝土实际制备的过程中，水泥浆体的角色不是单纯的对紧密堆积状态下粗骨料孔隙进行部分填充，而是包裹在粗骨料的表面进行包裹填充。由于水泥浆层的存在，会使得粗骨料之间的距离被拉大，因此会导致海工生态混凝土的实测孔隙率比目标孔隙率大，如图 8-10 所示。

图 8-10　骨料紧密堆积孔隙（左）和包浆骨料堆积孔隙（右）

另一方面，研究是以室内试验方式进行，试样为 $100mm \times 100mm \times 100mm$ 立方体试件。模具周壁的阻隔作用会产生力学性能的"边壁效应"，即成型过程中模具对接触面孔隙形成的影响。由于"边壁效应"的存在会改变水泥浆体包裹的粗骨料在边界和试件内部的堆积方式，试件内部的骨料堆积是来自四面八方的，而试块的边界上只有来自一面的骨料堆积，导致边界处有部分孔隙率得不到有效填充，从而导致孔隙率增大。

为了更好地分析实测孔隙率与目标孔隙率的偏差来源，对试件进行切片处理后，采用图像处理技术对海工生态混凝土的孔隙率进行研究，利用 Matlab 软件对图像进行处理得到的图像如图 8-11 ~ 图 8-14 所示。

图 8-11　切片图

图 8-12　切面 $100mm \times 100mm$

图 8-13　二值化处理后的图

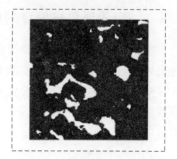

图 8-14　切面 $80mm \times 80mm$

分别取上述试验中实测孔隙率为 16.1%、19.7%、20.3%、23.3%、24%、29.1%、29.5% 和 30.1% 的试件进行切片处理。"边壁效应"所能影响的范围是粗骨料的最大粒径范围，将影响范围取 20mm（图 8-14），图像计算具体孔隙率见表 8-5。

表 8-5　图像处理后得到的孔隙率（%）

实测孔隙率	100mm×100mm	80mm×80mm	100mm×100mm~80mm×80mm
16.1	15.9	12.7	3.2
19.7	19.5	16.9	2.6
20.3	21.0	19.2	1.8
23.3	23.1	24.1	−1.0
24	24.2	21.6	2.6
29.1	29.3	27.5	0.8
29.5	29.2	24.9	4.3
30.1	29.7	27.0	2.7

通过图像处理结果可以看出，100mm×100mm 切面计算孔隙率与实测孔隙率相差很小，而比 80mm×80mm 切面计算孔隙率大 2% 左右，即"边壁效应"在本试验中对孔隙率约有 2% 左右的增大。

综上所述，基于粗骨料紧密堆积填充理论制备的大孔生态混凝土的实测孔隙率均大于理论填充孔隙率，而且两者存在较大偏差，平均偏差为 3%，与目标孔隙率偏差更是超过 5%，表明利用粗骨料紧密堆积填充理论难以制备出目标孔隙率的大孔生态混凝土。

8.4　粗骨料包裹厚度的填充理论制备技术

8.4.1　粗骨料包裹厚度的填充理论

粗骨料紧密堆积理论认为砂浆或净浆按照绝对体积对骨料紧密堆积所形成的孔隙进行填充。试验所得到的实测孔隙率均大于按照填充理论得到的理想填充孔隙率。在海工生态混凝土的拌合成型过程中发现，大孔混凝土的形成是粗骨料被水泥等胶结材料均匀地包裹（而不是简单的填充），在振动作用下紧密堆积，凝固后形成一个多孔堆聚的结构体，如图 8-15～图 8-16。

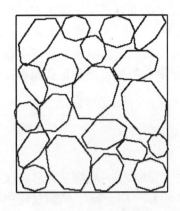

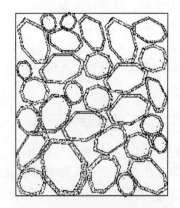

图 8-15　骨料紧密堆积　　　　　图 8-16　骨料包裹后堆积成型

在考虑粗骨料裹浆厚度对孔隙率的影响时，由于粗骨料裹浆厚度的增加，骨料之间的距离被拉大，混凝土在制备过程中产生体积膨胀现象，$1m^3$ 粗骨料制备得到的大孔混凝土的表观体积要大于 $1m^3$。

利用物料平衡原则，推导出新拌混凝土的孔隙率如下：

$$p = 1 - \frac{m_h}{\sum m}\left(\frac{m_g}{g_g} + \frac{m_c}{g_c} + \frac{m_f}{g_f} + \frac{m_s}{g_s} + \frac{m_w}{g_w}\right) - p_0 \tag{8-7}$$

式中　　　　　　　　　m_h——新拌混凝土的表观密度（kg/m³）；

m_g、m_s、m_c、m_f、m_w——分别代表 $1m^3$ 混凝土中粗骨料、细骨料、水泥、掺合料、水的用量（kg）；

g_g、g_s、g_c、g_f——分别代表粗骨料、细骨料、水泥、掺合料的表观密度（kg/m³）；

$\sum m$——拌合时的物料用量总和（kg/m³）；

p——混凝土的连通孔隙率（理论孔隙率）（%）；

p_0——考虑减水剂有一定的引气作用，形成一定数量的封闭孔，试验中取 2%。

这种控制方法是在实际成型的情况下进行，能够更贴切地反映骨料的真实包裹状态，能够很好地指导实际工程。

8.4.2　控制技术研究

鉴于大孔混凝土的孔隙率难以控制，孔隙率受骨料的包裹厚度、拌合状态等因素的影响严重，加上试验中拌合用水量、细骨料或掺合料的用量难以确定，提出了利用新拌混凝土表观密度对孔隙率进行控制技术。

具体方法为初步确定拌合物用量，试验过程中根据实际的拌合物的拌合状态调整用水量，使新拌混凝土达到最佳拌合状态。先将新拌混凝土装入 3L 容器中，采用相同条件（成型方式和操作与正式成型一样）成型，快速测出新拌混凝土的表观密度，再带入式（8-7）中算出新拌混凝土的理论孔隙率，通过不断调整掺合料用量和用水量对孔隙率进行实时控制，使新拌混凝土的理论孔隙率逐步接近目标孔隙率。

8.4.3 试验验证研究

8.4.3.1 试验配合比设计

基于上述理论和孔隙率控制技术，设计了一系列水泥－粉煤灰无砂海工生态混凝土。分别取水泥用量为 300kg/m³、350kg/m³ 和 400kg/m³。试验过程中在保证工作性的前提下，利用测定新拌混凝土表观密度控制孔隙率，逐步对试验配合比进行调整优化。以水泥用量为 400kg/m³，目标孔隙率为 20% 为例，初步确定粉煤灰用量为 80kg，实际用水量为 98kg，实测新拌混凝土的表观密度为 1910kg/m³ 带入公式（8-7）得到 $p = 22.3\%$。

计算得到的结果与目标孔隙率差 2.3%，继续适当增加粉煤灰、拌合用水量进一步的优化配比。依据此方法得到水泥－粉煤灰无砂海工生态混凝土的配合比见表 8-6。

表 8-6　通过调整得到的水泥－粉煤灰无砂大孔混凝土配合比

配比编号	粗骨料（kg/m³）	水泥（kg/m³）	粉煤灰（kg/m³）	胶凝材料用量（kg/m³）	水（kg/m³）	W/B	新拌混凝土密度（kg/m³）
1			90.2	390.2	91.6	0.230	1861
2		300	179.3	479.3	112.9	0.228	1924
3			279.2	579.6	119.6	0.190	2038
4			73.9	424	94.8	0.223	1881
5	1532	350	144.3	494	109.7	0.222	1957
6			217.3	567	130.4	0.214	1986
7			40.3	440	90.5	0.206	1910
8		400	115.4	515	106.6	0.207	1943
9			189.2	589	115.9	0.197	2078

8.4.3.2 试验结果分析

在保证相同工作性前提下，利用新拌混凝土的表观密度算得新拌混凝土的理论孔隙率（也称表观密度控制孔隙率）对大孔混凝土进行实时控制，通过调整粉煤灰用量和用水量得到接近目标孔隙率的大孔混凝土，试验结果如图 8-17 所示。

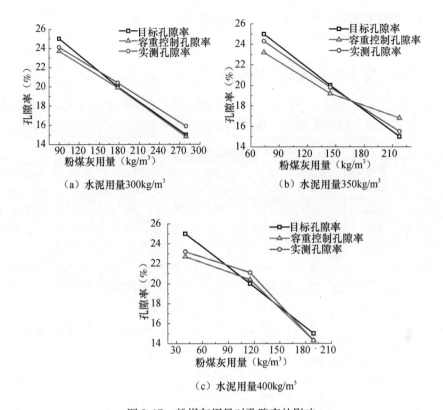

(a) 水泥用量300kg/m³　　(b) 水泥用量350kg/m³

(c) 水泥用量400kg/m³

图 8-17　粉煤灰用量对孔隙率的影响

由图 8-17 可以看出，新拌混凝土的密度控制得到的孔隙率和实测孔隙率相差很小，通过新拌混凝土的表观密度能够很好地对大孔混凝土的孔隙率进行控制。同时两者的曲线趋势基本相同，均随着胶凝材料用量的增加，孔隙率减小。

8.5　海工生态混凝土孔隙率和强度

采用矿物掺合料对孔隙填充制备特定孔隙率海工生态混凝土时，胶凝材料用量较大，当孔隙率为 15% 时，胶凝材料用量达到 630kg/m³ 左右。粉煤灰、矿粉掺量较大，不仅导致其力学性能较差，同时也造成了粉料极大的浪费。因此，采用少量的天然砂作为粗骨料紧密堆积孔隙的填充材料，即由胶凝材料、天然砂和水搅拌形成浆体（砂浆）对粗骨料紧密堆积的孔隙进行包裹填充。通过调整细骨料的用量，来制备出目标孔隙率分别为 15% 、20% 和 25% 的海工生态混凝土。

试验分别取胶凝材料用量为 300kg/m³ 、350kg/m³ 、400kg/m³ 和 450kg/m³ ，分为粉煤灰和矿粉两个系列，胶凝材料体系组成如下：

（1）粉煤灰系列：70%水泥＋30%粉煤灰；

（2）矿粉系列：70%水泥＋30%矿粉。

8.5.1 海工生态混凝土参考配合比

试验通过新拌混凝土密度法对海工生态混凝土的孔隙率加以实时控制，主要通过调整用砂量来控制孔隙率，优化配合比。具体配合比见表8-7、表8-8。

表8-7 粉煤灰系列海工生态混凝土参考配合比

目标孔隙率（%）	粗骨料（kg/m³）	胶凝材料（kg/m³）	水泥（kg/m³）	粉煤灰（kg/m³）	细骨料（kg/m³）	水（kg/m³）	水胶比	新拌混凝土重（kg/m³）
25	1532	300	210	90	142.1	68.1	0.227	1863
20	1532	300	210	90	258.9	70.2	0.234	1945
15	1532	300	210	90	375.5	76.2	0.254	2065
25	1532	350	245	105	77.4	77	0.220	1884
20	1532	350	245	105	201.3	80.5	0.230	1967
15	1532	350	245	105	317.2	87.9	0.251	2039
25	1532	400	280	120	21.6	86.8	0.217	1876
20	1532	400	280	120	125.4	91.2	0.228	1958
15	1532	400	280	120	234.1	98.4	0.246	2098
25	1532	450	315	135	6.1	91.6	0.213	1855
20	1532	450	315	135	82	96.5	0.222	1965
15	1532	450	315	135	193	104.1	0.241	2075

表8-8 矿粉系列海工生态混凝土参考配合比

目标孔隙率（%）	粗骨料（kg/m³）	胶凝材料（kg/m³）	水泥（kg/m³）	矿粉（kg/m³）	细骨料（kg/m³）	水（kg/m³）	水胶比	新拌混凝土重（kg/m³）
25	1532	300	210	90	166.6	63	0.21	1877
20	1532	300	210	90	280.4	69	0.23	1991
15	1532	300	210	90	398.2	74	0.25	2078
25	1532	350	245	105	110.8	70	0.20	1934
20	1532	350	245	105	222.1	77	0.22	1998
15	1532	350	245	105	334.1	84	0.24	2092
25	1532	400	280	120	61.7	78	0.20	1884
20	1532	400	280	120	167.8	87.7	0.22	2011
15	1532	400	280	120	276.1	95.2	0.24	2106
25	1532	450	315	135	10.8	83	0.19	1866
20	1532	450	315	135	98	93.5	0.22	1975
15	1532	450	315	135	220	99	0.23	2099

8.5.2　海工生态混凝土试验结果分析

8.5.2.1　试验结果

粉煤灰系列海工生态混凝土的理论孔隙率、实测孔隙率和不同龄期混凝土抗压强度试验结果见表 8-9。矿粉系列海工生态混凝土的理论孔隙率、实测孔隙率和不同龄期混凝土抗压强度试验结果见表 8-10。

表 8-9　粉煤灰系列海工生态混凝土试验结果

目标孔隙率（%）	理论孔隙率（%）	实测孔隙率（%）	7d 强度（MPa）	28d 强度（MPa）	56d 强度（MPa）
25	26.5	24.2	9.6	12.5	13.1
20	23.1	21.3	12.5	15.4	16.5
15	18.8	16.2	13.8	17.3	18.5
25	25.2	25.1	10.2	13.1	13.9
20	21.8	19.3	12.1	16.5	17.5
15	18.7	16.4	13.6	19.4	20.6
25	25.2	23.8	10.7	14.5	15.4
20	21.8	19.7	13.8	18.2	19.2
15	15.9	13.6	18.2	23.2	24.7
25	25.4	24.4	13.1	17.4	18.5
20	21.8	19.7	16.5	21.1	22.7
15	16.1	14.6	20.2	25.1	26.8

表 8-10　矿粉系列海工生态混凝土试验结果

目标孔隙率（%）	理论孔隙率（%）	实测孔隙率（%）	7d 强度（MPa）	28d 强度（MPa）	56d 强度（MPa）
25	26.6	25.1	11.3	13.8	14.4
20	22.0	20.2	12.8	16.1	18.2
15	18.3	16.6	15.2	17.1	20.3
25	24.2	22.8	11.8	14.4	15.8
20	21.1	19.4	15.5	18.2	20.1
15	17.5	16.1	17.9	21.3	23.6
25	25.9	24.1	13.4	15.3	16.8
20	20.7	18.8	17.2	19.4	22.7
15	16.7	14.3	21.3	23.2	27.1
25	26.3	24.8	13.8	16.2	17.6
20	21.7	20.1	16.9	22.8	24.3
15	16.5	14.7	21	26.2	29

8.5.2.2 海工生态混凝土孔隙率

海工生态混凝土是砂浆均匀包裹粗骨料的硬化而成，因此砂浆浆体的用量对含生态混凝土的孔隙率的影响显著，如图8-18所示。

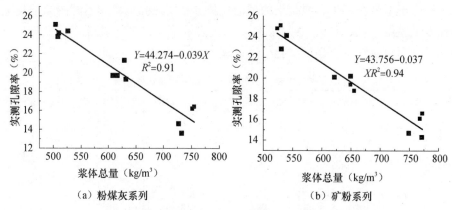

（a）粉煤灰系列　　　　　　　　　　（b）矿粉系列

图8-18　砂浆浆体用量对海工生态混凝土实测孔隙率的影响

从砂浆浆体的用量与实测孔隙率的关系图中可以看出，在保证工作性相同时，生态混凝土的孔隙率随着砂浆体总量的增加而减小，且两者呈现良好的线性关系。出现这种情况的主要原因是随着砂浆浆体用量的增加，用于填充粗骨料紧密堆积孔隙的浆体增多，从而导致生态混凝土实测孔隙率减小。粉煤灰系列生态混凝土浆体每增加$50kg/m^3$，实测孔隙率降低约2.2%，矿粉系列生态混凝土浆体用量每增$50kg/m^3$，孔隙率降低2%。

8.5.2.3 胶凝材料用量对海工生态混凝土强度的影响

大孔生态混凝土从其结构特点上来看是一种骨架孔隙结构，该结构的混凝土承受外力和传递外力主要是通过骨料之间的接触点和部分小面积的接触面，在承受荷载的时候，内部骨料颗粒间接触点上出现应力集中现象，很容易破碎，因此其强度要明显低于普通混凝土。大孔生态混凝土的强度受到很多因素的影响，如胶凝材料的组成及用量、水灰比、孔隙率、养护龄期等。

胶凝材料用量是影响大孔生态混凝土强度的一个重要的因素，影响规律如图8-19所示。

由图8-19可以看出，随着胶凝材料用量的增加，孔隙率为25%、20%、15%粉煤灰系列生态混凝土和矿粉系列生态混凝土的28d抗压强度均明显增大，且两者之间有着很好的线性相关性。

8.5.2.4 孔隙率对强度的影响

从图8-20中可以看出，海工生态混凝土的28d抗压强度随着实测孔隙率的增大而降低，两者存在明显的线性关系。由于孔隙率减小，粗骨料之间的接触面积就会增大，从而使得试件的整体抗压强度增强。

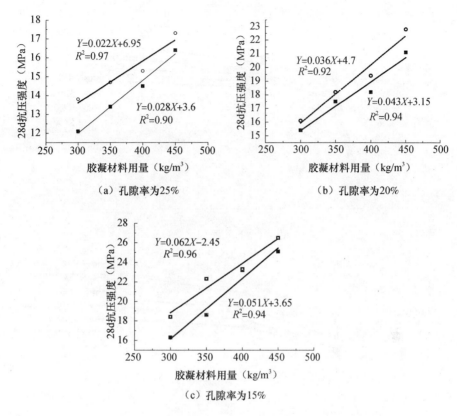

（a）孔隙率为25%

（b）孔隙率为20%

（c）孔隙率为15%

图 8-19　胶凝材料用量对 28d 抗压强度的影响

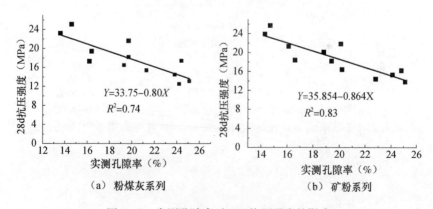

（a）粉煤灰系列

（b）矿粉系列

图 8-20　实测孔隙率对 28d 抗压强度的影响

8.5.2.5　养护龄期对海工生态混凝土强度的影响

试件成型后放入标准养护室进行养护，养护 24h 拆模后继续标准养护至相应的龄期。海工生态混凝土强度随龄期的变化规律如图 8-21 所示。

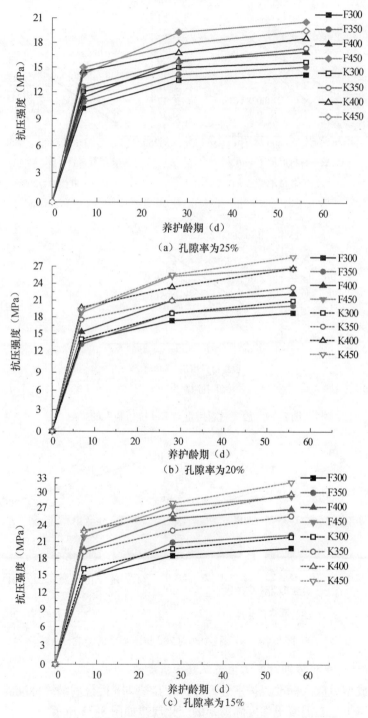

（a）孔隙率为25%

（b）孔隙率为20%

（c）孔隙率为15%

图 8-21　养护龄期对抗压强度的影响

从图 8-21 中可以看出，孔隙率为 25%，20%，15% 的三组大孔生态混凝土抗压强度均随着龄期的增长逐渐变大。在矿粉和粉煤灰掺量基本相同的情况下，各龄期的抗压强度矿粉系列略高于粉煤灰系列，并且龄期在 0 ~ 7d 时曲线斜率较大，早期强度增长较快，7d 以后抗压强度增长放缓，一般 7d 抗压强度能达到 28d 抗压强度的 70% ~ 85%。

8.6　海工生态混凝土的抗冻性能

混凝土抗冻性能是衡量混凝土耐久性的重要指标之一，它的好坏直接影响到混凝土的长期使用功能。海工生态混凝土经常应用于与水接触的环境中，因此抗冻性能的研究显得尤为重要。海工生态混凝土主要以宏观孔隙为主，内部多为连通的大孔，是一个相对开放的系统，大量的水能够快速地进入到混凝土，结冰时体积膨胀压力也就大，因此其抗冻性能较差。

影响海工生态混凝土抗冻性能的因素很多，例如粗骨料的品质、矿物掺料种类、胶凝材料用量、孔隙率和孔结构等。

8.6.1　快冻试验结果及分析

大孔混凝土受冻破坏特征与普通混凝土有着很大区别。粉煤灰和矿粉两个系列的海工生态混凝土冻融试验结果表明，经 25 个循环后，表面除个别配合比混凝土骨料表面包裹的硬化水泥石剥落外（图 8-22），其余没有明显的掉角现象发生；经 50 个循环后，一般会出现掉角现象，质量损失有所增大，但整体完整性较好；经 75 个循环后，有些试件冻碎（图 8-23）。海工生态混凝土冻融破坏形式除了骨料表皮剥落，骨料颗粒散落外，有的试件出现裂纹破坏（图 8-24）。

图 8-22　劣质骨料浆层剥落　　　图 8-23　试件冻碎　　　图 8-24　裂纹破坏

8.6.1.1　胶凝材料用量对抗冻性能的影响

从图 8-25 和图 8-26 可以看出，在孔隙率相同的情况下，粉煤灰系列海工生态混凝土和矿粉系列海工生态混凝土的抗压强度损失率均随着胶凝材料用量的增加而降低，即抗冻性能变好。出现这种现象的主要原因是胶凝材料用量大时，海工生态混凝土的抗压强度高，其自身抵抗冻融损伤能力强。

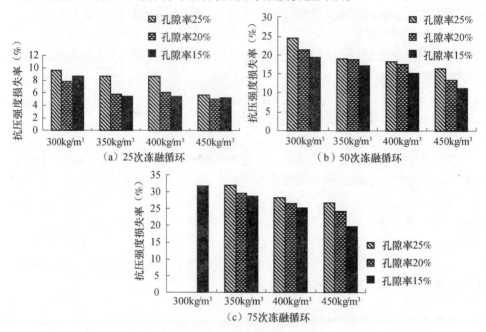

图 8-25　粉煤灰系列海工生态混凝土

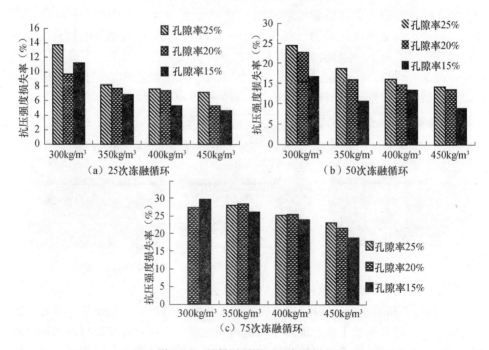

图 8-26　矿粉系列海工生态混凝土

8.6.1.2　孔隙率对抗冻性能的影响

由图 8-24 和图 8-25 可以看出，随着孔隙率增加，海工生态混凝土抗冻性能变差，主要原因是孔隙率越大，进入海工生态混凝土内部的可冻水就越多，由于结冰体的体积越大其产生体积膨胀压力就越大，点接触的骨料孔隙率损伤很大。可以看出，海工生态混凝土在胶凝材料用量相同孔隙率相同的情况下，矿粉系列要好于粉煤灰系列。

以上研究发现，海工生态混凝土在快速冻融机制下抗冻性能差。主要原因是试件的六个面几乎是同时降温，同时结冰，水被封闭的冰层围堵在试件的内部无法迁移（图 8-27），这部分水在试件内部结冰膨胀对点接触的多孔结构损伤特别大。在实际应用中，结冰情况属于单面结冰，顺序是从试件上部到底部，结冰时内部的水能够迁移（图 8-28），因此实际抗冻性能要好于冻融试验结果。

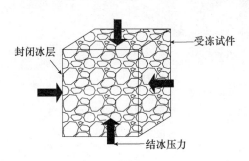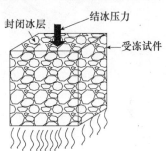

图 8-27　快速冻机制下的结冰方式　　　　图 8-28　自然情况下的结冰方式

8.6.2　慢冻试验结果及分析

由图 8-29 可知，海工生态混凝土经 25 次冻融循环后，试件外观没有明显变化；经 50 个冻融循环后，部分混凝土粗骨料表面包裹的硬化水泥浆层出现轻微剥落，严重的试件表面有微小的裂纹出现；经 75 次冻融循环后，粗骨料表面硬化水泥浆层脱落加重，裂纹宽度变大；经 100 次冻融循环后，抗冻性能差的试件表明裂纹已经发展成贯通的裂缝。

（a）50次冻融循环　　　　（b）75次冻融循环　　　　（c）100次冻融循环

图 8-29　慢冻循环中试件的冻融状况

从试验结果可以看出，在慢冻机制下得到海工生态混凝土的抗冻性能要明显好于快速冻融机制下的试验结果。在快速冻融时，海工生态混凝土抗冻性能最好的组能够抵抗 75 次冻融循环，在慢冻试验中抗冻性能最好可以抵抗 100 次冻融循环。试验结果如图 8-30 和图 8-31 所示，表明海工生态混凝土的慢冻试验结果好于快冻试验结果。

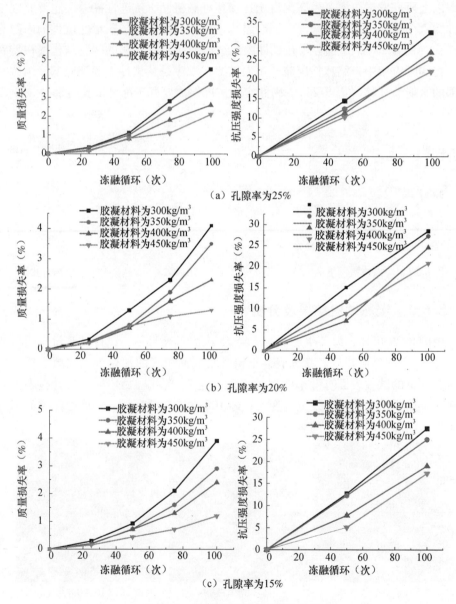

图 8-30　粉煤灰系列慢冻试验结果

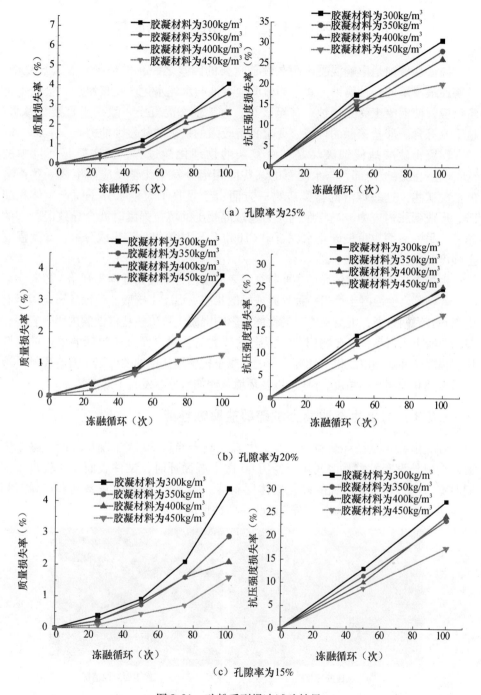

（a）孔隙率为25%

（b）孔隙率为20%

（c）孔隙率为15%

图 8-31　矿粉系列慢冻试验结果

8.7 海工生态混凝土的抗硫酸盐腐蚀性能

硫酸盐侵蚀是影响混凝土耐久性最重要的因素之一，也是影响因素最复杂，危害性最严重的一种腐蚀方式。当硫酸盐溶液与水泥水化产物接触后，会发生化学反应，使混凝土受到侵蚀，甚至破坏。海工生态混凝土一般用于直接与海水、地下水等含硫酸盐接触的环境，要求具备较强的抗硫酸盐侵蚀能力。

混凝土硫酸盐侵蚀破坏是一个复杂的物理化学过程，其实质是环境中的 SO_4^{2-} 进入混凝土内部，与水泥石的某些固相组分发生化学反应而生成一些难溶的盐类矿物。这些难溶的盐类矿物一方面由于吸收了大量水分子而产生体积膨胀，形成膨胀内应力，当膨胀内应力超过混凝土的抗拉强度时就会导致混凝土的破坏；另一方面也可使硬化水泥石中 CH 和 C-S-H 等组分溶出或分解，导致混凝土强度和粘结性能损失。

混凝土受硫酸盐侵蚀后的主要特征是表面发白，从棱角处损害开始，接着裂缝开展并剥落，使混凝土处于一种易碎或松散状态。混凝土硫酸盐侵蚀的影响因素有内因和外因两方面：混凝土本身的性能是影响混凝土抗硫酸盐侵蚀的内因，它不仅包括混凝土水泥品种、矿物组成、混合材种类与掺量，而且还包括混凝土的水胶比、强度、外加剂以及密实性等。影响混凝土抗硫酸盐侵蚀的外因主要有侵蚀溶液的浓度及其他离子的浓度、pH 值以及环境条件如水分蒸发、干湿交替等。

8.7.1 海工生态混凝土抗硫酸盐腐蚀性能

在硫酸盐干湿循环试验中，海工生态混凝土经历 30 次干湿循环时，除了表面发白以外没有发生其他变化，经历 60 次干湿循环时，试件表面发白程度增大同时有小部分粗骨料表面的硬化浆体层剥落。图 8-32 是粉煤灰系列和矿粉系列海工生态混凝土经 60 次干湿循环试验后腐蚀情况。

（a）试件的完整性   （b）试件表面腐蚀情况

图 8-32 60 次干湿循环试验情况

8.7.2　胶凝材料用量对海工生态混凝土抗硫酸盐腐蚀性能的影响

　　试验结果，粉煤灰系列海工生态混凝土和矿粉系列海工生态混凝土经 60 次干湿循环时，抗压强度耐腐系数均未低于 90%。抗压强度不但没有降低，反而有所上升。这是因为试验初期，胶凝材料进一步水化，内部逐渐密实，而且干湿循环作用在一定程度上能够增进水泥的水化。早期浸泡过程，游离水进入混凝土毛细孔，并且少量硫酸盐的作用产生一些钙矾石对混凝土起到一定的密实作用；烘干过程中，由于温度升高，未完全水化的水泥颗粒在游离水存在的条件下继续水化，生成水化硅酸钙和水化铝酸钙，填充了混凝土的毛细孔，增加了混凝土的密实性。两者共同作用下使初期强度有所上升；随着循环次数的增多，钙矾石量也逐渐增多，体积膨胀变大，使混凝土内部产生损伤，损伤不断累积导致后期混凝土强度有所降低。粉煤灰和矿粉系列海工生态混凝土，随着胶凝材料用量的增加，抗硫酸盐腐蚀也随之增强。

8.7.3　孔隙率对抗硫酸盐腐蚀性能的影响

　　从图 8-33 中还能看出，在胶凝材料用量相同的情况下，孔隙率越大它抗硫酸盐腐蚀系数越低，即抗硫酸盐腐蚀性能越差。这是因为海工生态混凝土的特殊的骨架孔隙结构主要是点接触受力。大孔混凝土的孔隙率越大，其内部接触点的面积就越小，抵抗外力破坏能力也随之降低。

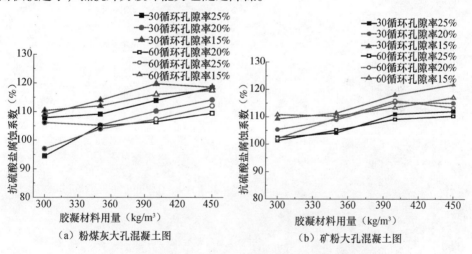

（a）粉煤灰大孔混凝土图　　　　　（b）矿粉大孔混凝土图

图 8-33　胶凝材料用量对抗硫酸盐腐蚀性能的影响

8.7.4　矿物掺合料种类对抗硫酸盐腐蚀性能的影响

　　由图 8-34 可以看出，在胶凝材料用量及矿物掺量相同的情况下，矿粉系列海工生态混凝土的抗硫酸盐腐蚀的能力要优于粉煤灰系列海工生态混凝土。

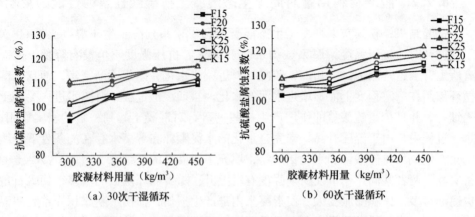

（a）30次干湿循环　　　　　（b）60次干湿循环

图 8-34　矿物掺合料种类对抗硫酸盐腐蚀性能的影响

参考文献

1. 李秋义，全洪珠，秦原. 混凝土再生骨料［M］. 北京：中国建筑工业出版，2011.
2. 李秋义. 再生混凝土性能与应用技术［M］. 北京：中国建材工业出版，2010.
3. 李秋义. 建筑垃圾资源化利用技术［M］. 北京：中国建筑材料工业出版社，2011.
4. 姚燕. 中国绿色建材行业发展态势［J］. 新材料产业，2014，（2）；13-17.
5. 王兵. 论我国绿色建材发展方向及趋势［J］. 中华民居，2014，（2）；90-99.
6. 赵霄龙. 绿色建材及在建筑工程中的应用［J］. 住宅产业，2013，（11）；63-66.
7. 李炳文. 浅析建筑节能与绿色建材［J］. 江西建材，2013，（5）；110-111.
8. 石国力，王杰等. 大力发展绿色混凝土［J］. 广东建材，2009（7）；22-25.
9. 徐海军. 绿色混凝土的研究现状及其发展趋势［J］. 广州建筑，2008（6）；36-41.
10. 刘传忠. 绿色混凝土的发展及应用［J］. 国外建材科技，2008（1）；29-33.
11. 徐海军. 绿色混凝土的研究现状及其发展趋势［J］. 广州建筑，2008（6）；36-41.
12. 中国建筑材料科学研究院编，绿色建材与建材绿色化［M］. 北京：化学工业出版社，2003.
13. 刘锦子. 浅谈绿色建筑材料的发展［J］. 建材技术与应用［J］. 2006（5）；74-76.
14. 建萍，陆娴婷，李勇. 发展绿色建材利国利民［J］. 新型建筑材料，2006（10）；72-73.
15. 丽朋. 国际绿色建材的发展概况及其认证［J］. 新型建筑材料，2006（1）；40-42.
16. 傅明. 绿色建材：评价与导向［J］. 智能与绿色建筑，2006（1）；42-43.
17. 赵升琼. 绿色建材与环境及可持续发展［J］，工业建筑，2006（S1）；900-902；883.
18. 崔艳琦. 国外绿色建材及其对国的启示［J］. 新型建筑材料，2008，35（10）；37-39.
19. 尚平. 国内外绿色建材发展综述［J］. 科学情报开发与经济，2007；56-57.
20. 迟贵宾. 绿色建材在建筑节能中的应用浅析［J］. 科技视界，2013，（31）；111-111.
21. 王庆. 浅析北京绿色建材选用技术体系［J］. 建筑技术开发，2013，（8）；39-42.
22. 柴海华，王素芳等. 绿色建材应用现状的调查研究［J］. 建筑科学，2013，29（8）；53-56.
23. 周颖. 未来绿色建筑的发展趋势. 中文信息，2013，（7）；92-93.
24. 全洪珠，立屋敷久志，嵩雄ほか. 各種のセメントを用いた高強度コンクリートから回収した高度化処理再生骨材の諸性質（第2報）（その1～2）［J］. 日本建築学会学術講演集. 2002.8；1017～1020.
25. 渡辺英樹，嵩英雄ほか. 再生粗骨材の品質が再生骨材コンクリートの強度と耐久性に及ぼす影響に関する実験的研究，日本建築学会学術講演集. 2003.9；241～242.
26. 玉井孝幸，全洪珠，嵩英雄ほか. 再生骨材の製造方法と再生粗骨材の品質，第47回日本学術会議材料連合講演会講演論文集. 2003.10；267～268.
27. 黒田泰弘，橋田浩ほか. コンクリート資源循環システムを適用した建築工事（サステナブルコンクリートの施工）［J］，コンクリート工学. 2002.2，Vol. 40，No. 2.
28. 孙跃东，肖建庄. 再生混凝土骨料［J］. 混凝土. 2004（6）；33～36.

29. 邢锋，冯乃谦，丁建彤．再生骨料混凝土［J］．混凝土与水泥制品．1999（2）：10～13.

30. 杜婷，李惠强．强化再生骨料混凝土的力学性能研究［J］．混凝土与水泥制品．2003（2）：19～20.

31. 肖开涛．再生混凝土的性能及其改性研究［D］．武汉理工大学硕士学位论文．2004.5.1.

32. 李秋义，王志伟，李云霞．加热研磨法制备高品质再生骨料的研究［A］．智能与绿色建筑文集［C］．中国建筑工业出版社，2005：883-889.

33. 屈志中．钢筋混凝土破坏及其利用技术的新动向［J］．建筑技术．2001.32（2）：102～104.

34. 水中和，玄东兴，曹蓓蓓．热-机械力分离制备高品质再生骨料的研究．混凝土［J］．2006（12）：60-62.

35. 张树青，黄士元．我国矿渣粉生产和应用情况［J］．混凝土．2004（4）：6-9.

36. 赵旭光，赵三银，文梓芸．高炉矿渣微细粉的粉体特性研究［J］．中国粉体技术，2004（1）：5-9.

37. 杨南如．水泥工业应用工业废渣价值观的演变［J］．水泥技术，2005（2）：21-25.

38. 周胜波，李庚飞．不同矿渣水泥水化情况的微观分析［J］．冶金分析，2008，28（11）：50-56.

39. 邹伟斌，陈敬明，邹捷．矿渣微粉制备工艺技术及其评价［A］．2009年国内外水泥粉磨新技术交流大会论文集［C］.，武汉.

40. 李喜才．活化矿渣微粉的生产技术［A］．国内外水泥粉磨新技术交流大会论文集［C］．武汉.2009.

41. 王瑛玮．矿物超细粉碎方法研究与磨矿实验［D］．长春，吉林大学，2005.

42. 肖国先，徐德龙等．水淬高炉矿渣超细粉的应用与制备［J］．西安建筑科技大学学报，2003，35（1）：1-4.

43. 刘占波．MPS3450型立磨粉碎机理的探讨［J］．新世纪水泥导报，1997，3（3）：34-38.

44. 牟国栋（MOU Guodong）．纳米矿物的扫描探针显微镜研究及超细矿物材料的开发利用［D］．北京：中国地质大学（Beijing：China University of Geosciences），1999.

45. 王培铭，许乾慰．材料研究方法［M］．北京：科学出版社，2010.

46. GB 203—2009．用于水泥中的粒化高炉矿渣［S］.

47. 常铁军，刘喜军．材料近代分析测试方法［M］．哈尔滨：哈尔滨工业大学出版社，2005.

48. 杨传铮，程利芳．汪保国等．XRD实验参数和数据处理方法对衍射结果的影响［J］．理学中国用户论文集，测试技术学报，2008.

49. 石国力，王杰等．大力发展绿色混凝土［J］．广东建材，2009（7）：22-25.

50. 王稷良，王雨利．李进辉．粉煤灰和矿粉对高强混凝土耐久性的影响［J］．粉煤灰综合利用，2007（2）：31-33.

51. 徐海军．绿色混凝土的研究现状及其发展趋势［J］．广州建筑，2008（6）：36-41.

52. 刘传忠．绿色混凝土的发展及应用［J］．国外建材科技，2008（1）：29-33.

53. 宋瑞旭，万朝均，王冲等．粉煤灰再生骨料混凝土试验研究［J］．新型建筑材料，2003（2）：26-28.

54. 李占印．再生混凝土性能的试验研究［D］．西安建筑科技大学，2003．

55. 田伟丽，汪冬冬．粉煤灰和矿粉双掺的胶砂和混凝土试验研究［J］．粉煤灰，2008.4：49-51．

56. 陈荣生．超细矿粉和聚合物改性的水泥基高性能材料研究［D］．杭州：浙江工业大学，2002．

57. 杨广云．混凝土结构耐久性问题的研究现状［J］．山西建筑，2007，（4）：133-134．

58. 吴中伟，张鸿直．膨胀混凝土［M］．北京：中国铁道出版社，1990．

59. 商品混凝土早期开裂分析与控制措施．［J］．黑龙江交通科技，2008（18）：55-56．

60. 王惊隆．双掺矿粉．粉煤灰预拌混凝土早期抗裂性能研究［J］．企业技术开发．2009，（09）：71-75．

61. 王迎飞．高性能混凝土控裂技术研究报告［R］．广州四航工程技术研究院内部资料．2005．

62. 施惠生，方伟．混凝土早期开裂的原因（一）［J］．建筑技术及应用，2003.6：10-13．

63. 高晓健，杨英姿．矿物掺合料对混凝土早期开裂的影响［J］，建筑科学与工程学报，2006.4：19-23．

64. 唐修生，蔡跃波．大掺量磨细矿渣高性能混凝土抗裂性能的改善［J］，建筑科学学报，2009（5）：614-617．

65. 王惊隆．双掺矿粉．粉煤灰预拌混凝土早期抗裂性能研究［J］．企业技术开发．2009，（09），71-75．

66. 邓永文．抗裂防水剂在超长无缝混凝土中的应用［J］．山西建筑，2009.17：145-148．

67. 段吉祥，杨延军，秦灏如．水泥水化过程中的热现象研究［J］，工程兵工程学院学报，1999（14）：367-71．

68. 江影，．粉煤灰混凝土早期抗裂力学性能的试验研究［J］，大坝与安全．2005.3：30-33．

69. 柳俊哲．掺防冻剂混凝土钢筋阻锈机理及防锈措施［D］．哈尔滨：哈尔滨工业大学工学博士学位论文，2003．

70. 任昭君．混凝土结构中氯离子传输与寿命预测［D］．青岛：青岛理工大学工学硕士毕业论文，2008．

71. Thaulow, Niels. ; Martinek, R. A. ; Backus, L. A, Maruisn, S. L. Salt Hydration Distress, Concrete International, V. 23, No. 10, Oct. 2001, p43-50.

72. Rodriguez-Navarro C, Doehne E. Salt wethering: influence of evaporation rate, supersaturation and crystallization pattern. Earth Surface Processes and Landforms, v 24, n 2-3, March, 1000, p191-209.

73. George W. Scherer, Stress from crystallization of salt. Cement and Concrete Research, v 34, n 9, p 1613-1624, September 2004.

74. Rodriguez-Navarro C, Doehne E, Sebastian E. How does sodium sulfate crystallize? Implications for the decay and testing of building materials, Cement and Concrete Research. v 30, n 10, Oct, 2000, p 1528-1534.

75. Nicholas Tsui, Robert J. Flat, George W. Scherer. Crystallization damage by sodium sulfate, Jour-

nal of Cultural Heritage 4（2003）109-115.

76. Flatt, Robert J. Salt damage in porous materials: How high supersaturations are generated, Journal of Crystal Growth, v 242, n 3-4, p 435-454, July 2002.

77. Espinosa Rosa Maria, Franke Lutz, Deckelmann Gernod, Phase changes of salts in porous materials: Crystallization, hydration and deliquescence, Construction and Building Materials, v 22, n 8, p 1758-1773, August 2008.

78. 柳俊哲，单炜，张玉富．亚硝酸盐在钢筋混凝土中的研究与进展［J］．低温建筑技术．2004，5：7-9.

79. 熊大玉，王小虹．混凝土外加剂［M］．北京：化学工业出版社，2002.

80. 赵晨．x 射线荧光光谱仪原理与应用探讨［J］．理论与研究．2007，2：4-7.

81. 金伟良．混凝土结构耐久性［M］．北京：科学出版社，2002.

82. 徐学东．现有混凝土铁路桥梁的耐久性问题［J］．第五届全国混凝土耐久性学术交流会论文集，大连．2000（11）：47-53.

83. 赵铁军．混凝土渗透性［M］．北京：科学出版社，2006.

84. 贾红梅，阎贵平，闫光杰．混凝土中钢筋锈蚀的研究［J］，中国安全科学学报．2005，15（5）：56-59.

85. 丁伟军，程波．钢筋锈蚀的自然电位法检测［J］．建材标准化与质量管理．2006（4）：13-15.

86. 杨传铮，程利芳，汪保国等．XRD 实验参数和数据处理方法对衍射结果的影响［J］．理学中国用户论文集，测试技术学报，2008.

87. 常铁军，刘喜军．材料近代分析测试方法［M］．哈尔滨：哈尔滨工业大学出版社，2005.

88. 刘赞群．混凝土硫酸盐侵蚀基本机理研究［D］．长沙：中南大学工学博士学位论文，2009.

89. JC/T 1011—2006．混凝土抗硫酸盐类侵蚀防腐剂［S］．北京：中国标准出版社，2006.

90. JT/T 537—2004．钢筋混凝土阻锈剂［S］．北京：中国标准出版社，2004.

91. GB/T 50082—2009．普通混凝土长期性能和耐久性能试验方法标准［S］．北京：中国标准出版社，2010.

92. Maher. A. Bader. Performance of concrete in a coastal environment. Cement&Concrete Composites, 2003（25）：539～548.

93. 唐志永．湿法脱硫后燃煤电站尾部装置腐蚀研究［D］．江苏：东南大学，2006.

94. 林勇．烟塔合一技术特点和工程数据［J］．环境科学研究，2005，（1）：35-39.

95. 汤蕴琳．火电厂"烟塔合一"技术应用［J］．电力建设，2005，（2）：11-12.

96. 刘官郡．海水冷却塔、排烟冷却塔混凝土表面的防护［J］．工业用水与废水，2006，37：72-75.

97. 石诚，罗书祥，廖内平．德国大型自然通风冷却塔、海水自然通风冷却塔和烟道自然通风冷却塔简介［J］．电力建设，2008，29（5）：82-85.

98. 朱琪，黄慎江．混凝土材性对混凝土结构耐久性影响分析［J］．工程与建设，2007，21（1）：91-93.

99. 招国忠，谭忠盛，曾磊，朋改非．龙头山隧道衬砌结构耐久性试验分析［J］．混凝土，

2007，(9)：107-109..

100. 吴建华，张亚梅，孙伟. 混凝土碳化模型和试验方法综述及建议 [J]. 混凝土与水泥制品，2008，(6)：1-7.

101. 牛狄涛. 混凝土结构耐久性与寿命预测 [M]. 北京：科学出版社，2003.

102. 田砾，荆斌，赵铁军，毛新奇. 应变硬化水泥基复合材料收缩性能的试验研究 [J]. 建筑材料，2007，23 (6)：76-79.

103. 徐平. 冷却塔冬季运行中冻害的原因分析及其防治 [J]. 黑龙江电力，2005，27 (2)：104-107.

104. 林跃忠，鲍鹏. 海水侵蚀混凝土抗冻强度的预测研究 [J]. 河南大学学报，2007，37 (2)：210-213.

105. 杨树桐等. 自密实混凝土力学性能的试验研究 [J]. 混凝土，2005 (1)：33-37.

106. 孟志良等. 低强度自密实混凝土基本力学性能试验研究 [J]. 混凝土，2009 (6)：12-15.

107. 侯文萍等. 矿渣对新拌水泥浆体流变性能的影响 [J]. 山东建材学院学报，1999，13 (4).

108. 姚燕，王玲，田培. 高性能混凝土 [M]. 北京：化学工业出版社，2006 (9).

109. 冯世亮等. 双掺粉煤灰和矿渣自密实混凝土的研制 [J]. 广东建材，2008 (6)：41-43.

110. 陈春珍. 自密实混凝土性能及工程应用研究 [D]. 北京工业大学，2010.

111. 胡众. 高性能自密实混凝土性能研究及工程应用 [D]. 合肥工业大学，2009，4.

112. 聂鹏. 混凝土含气量对其力学性能的影响 [J]. 东北公路，2000 (2)：30-32.

113. 陈飞. 冻融条件下引气混凝土多轴强度的试验研究 [D]. 大连理工大学，2005.

114. 余安明. 干燥大温差气候下混凝土含水量测定与显微结构的研究 [D]. 武汉理工大学，2007.

115. 计涛. 碳纤维混凝土力学性能及耐久性研究 [D]. 哈尔滨工业大学，2004.

116. 伍中平. 高强自密实混凝土设计与抗裂性能研究 [D]. 北京工业大学，2005.

117. 姚燕，王玲，田培. 高性能混凝土 [M]. 北京：化学工业出版社，2006，9.

118. 朱航. 钢渣矿粉的制备及其在水泥混凝土中的应用研究 [D]. 武汉理工大学，2004.

119. 石倉武，友澤史紀，嵩英雄ほか. 高品質再生骨材の製造技術に関する開発、(その1～4) [A]. 日本建築学会学術講演集 [C]. 1998：685～690.

120. 工藤貴寛，嵩英雄，清水憲一. 再生骨材の品質に及ぼす付着モルタルの影響に関する実験研究（その1～3）[A]. 日本建築学会学術講演集 [C]. 1997.9：1095～1102.

121. 堀内康史，清水憲一，嵩英雄ほか. 高度化処理による再生骨材の品質改善効果 [A]. 日本建築学会学術講演集 [C]. 1999.9：143～144.

122. 西祐宜，假屋園礼文，嵩英雄，梅宮博貴. 高度化処理による再生骨材の品質改善効果（第2報）[A]. 日本建築学会学術講演集 [C]. 2000.9：143～144.

123. 立屋敷久志，嵩英雄ほか. 各種のセメントを用いた高強度コンクリートから回収した高度化処理再生骨材の諸性質（その1～3）[A]. 日本建築学会学術講演集 [C]. 2001.9：777～780.

124. 全洪珠，立屋敷久志，嵩雄ほか. 各種のセメントを用いた高強度コンクリートから回収した高度化処理再生骨材の諸性質（第2報）（その1~2）［A］. 日本建築学会学術講演集［C］. 2002. 8：1017~1020.

125. 渡辺英樹，嵩英雄ほか. 李云霞，李秋义，赵铁军. 再生骨料与再生混凝土的研究进展［J］. 青岛理工大学学报，2005（5）：16~19.

126. 嵩英雄，阿部道彦. リサイクル材料の建築材料への適用に関する研究，工学院大学総合研究所 EEC 研究成果報告書第1号. 2002：58~63.

127. 嵩英雄，阿部道彦，全洪珠ほか. 再生骨材を使用したコンクリートの性質に関する実験研究，工学院大学総合研究所 EEC 研究成果報告書「地震防災および環境共生に関する新技術の研究開発」研究プロジェクト中間報告書. 2003：87~94.

128. 再生粗骨材の品質が再生骨材コンクリートの強度と耐久性に及ぼす影響に関する実験的研究［A］. 日本建築学会学術講演集［C］. 2003. 9：241~242.

129. 玉井孝幸，全洪珠，嵩英雄ほか. 再生骨材の製造方法と再生粗骨材の品質［A］. 第47回日本学術会議材料連合講演会講演論文集［C］. 2003. 10：267~268.

130. 黒田泰弘，橋田浩ほか. コンクリート資源循環システムを適用した建築工事（サステナブルコンクリートの施工），コンクリート工学. 2002. 2，Vol. 40，No. 2.

131. 李秋义，李云霞，朱崇绩，田砾. 再生混凝土骨料强化技术研究［A］. 钱晓倩等. 全国高强与高性能混凝土及其运用专题研讨会［C］. 杭州：2005：405~4122.

132. 李秋义，王志伟，李云霞. 加热研磨法制备高品质再生骨料的研究［A］. 智能与绿色建筑文集［C］. 北京：中国建筑工业出版社，2005. 883~889.

133. 水中和，玄东兴，曹蓓蓓. 热—机械力分离制备高品质再生骨料的研究［J］. 混凝土，2006（12）：60-62.

134. 杜婷，李惠强. 强化再生骨料混凝土的力学性能研究［J］. 混凝土与水泥制品. 2003（2）：19~20.

135. GB T50082—2009. 普通混凝土长期性能和耐久性能试验方法［S］.

136. 王健，孟秦倩. 再生骨料混凝土基本性能的试验研究［J］. 水利与建筑工程学报. 2004（6）：45~47.

137. 赵霄龙，卫军，等. 混凝土动容耐久性劣化的评价指标对比［J］. 华中科技大学学报（2）103-10.

138. 屈志中. 钢筋混凝土破坏及其利用技术的新动向，建筑技术. 2001. 32（2）：102~104.

139. 侯浩波. 碾压混凝土孔结构与渗透性的分析研究［J］. 武汉大学，2000.

140. 吴中伟. 中国水泥与混凝土工业的现状与问题［J］. 硅酸盐学报，1999，27（6）：734~737.

141. 孟宏睿. 无砂种植混凝土的试验研究［J］. 混凝土与水泥制品，2004，（2）：43~44.

142. 陈志山. 大孔混凝土的透水性及其测定方法［J］. 混凝土与水泥制品，2001，（1）：19~20.

143. 朱红军，程海丽. 特性混凝土和新型混凝土［M］. 北京：化学工业出版社，2004.

144. 蒋利华. 混凝土材料学［M］. 南京：河海大学出版社，2006.

145. 张应力. 现代混凝土配合比设计手册 [M]. 北京：人民交通出版社，2002.

146. 朱航征. 多孔混凝土的特性与生态环保技术 [J]. 建筑技术开发，2002，(2)：67~69.

147. 李耀龙. 透水性混凝土及其性能 [J]. 天津建设科技，2002，(2)：21~22.

148. 中国建筑材料科学研究院. 绿色建材与建材绿色化 [M]. 北京：化学工业出版社，2003.

149. 姚武. 绿色混凝土 [M]. 北京：化学工业出版社，2005.

150. 国家建材局标准化研究所编. 混凝土常用标准汇编 [M]. 北京：中国标准出版社，2000.

151. 周德培，张俊云. 植被护坡工程技术口川 [M]. 北京：人民交通出版社，2003.

152. 宋永昌. 植被生态学 [M]. 上海：华东师范大学出版社，2001：35~39.

153. 张建春，彭补拙. 河岸带研究及其退化生态系统的恢复与重建 [J]. 生态学报，2003，23 (1)：56-63.

154. 陈吉泉. 河岸带植被特征及其在生态系统和景观中的作用叨 [J]. 应用生态学报，1996，7 (4)：439-448.

155. 孙永军，刘学功，程庆臣，隋涛，张岳松. 环保型绿色种植混凝土的开发与应用 [J]. 水利水电技术，2004 (1)：85~86.

156. 徐亦冬，张利娟，陆云龙. 粉煤灰、矿渣及硅灰对水泥胶砂流动性及早期强度的影响 [J]. 混凝土，2005，(9)：39-41.

157. 高建明，吉伯海，吴春笃，刘海峰. 植生型多孔混凝土性能的试验 [J]. 苏州大学学报，2005 (7)：345-349.

158. 胡春明，胡勇有，虢清伟，王鑫，张太平，郑丙辉. 植生型生态混凝土孔隙碱性水环境改善的研究 [J]. 混凝土与水泥制品，2006 (3)：8~10.

159. 奚新国，许仲梓. 低碱度多孔混凝土的研究 [J]. 建筑材料学报，2003，(3)：86-89.

160. 封金财，王建华. 植物根的存在对边坡稳定性的作用 [J]. 华东交通大学学报，2003 (5)：58-61.

161. 冯辉荣，罗仁安等. "沙琪玛骨架"种植混凝土抗压与植草试验研究 [J]. 混凝土，2005 (7)：49-53.

162. 蒋彬，吕锡武，吴今明，申一尘. 生态混凝土护坡在水源保护区生态修复工程中的应用 [J]. 净水技术，2005，04：47-49.

163. 奚新国. 高孔隙率低碱度胶凝材料的研究 [D]. 南京工业大学. 2003.

164. 杨善顺. 环境友好型混凝土透水性混凝土 [J]. 广东建材. 2004 (l0)：36-39.

165. ReehardC. Meininge. rPvaementshtatleka [J]. RoekPorduets，2004，11：32-33.

166. Stephen J. Coupe, Humphrey G Smith, Alan P. Newman et al. and microbial diversity within permeable pavements [J]. Protstology，2003：495-498.

167. 彭运朝. 多孔混凝土研究综述 [J]. 农业科技与装备，2012，07：64-65.

168. CJJ/T 135—2009. 透水水泥混凝土路面技术规程 [S]. 中华人民共和国住房和城乡建设部，2009.

169. C. J. Pratt, A. P. Newan, P. C. Bond. Mineral oil biogradetion within permeable pavement：log

team observations.［J］. Water Science Technology，1999：103-109.

170. 葛兆明. 混凝土外加剂. 北京：化学工业出版社，2005.

171. 江信登. 透水混凝土的应用与发展［J］. 福建建筑：2009（12）：43-45.

172. 单海燕等. 多孔混凝土路面特性及应用研究［J］. 交通标准化，2009：12-14.

173. 张贤超. 高性能透水混凝土配合比设计及其生命周期环境评价体系研究［D］. 中南大学，2012.

174. 李伟. 透水性混凝土力学性能及其在护坡板上的应用研究［D］. 湖南科技大学硕士学位论文. 2011.

175. 徐飞，肖党旗. 无砂多孔混凝土配合比的研究［J］. 水利与建筑工程学报，2005，04：26-29.

176. 李红彦. 无砂大孔生态混凝土配合比及力学性能研究［J］. 广东水利水电，2008，01：54-55.

177. 曾培玲. 无砂大孔生态混凝土试验研究［J］. 混凝土，2012，10：103-105.

178. 邢振贤，柴琰琰，张艳鸽. 无砂大孔生态混凝土关键指标评述［J］. 人民长江，2011，07：74-76.

179. 程娟. 透水混凝土配合比设计及其性能的试验研究［D］. 浙江工业大学硕士论文. 2006.

180. 程娟，杨杨，陈卫忠，透水混凝土配合比设计的研究［J］，混凝土，2006，10.

181. 盛燕萍. 免振捣多孔混凝土性能及其配合比设计方法研究［D］. 西安：长安大学，2006.

182. 曾伟. 水混凝土配合比设计及性能研究集［J］. 重庆大学硕士论文，2007：33-40.

183. 王强. 基于 ICT 切片图像的三维重构研究与应用［D］. 成都：西南交通大学，2007.

184. 陆建飞. 大掺量粉煤灰混凝土冻融循环作用下的力学性能研究［D］. 西北农林科技大学，2011.

185. 艾红梅. 人掺量粉煤灰混凝土配合比设计与性能研究［D］. 大连理工大学，2005.

186. 徐路军. 大掺量粉煤灰混凝土抗冻及冻后自愈合性能的试验研究［D］. 西北农林科技大学，2010.

187. 肖前慧. 冻融环境多因素耦合作用混凝土结构耐久性研究［D］. 西安建筑科技大学，2010.

188. 李迁，刘冬霞. 矿粉对水泥及混凝土性能的影响与应用［J］. 辽宁建材，2008，12：50-51.

189. 杨荣俊，隗功辉，张春林，朱海英. 掺矿粉混凝土配制技术研究［J］. 混凝土，2004，10：46-50.

190. 李恒勇. 超细矿粉替代技术的应用［J］. 价值工程，2010，19：107-109.

191. 孟宏睿，徐建国，陈丽红，尚建丽. 无砂透水混凝土的试验研究［J］. 混凝土与水泥制品，2004：9-12.

192. 张巨松，张添华，宋东升，冉宗良，王文军，郑万荣，金建伟，白洪斌. 影响透水混凝土强度的因素探讨［J］. 沈阳建筑大学学报（自然科学版），2006，05：759-763.

193. 付培江，石云兴，屈铁军，罗兰，史海龙，张东华. 透水混凝土强度若干影响因素及收

缩性能的试验研究 ［J］. 混凝土，2009，08：19-21.

194. 陈瑜. 公路隧道高性能透水混凝土路面研究 ［D］. 长沙：中南大学，2007.

195. 徐飞，肖党旗. 无砂多孔混凝土配合比的研究们 ［J］. 水利与建筑工程学报：2005，（04）：24-26.

196. P. Chindaprasirt, S. Hatanaka, T. Chareerat, N. Mishima, Y. Yuasa. Cement paste characteristics and porous concrete properties ［J］. Construction and Building Materials：2008，（22）：894-901.

197. 程娟，郭向阳. 粉煤灰和矿粉对透水混凝土性能的影响 ［J］. 建筑砌块与砌块建筑：2007，（05）：27-30.

198. 董雨明，韩森，郝培文. 路用多孔水泥混凝土配合比设计方法研究 ［J］. 中外公路，2004，（01）：86-89.

199. SEUNGB P, DAE S S, JUNL. Studies on the sound absorption characteristics of porous concrete based on the content of recycled aggregate and target void ratio ［J］. Cement and Concrete Research：2005，（35）：1846-1854.

200. 董宜森. 硫酸盐侵蚀环境下混凝土耐久性能试验研究 ［D］. 浙江大学，2011.

201. 林伦，王世伟. 掺合料对混凝土耐久性的影响 ［J］. 天津城市建设学院学报，2004，03：204-207.

202. 李成河. 大掺量粉煤灰高性能混凝土的应用分析. 黑龙江工程学院学报（自然科学版），2005，19（1）：19～33.

203. 薛丽皎，陈丽红，林友军. 骨料对透水混凝土性能的影响 ［J］. 陕西理工学院学报：2010，（03）：29-31.

204. 左晓宝，孙伟. 硫酸盐侵蚀下的混凝土损伤破坏全过程 ［J］. 硅酸盐学报，2009，37（7）：1065.

205. 霍亮. 透水性混凝土路面材料的制备及性能研究 ［D］. 东南大学：东南大学，2004：1-20.

206. Migue Angel Pindado, Antonio Aguado, Alejandro Josa. Fatigue behavior of polymer- modified porous concretes ［J］. Cement and Concrete Research：1999，（29）：1077-1083.

207. 谷章昭等. 2003. 大掺量粉煤灰混凝土. 粉煤灰，10（2）：25-29.

208. 李小雷. 掺和料对混凝土抗硫酸盐侵蚀性能的影响 ［J］. 新型建筑材料，2002，04：9-10..